AF535915

DAS PFERD IM THERAPEUTISCHEN REITEN

Claudia Pauel
Imke Urmoneit

Das Pferd im Therapeutischen Reiten

ANFORDERUNGEN • AUSWAHL • AUSBILDUNG

Bibliografische Information der Deutschen Nationalbibliothek
Die Deutsche Nationalbibliothek verzeichnet diese Publikation in der Deutschen Nationalbibliografie; detaillierte bibliografische Daten sind im Internet über http://dnb.d-nb.de abrufbar.

FACHLEKTORAT
Arbeitskreismitglieder des Deutschen Kuratoriums für Therapeutisches Reiten e.V. (www.dkthr.de):
Uta Adorf (Hippotherapie)
Dr. Susi Fieger (Reiten als Sport für Menschen mit Behinderungen)
Tatjana Hof (Ergotherapeutisches Reiten)
Susanne Tarabochia (Heilpädagogische Förderung mit dem Pferd)
Simone Scharbel (Heilpädagogische Förderung mit dem Pferd)

Deutsche Reiterliche Vereinigung e.V. (FN):
Andrea Winkler, Abteilung Ausbildung und Wissenschaft

Monika Köhler, Odenthal (Dressurreiterin Grand Prix, Goldenes Reitabzeichen)

LEKTORAT
Dr. Carla Mattis, **FN***verlag*, Warendorf

KORREKTUR
Korrekturbüro Kirchhoff, Büren-Brenken

GESAMTGESTALTUNG
mf-graphics, Marianne Fietzeck, Gütersloh

DRUCK
Westermann Druck, Zwickau

ISBN: 978-3-88542-881-7

FOTOS TITEL
Holger Schupp, Aachen: großes Motiv und 1. und 4. Foto re.
Claudia Pauel, Köln: 2. Foto re.
Dominik Frank, Köln: 3. Foto re., Buchrücken

FOTOS INHALT
Dominik Frank, Köln: Seiten 18, 29, 32 (li.), 33, 47 (li.), 52 (2), 65 (li.), 72, 76 (li.u.), 83, 110 (3),111 (o./2), 117 (2), 126 (u.m.), 145 (li.), 158 (re.), 161 (li./2), 172, 186, 190, 206 (6), 207 (m./u./4), 208 (o./2), 209 (o./u./2),
Marko Ginster, Würselen: Seite 44
Tatjana Hof, Haßloch: Seite 41 (2)
Detlef Miethke, Berlin: Seite 90
Birte Ostwald, Monsheim: Seite 129 o.
Claudia Pauel, Köln: Seiten 26 (2), 32 (re.), 43, 45 (m./u.), 68 (li.), 74, 76 (li.o./re./2), 88, 91, 95 (re.),112 (2), 128 (re.), 132, 142 (o./m./3), 154 (re.), 156 (re.), 159, 161 (re.), 162 (2), 169, 178, 180 (2), 205, 208 (m./2), 209 (m./2), U4 (u.)
Eva-Kristina Rahe, Preußisch-Oldendorf: Seite 8
Julia Rau, Mainz: Seiten 45 (o.), 188
Silke Rottermann, Eberbach am Neckar: Seite 10
Holger Schupp, Aachen: Seiten 22 (2), 35 (3), 37, 38 (4), 39, 47 (re.), 51 (4), 56, 58 (2), 61 (2), 62, 65 (re.), 68 (re.), 77, 81, 84, 92 (2), 95 (li.), 97 (3), 103 (3), 107, 111 (u./2), 118 (2), 120 (3), 122 (2), 123 (2), 126 (o./u.re./u.li./4), 127 (2), 128 (li./m./2), 129 (m./u./2), 134 (2), 137 (3), 142 (u.), 143 (2), 145 (m./re./2), 148 (3), 150, 151 (9), 154 (li.), 156 (li./2), 166, 167 (2), 175 (2), 184 (2), 207 (o./2), 208 (u./2), U4 (re.o./re.u./2)
Privatarchive: Seiten U4 (Autorenfotos), 79, 192, 195, 196

Vorwort
Ina El Kobbia

Bereits der Titel: „Das Pferd im Therapeutischen Reiten" des vorliegenden umfassenden Werks macht deutlich, dass Pferde, die im Therapeutischen Reiten eingesetzt werden, eine besondere und vor allem anspruchsvolle Aufgabe erfüllen. Sie unterliegen daher nicht nur einem speziellen Anforderungsprofil, sondern bedürfen im Gegenzug auch der Beachtung und Erfüllung ihrer Bedürfnisse, z.B. in Haltung, Fütterung und Ausgleichsarbeit sowie in Durchführung und Gestaltung ihres Einsatzgebietes. Nirgendwo sonst kommt es beim Einsatz des Pferdes so sehr darauf an, dass der „Partner Pferd" gesund, ausgeglichen und bereit ist, sich in den Dialog mit dem Menschen zu begeben.

Das Buch beruht vor allem auf dem enormen Fachwissen und langjährigen Erfahrungsschatz zweier Autorinnen, die seit vielen Jahren als Aus- und Weiterbildungsleiter im Therapeutischen Reiten tätig sind und darüber hinaus auch die Entwicklung auf diesem Gebiet durch wissenschaftliche Betrachtungen mitgestaltet und geprägt haben.

„Das Pferd im Therapeutischen Reiten" ist in seiner umfassenden Betrachtung von vielen, die auf diesem Gebiet tätig sind, lang ersehnt. Es ist praxisorientiert und bietet mit entsprechenden Erläuterungen in allen Fachrichtungen des Therapeutischen Reitens konkrete und umfangreiche Hilfestellungen für den Umgang mit „Therapiepferden". Es eignet sich daher insbesondere als fundierter Wegbegleiter und Leitfaden für Therapeuten von Anfang an.

Das Deutsche Kuratorium für Therapeutisches Reiten e.V. als deutschlandweit agierender Fachverband auf diesem Gebiet hat sich daher entschieden, dieses Werk in seinen Literaturbestand aufzunehmen.

Ina El Kobbia

Dipl.-Jur. Ina El Kobbia
Geschäftsführerin des Deutschen Kuratoriums
für Therapeutisches Reiten e.V. (DKThR)

Vorwort
Uta Gräf

Das Reiten und der Umgang mit dem Pferd sind Therapie für den Menschen – grundsätzlich und unabhängig davon, ob und mit welchem Handicap wir leben. Wir Menschen wären vermutlich nicht auf die Idee gekommen, aus freiem Willen auf dem Rücken von Pferden zu sitzen, wenn wir nicht die wohltuende Wirkung für Seele, Kopf und Körper erfahren hätten. Jeder Mensch ist mit minimalen oder auch größeren Handicaps ausgestattet, welche uns mehr oder weniger beeinträchtigen; sei es ein verspannter Rücken, ein gestresster Geist, eine unangemessene Verhaltensweise oder eine weitergehende körperliche oder geistige Behinderung. Wenn es das Pferd nicht gäbe, müsste es als Therapie für uns Menschen neu erfunden werden: Es ist geradezu ideal geeignet, um körperliche oder psychische Beeinträchtigungen in vielfältiger Weise positiv zu beeinflussen. Das Sich-tragen-Lassen auf einem Pferderücken und das Beziehungsangebot des Pferdes eröffnen jedem Menschen eine Dimension, die er vorher nicht gekannt hat. Insbesondere für Menschen mit Handicap kann dies ein entscheidender Beitrag zur (Rück-)Gewinnung von Mobilität, zur Herstellung einer körperlichen und geistigen Beziehung zu einem Lebewesen und somit zur (Wieder-)Erlangung von Lebensfreude sein.

Gerade weil der große Nutzen für den Menschen unbestreitbar auf der Hand liegt, ist es umso wichtiger, ebenfalls das Wohl des Pferdes im Auge zu behalten. Um es dem Pferd zu ermöglichen, auch im Therapeutischen Reiten als Partner des Menschen eine gewisse Freude an der gemeinsamen Aufgabe empfinden zu können, muss bei der Auswahl, Haltung, Ausbildung und im Training mit Fachverstand vorgegangen werden. Zunächst ist es wichtig, eine pferdegerechte Haltung mit viel Auslauf und Sozialkontakt zu ermöglichen, schon um der notwendigen Gelassenheit in die Hände zu spielen und einen spielerischen Ausgleich zu schaffen. Innerlich stabil, gelassen und kompetent sollten die Fachkräfte sein, welche das Pferd ausbilden und es mit den Klienten in Verbindung bringen. Sie sollten vor allem in der Lage sein, das Pferd reiterlich entlang der Skala der Ausbildung zu fördern und es zu motivieren, kooperativ und eigenständig mitzuarbeiten, auch wenn der Klient reiterlich schwach ist. Das gilt im Übrigen auch für den Einsatz von Pferden im Schulpferdebetrieb oder beim Voltigieren. Insofern sind die Gedanken zur Ausbildung des Pferdes im Therapeutischen Reiten durchaus auch auf diese Bereiche übertragbar: Das Pferd sollte so fein zu reiten sein, dass es mit wenig körperlichem Aufwand auch unter weniger weit geförderten Reitern gut und freudig mitarbeitet. Frustration zu vermeiden und dem Pferd Freude an der Arbeit zu vermitteln, sind hierbei wichtige Schlüsselaufgaben der Fachkräfte im Therapeutischen Reiten.

Ein Pferd strahlt ein hohes Maß an Bodenständigkeit und Ruhe aus, wenn es mit seinen vier Hufen fest und ruhig auf dem Boden steht – schon von der Statik her so unumstößlich, dass es in entspanntem Zustand sogar schlafen kann. Das vermittelt jedem, der mit Pferden zu tun hat, eine Form der Sicherheit und Erdung, welche für Menschen, die aus welchem Grund auch immer selbst aus dem Gleichgewicht geraten sind, einen unfassbar großen Gewinn darstellt. Unsere Pferde wiederum spüren unsere Zuneigung und sind geduldig bis neugierig, haben Spaß an der Beschäftigung und an gemeinsamen sportlichen Aufgaben. Dieses gemeinsame Erleben möglichst menschen- und pferdegerecht zu gestalten, ist die Herausforderung für alle, die sich dem Therapeutischen Reiten zuwenden: Haltung, Erziehung und Training der Pferde sowie die Therapie selbst sind idealerweise so gestaltet, dass sie zum gegenseitigen Gewinn werden: Wir Menschen beschäftigen das Pferd und motivieren es, für den Menschen einfach da zu sein. Dafür bekommen wir das „Geschenk", mit dem Pferd umgehen zu können. Hierzu bedarf es einer systematischen Ausbildung, die sich nicht grundlegend von der Grunderziehung und Grundausbildung eines Reitpferdes unterscheidet. Beim Therapiepferd ist es aber noch wichtiger, die richtige Auswahl in Bezug auf Gebäude und Charakter zu treffen und ihm durch ein systematisches Training zu helfen, seine Fluchtinstinkte zu überwinden und es damit zu einem sicheren und berechenbaren Therapiepartner zu machen. So können Menschen mit Handicap – wie alle Reiter – ihr Glück auf dem Rücken oder beim Umgang mit dem Pferd finden. Wir wünschen allen Lesern dazu viel Erfolg!

Uta Gräf

Uta Gräf

Einleitung

Das Pferd eignet sich aufgrund seiner körperlichen Voraussetzungen und seiner artspezifischen Verhaltensweisen wie kaum ein anderes Tier für den Einsatz in tiergestützten Angeboten. Es trägt den Menschen bereitwillig auf seinem Rücken, bewegt ihn und bringt ihn in Bewegung, bietet Kontakt und eine hohe Bereitschaft zur Kooperation an, sodass die Klienten eine ganzheitliche, naturnahe Unterstützung erfahren, egal mit welchen Ressourcen, Einschränkungen und Zielen sie am Therapeutischen Reiten teilnehmen. Die Angebote im Therapeutischen Reiten sowie die Weiterbildungen für Fachkräfte haben sich in den letzten Jahrzehnten zunehmend professionalisiert und somit dazu beigetragen, dass pferdegestützte Angebote einen festen Platz in der pädagogischen, therapeutischen und psychotherapeutischen Landschaft und dem Freizeitsport für Menschen mit einem Handicap eingenommen haben.

Die vielfältigen Vorteile, die der Einsatz eines Pferdes mit sich bringt, kommen jedoch nur dann zur Entfaltung, wenn das Pferd auf seine Aufgaben vorbereitet wurde und die physische und psychische Gesundheit des Pferdes selbst nicht aus dem Blick gerät. Zudem sind Pferde große, schnelle und kräftige Tiere, die bei einer unzureichenden Ausbildung oder Überforderung für die Klienten zur Gefahr werden können. Nicht der Kontakt zu einem Pferd an sich ist „heilsam" und berührend. Es braucht einen für alle Beteiligten sicheren, achtsamen, respekt- und verantwortungsvollen Rahmen, damit die Begegnung zwischen Pferd und Klient nicht nur gefahrenfrei, sondern auch bereichernd verläuft.
Schon 1978 rückte Pfarrer Gottfried von Dietze mit seinem Buch „Das Pferd im Therapeutischen Reiten" die hohen Anforderungen an die Auswahl und Ausbildung der Pferde in den Vordergrund. Solange Pferde dafür eingesetzt werden, Menschen in ihrer Entwicklung zu unterstützen, zu therapieren und als Freizeit- oder Leistungssportpartner zur Verfügung zu stehen, wird die Frage, welche Pferde sich eignen, wie sie artgerecht gehalten werden, wie eine fachlich fundierte Ausbildung auszusehen hat und wie der Mensch seiner ethischen Verantwortung gerecht wird, hoch aktuell bleiben.

Nicht nur die Fachkräfte benötigen für den Erwerb ihrer grundlegenden Berufsausbildung mindestens drei Jahre Ausbildungszeit, auch das Pferd braucht lange Zeit, bis es die gestellten Anforderungen erfüllen kann. Reiten und Voltigieren lernt der Mensch nicht in wenigen Wochen und auch das Pferd braucht Zeit, Geduld und beständiges Training, damit es an seine Aufgaben herangeführt wird. Die Teilnehmerinnen der Weiterbildungen berichten uns immer wieder davon, dass Arbeitgeber wenig Verständnis dafür zeigen, dass ein junges Pferd erst nach ca. zweieinhalb bis drei Jahren Ausbildung eingesetzt werden kann und somit Geld verdient. Auch der Umfang und die Bedeutung des leistungserhaltenden Trainings werden infrage gestellt, da hierdurch Kosten entstehen und Zeit benötigt wird. Klaus Balkenhol formulierte im Rahmen seiner Präsentation der Ausbildung junger Pferde auf dem Weltkongress für Therapeutisches Reiten 2009 in Münster einen der wichtigsten und grundlegendsten Eckpfeiler für die Arbeit mit Pferden: Bei Pferden ist es wie mit dem Gras, es wächst nicht schneller, wenn man daran zieht. Entscheidet sich eine Einrichtung oder eine Fachkraft im Rahmen der Selbstständigkeit dafür, pferdegestützte Angebote mit einer hohen Qualität anzubieten, wird die Konfrontation mit den Kosten, einer zeitaufwendigen Ausbildung und einem ständigen Bemühen um den Erhalt des Leistungsstandes des Pferdes nicht ausbleiben.

Im Zentrum für Therapeutisches Reiten Köln e.V. stehen dank der Imhoff-Stiftung optimale Bedingungen zur Verfügung, die Pferde für den Einsatz vorzubereiten und gesund und leistungsfähig zu halten. Mehr als 40 Pferde verschiedenster Rassen wurden im Laufe der Jahre von Claudia Pauel und ihrem Team ausgewählt, ausgebildet und eingesetzt. Die dabei gesammelten Erfahrungen, die notwendigen individuellen Lösungswege in der Ausbildung der Pferde, die Auseinandersetzung mit dem Thema im Rahmen der Weiterbildungsleitung für das Deutsche Kuratorium für Therapeutisches Reiten e.V. (DKThR) und der Austausch mit den Kollegen und Kolleginnen des Lehrteams des DKThR prägen dieses Buch. Die Pferde des Zentrums für Therapeutisches Reiten Köln e.V. sind die Hauptakteure und geben anhand zahlreicher Fallbeispiele einen Einblick in die Umsetzung der theoretischen Grundlagen in die Praxis. Wir erklären nicht noch einmal die Grundlagen einer artgerechten Haltung, des Reitens oder Longierens, sondern blicken auf die spezifische Umsetzung in der Arbeit mit einem Pferd, das den Anforderungen im Therapeutischen Reiten gerecht werden soll. Durch den Austausch mit den Teilnehmerinnen in den Weiterbildungen haben wir einen guten Kontakt zur Basis und kennen die Fragen, die sich ergeben, wenn noch wenig Erfahrung in der Auswahl und Ausbildung der Pferde vorhanden ist. Uns ist bewusst, dass nicht alle Kolleginnen über gute Rahmenbedingungen verfügen und somit der ein oder andere Kompromiss in der Arbeit mit den Pferden erforderlich ist und verantwortet werden muss. In diesem Buch haben wir unser Wissen und unsere Erfahrung über einen optimalen Weg zusammengetragen in dem Wunsch, einen Beitrag zu leisten, dass wir den Pferden und somit auch den Klienten in unserer Arbeit gerecht werden, Spaß an der Arbeit mit Pferden haben und ein hohes fachliches Niveau in der Ausbildung der Pferde selbstverständlicher wird.

Die Frage, welche Fähigkeiten die Fachkraft hinsichtlich der Ausbildung des Pferdes mitbringen muss, ist immer wieder ein spannendes und nicht immer konfliktfreies Thema. Einige Weiterbildungsanbieter gewähren einen Zugang zur Weiterbildung, ohne dass fundierte reiterliche Erfahrungen nachgewiesen werden müssen. Kritisiert werden immer wieder die „hohen" Anforderungen in den Trainerausbildungen, die mittlerweile bei vielen fachlich hochwertigen Weiterbildungen als Zugangsvoraussetzung verlangt werden. Nicht selten wird der Standpunkt vertreten, dass die Ausbildung unter dem Sattel nebensächlich ist und die Arbeit vom Boden aus im Vordergrund stehen kann. Aufgrund unserer langjährigen Erfahrung in der Ausbildung von Pferden und auch in der Ausbildung von Fachkräften steht für uns eindeutig fest, dass hohe Anforderungen an die Fachkraft zu stellen sind. Das Wissen über die artspezifischen Eigenschaften des Pferdes, über die Anforderungen im Einsatz und über eine souveräne Kontaktgestaltung und Kommunikation vom Boden aus bilden die Grundlagen. Die umfassende Ausbildung eines Pferdes ist jedoch ohne gutes Reiten und Longieren nicht möglich und muss daher insbesondere im Bereich des Therapeutischen Reitens geschult und abverlangt werden.

Die Weiterentwicklung eines fachlich fundierten Einsatzes des Pferdes hängt nicht zuletzt davon ab, ob die Akteure im Bereich Leistungssport, Freizeitgestaltung und dem Therapeutischen Reiten bereit sind, voneinander zu lernen. Bei aller berechtigten Kritik an einigen Entwicklungen im Leistungssport gibt es viele sinnvolle und hilfreiche Ideen, von denen unser Bereich lernen kann und mit denen wir uns auseinandersetzen sollten. Eine der ältesten und noch immer tragenden Ideen ist hier die klassische Reitlehre, in deren Mittelpunkt die Skala der Ausbildung steht. Dass der Leistungssport für die Weiterentwicklung in der Arbeit mit den Pferden im Therapeutischen Reiten einen wertvollen Beitrag leisten kann, zeigt die Arbeit von Uta Gräf mit ihren Pferden. Sie verbindet eine artgerechte Haltung, Respekt im Umgang mit dem Pferd, eine fundierte Ausbildung, einfühlsames Reiten und herausragende Erfolge wie selbstverständlich miteinander.

Aber auch der umgekehrte Weg wird zunehmend an Bedeutung gewinnen, wenn wir unser Fachwissen aus dem Bereich des Therapeutischen Reitens selbstbewusst vertreten. Im Freizeitbereich, im Schulpferdebetrieb und in den Angeboten im Reiten und Voltigieren im Rahmen von Schulen wird der Einsatz von verlässlichen, gelassenen und rittigen Pferden immer wichtiger werden. Die Kinder, Jugendlichen und Erwachsenen, die heute mit dem Reiten oder Voltigieren beginnen wollen, kommen häufig nicht mehr wie noch vor einigen Jahren mit Vorerfahrungen im Umgang mit Pferden in den Reitstall. Fachleute beklagen, dass die motorischen Kompetenzen der Kinder und Jugendlichen immer weiter abnehmen und oftmals schon ein Purzelbaum eine Herausforderung darstellt. Wie soll da erst die Bewegungskoordination auf dem Pferd gelingen? Auffälligkeiten im Verhalten von Kindern und Jugendlichen nehmen zu, Erwachsene leiden immer häufiger an Depressionen oder Erschöpfungszuständen und werden somit auch vermehrt Thema im normalen Reitbetrieb und nicht nur im Therapeutischen Reiten. Die Diskussion über Angebote der Inklusion macht vor dem Reitsport nicht Halt und wird zunehmend die Frage aufwerfen, ob beispielsweise ehemalige Klienten aus dem Zentrum für Therapeutisches Reiten Köln e.V. in einem „normalen" Reitbetrieb ein „passendes" Pferd vorfinden werden, um das Reiten als Freizeitsport weiter betreiben zu können. Reitvereine und private Reitställe, die sich diesen zukünftigen Herausforderungen stellen wollen, werden die Auswahl, Haltung, Ausbildung und den Einsatz der Pferde bewusst gestalten müssen, da die Pferde vermehrt die nicht ausreichend entwickelten Fähigkeiten der Reit- und Voltigieranfänger kompensieren müssen. Neben den spezifischen Aspekten des Therapeutischen Reitens finden sich für diesen Weg viele Anregungen in dem vorliegenden Buch. Hinzu kommt, dass die Nutzung des Pferdes durch interessierte Menschen immer stärker hinterfragt wird und ethische Aspekte nicht mehr nur am Rande kritisch angemerkt werden. Diese Debatte wird zukünftig einen breiteren Raum einnehmen, sodass es uns wichtig ist, hierzu einen klaren Standpunkt zu vertreten.

Im Buch verwenden wir die weibliche Anrede, da die Mehrzahl der Fachkräfte im Therapeutischen Reiten weiblich ist. Männlich Kollegen sind selbstverständlich einbezogen. Da die teilnehmenden Menschen je nach Bereich als Patienten, Klienten, Reit- oder Voltigierschüler genannt werden, haben wir uns bei allgemeinen Formulierungen für den Begriff des Klienten entschieden.

Danken möchten wir allen, die an der Entstehung dieses Buches mitgewirkt haben: Die Pferde des Zentrums für Therapeutisches Reiten e.V. werden mit unserem Dank nicht viel anfangen können, dürfen aber darauf vertrauen, dass wir weiterhin respektvoll und achtsam, aber auch fordernd mit ihnen arbeiten werden.

Ein ganz besonderer Dank gilt der Imhoff-Stiftung. Ohne das Schaffen dieser optimalen Rahmenbedingungen gäbe es die gut ausgebildeten Pferde nicht. Darüber hinaus danken wir allen Sponsoren des Zentrums für Therapeutisches Reiten Köln e.V. dafür, dass durch ihre Spenden immer wieder Pferde gekauft werden können, die sich hervorragend eignen.

Das Team des Zentrums für Therapeutisches Reiten Köln e.V. hat dieses Projekt von Beginn an neugierig begleitet und umfassend unterstützt.

Die Klienten des Zentrums für Therapeutisches Reiten Köln e.V. haben für das ein oder andere Foto mitgewirkt und ihrer Freude über die Pferde Ausdruck verliehen.

Monika Köhler hat das Buch fachlich aus der Sicht des Leistungssports begleitet und uns wertvolle Rückmeldungen gegeben.

Frau Dr. Bernadette Unkrüer, Tierklinik Telgte, hat uns hinsichtlich der medizinischen Aspekte bei der Erstellung des Buches beraten.

Wir freuen uns, dass das Deutsche Kuratorium für Therapeutisches Reiten e.V. dieses Buch von Beginn an unterstützt hat und sich in die inhaltliche Gestaltung eingebracht hat. Die Lehrteams der einzelnen Bereiche haben das Buch fachlich begleitet: Uta Adorf, Tatjana Hof, Dr. Susi Fieger, Simone Schaberl, Susanne Tarabochia.

Bereichert wurde das Kapitel 12 „Das Pferd im Leistungssport für Menschen mit Behinderungen" von den Kaderreiterinnen Britta Näpel, Katrin Huber und Stefanie Groll, der Landestrainerin Uta Gräf sowie von Dr. Susi Fieger.

Mit dem FN*verlag* stand uns für dieses Projekt ein verlässlicher und kompetenter Partner zur Seite, der im Bereich der Herausgabe von Fachliteratur im Pferdesport führend ist.

Unsere Familien und Freunde mussten die eine oder andere Stunde auf uns verzichten.
Danke.

Neben allen Herausforderungen und Schwierigkeiten macht uns die Ausbildung von Pferden noch immer Spaß. Wir hoffen, dass Sie, liebe Leser und Leserinnen, Freude an diesem Buch haben und Anregungen für Ihre Arbeit finden werden.

1 Die artspezifischen Eigenschaften des Pferdes

Im Therapeutischen Reiten trägt das Pferd aufgrund seiner artspezifischen Eigenschaften zum Entwicklungs-, Stabilisierungs- oder Heilungsprozess des Klienten bei. Die an das Pferd gestellten Anforderungen und die darauf abgestimmte Ausbildung richten sich neben der Sicherstellung des Gehorsams insbesondere daran aus, diese artspezifischen Eigenschaften zu erhalten. Dies ist nur möglich, wenn dem Pferd in der Interaktion mit dem Menschen auf der Basis des Vertrauens und Gehorsams auch die Ausbildung eines eigenen Charakters sowie das Einbringen eigener Impulse zugestanden wird. „Aber die eigentlichen Stärken des Pferdes, derer sich die therapeutische Nutzung des Tieres bedient, bringt das Pferd von Haus aus mit. So geht es, wie gesagt, darum, dass das Pferd diese Eigenschaften auch im langjährigen Einsatz bewahrt und eben nicht abstumpft" (Pocai 2002, 170).

Das Pferd selbst hat keine therapeutische oder pädagogische Intention, sodass sich die Bezeichnung Co-Therapeut oder Therapiepferd nicht anbietet. Das Pferd ist und bleibt in allen Kontexten Pferd, mit allen seinen Bedürfnissen, Ressourcen und Einschränkungen. Erst durch das Einwirken der Fachkraft werden die Effekte der artspezifischen Eigenschaften des Pferdes für konkrete therapeutische, pädagogische oder pferdefachliche und reiterliche Ziele thematisiert und genutzt (Urmoneit 2013, 127 ff.).

Für die professionelle Gestaltung der Ausbildung des Pferdes und seines Einsatzes im Therapeutischen Reiten ist es erforderlich, die wesentlichsten Eigenschaften des Pferdes und die damit verbundenen Auswirkungen auf die Interaktion mit dem Menschen zu kennen und einzuordnen.

1.1 Die Sinnesleistungen des Pferdes

Die hoch entwickelten Sinnesorgane des Pferdes ermöglichen es ihm, komplexe und kleinste Reize wahrzunehmen und zu verarbeiten. Pferde zeigen eine hohe Bereitschaft, sensitiv auf taktile (Berühren, Tasten), visuelle (Sehen), akustische (Hören) oder olfaktorische (Riechen) Reize von außen oder Impulse, die vom eigenen Körper ausgehen, zu reagieren. Diese Fähigkeiten entwickelte das Beutetier Pferd im Laufe der Evolution, um Situationen einzuschätzen, Gefahren zu erkennen, sich mit anderen abzustimmen und das Überleben durch die Flucht zu sichern. Die Reiz-Reaktionskette des Pferdes läuft in Sekundenbruchteilen ab.

Pferde verfügen über ein ausgeprägtes Bewegungssehen und nutzen ihre Augen in Form eines Weitwinkels, sodass sie das Geschehen vor, neben und hinter sich weitestgehend im Blick haben. Im Bereich vor sich sieht das Pferd durch die Fixierung mit beiden Augen dreidimensional und scharf abgegrenzt. Dieses räumliche und klare Sehen ist dem Pferd zu den Seiten und nach hinten gerichtet nicht möglich. Für die Reduktion von Stressoren ist das Pferd daher darauf angewiesen, sich einem Objekt zuwenden zu dürfen. Der Mensch muss ihm sowohl beim Putzen und Führen als auch beim Reiten und Longieren eine ausreichende Bewegungsfreiheit des Kopfes und Halses einräumen und einen in die Ferne und nicht auf den Boden ausgerichteten Blick ermöglichen. Auf dieser Erkenntnis fußt beispielsweise die Empfehlung für das Ausbinden der Pferde in der klassischen Reitlehre. Das Pferd soll durch den Hilfszügel so eingestellt werden, dass die Stirn-Nasen-Linie an oder vor der Senkrechten steht und es somit ausreichend Möglichkeiten hat, sich visuell zu orientieren. Gerade in unruhigen oder unübersichtlichen Situationen wie beispielsweise beim Heilpädagogischen Voltigieren (HPV) muss das Pferd die Gelegenheit haben hinzuschauen. Nur so findet es eine Orientierung und kann gelassen im Gehorsam und dennoch aktiv und aufmerksam bleiben. Es lässt Irritationen zu, indem es zum Beispiel stehen bleibt oder einige Schritte schneller geht, ohne dabei das Fluchtverhalten zu aktivieren. Bringt das Pferd diese Eigenschaften in den Prozess ein, wird der Klient aufgefordert, selber aufmerksam für Situationen zu sein, sich auf das Pferd einzustellen und Selbstregulation aufzubauen, um das Pferd nicht zusätzlich zu irritieren. In der Arbeit mit stark beeinträchtigten Klienten ist es zur Gefahrenminimierung unabdingbar, dass das Pferd sich durch das Hinschauen und durch die Orientierung an der Fachkraft Sicherheit holt.

Hinzu kommt, dass das Pferd anders als der Mensch nicht ca. 18 sondern 24 Bilder pro Sekunde sieht und Gefahrensituationen somit „schneller" wahrnimmt. Gekoppelt mit dem Fluchtinstinkt führen diese Fähigkeiten dazu, dass das Pferd eine hohe Bereitschaft mitbringt, auf Unruhe, eine optische Reizdichte, plötzlich auftretende oder sich verändernde optische Reize, schnelle Bewegungen oder ungewohnte Gegenstände aufmerksam und gegebenenfalls mit Unruhe und Flucht zu reagieren. Hat das Pferd sich mit einem Gegenstand auf der linken Hand vertraut gemacht, bedeutet dies nicht, dass der Gegenstand ihm auch auf der rechten Hand vertraut sein wird. Das Gehirn des Pferdes verknüpft die gemachte Erfahrung nur mit der damit verbundenen Position der Annäherung, sodass auf der neuen Hand damit zu rechnen ist, dass es sich durch den Gegenstand erneut irritieren lässt.

Ein gut ausgebildetes Pferd erhält sich ein aufmerksames Hinschauen und fordert es vom Menschen ein.

Auf der gesamten Körperoberfläche nehmen Pferde kleinste Berührungen oder die Körperanspannung des Menschen auf ihrem Rücken wahr. Im Kontakt am Boden registrieren sie jede Bewegung des Menschen und stellen ihr Verhalten darauf ein. Durch die hohe Sensitivität für Berührungen und Bewegungen sowie ihrem ausgeprägten Gleichgewichtssinn sind sie auf der Grundlage einer guten Ausbildung in der Regel in der Lage, das Gewicht des Menschen auf ihrem Rücken auszubalancieren und die gemeinsame Aktivität zu rhythmisieren (URMONEIT 2013). Pferde nehmen die Reize jedoch nicht nur sensibel wahr. Sie zeigen eine hohe Bereitschaft, auf diese Reize zu reagieren und somit am Gegenüber ausgerichtet zu antworten, indem sie beispielsweise durch ihre eigenen Bewegungen Nähe und Distanz regulieren. Diese Form des Spiegelns wird im Prozess mit den Klienten genutzt, um Reflexionsfähigkeit, Veränderungsmotivation und Selbstregulation einzuüben. Ziel der Ausbildung ist es, diese Empfindlichkeit so zu nutzen, dass das Pferd durch kleinste Signale dazu bewegt werden kann, eine Aufgabe verlässlich zu erledigen.

Das Pferd im Therapeutischen Reiten muss jedoch auch auf bestimmte Reize desensibilisiert werden, damit beispielsweise die von einer spastischen Erkrankung ausgehenden Reize des Klienten nicht durch ein vermehrtes Vorwärtsgehen oder Flüchten beantwortet werden. Aufgrund seiner Bereitschaft, sich auf Situationen und Sozialpartner flexibel einzustellen, lernt das Pferd, die Bedeutung eines identischen oder ähnlichen Reizes situationsspezifisch unterschiedlich zu beantworten.

Pferde bringen individuelle Bedürfnisse hinsichtlich der Berührungskontakte mit und unterscheiden zwischen Berührungen durch Artgenossen und durch den Menschen. Es gibt Pferde, die so berührungsempfindlich sind, dass sie den Körperkontakt durch den Menschen abwehren oder im Laufe der Arbeit eine Abwehr entwickeln, wenn der Mensch ihre Berührungsempfindlichkeit über längere Zeit ignoriert und viel Körperkontakt z.B. durch Streicheln oder intensives Putzen einfordert. Andere Pferde nehmen diese „Überreizung" brav hin, und nur eine erfahrene Fachkraft kann beobachten, dass das Pferd unter dem Zuviel an Berührung leidet und beginnt abzustumpfen. Wieder andere Pferde mögen Berührungen und fordern sie immer wieder an bestimmten Körperstellen ein.

Das Pferd verfügt nicht nur über aktive Tastorgane (Lippen, Tasthaare am Maul, Hufe), sondern auch über ein passives Tastorgan, das sich über den ganzen Körper verteilt. Durch diese umfassende Möglichkeit des Ertastens nimmt das Pferd Erdvibrationen sehr viel stärker wahr als der Mensch, sodass es beispielsweise einen Traktor oder Lkw schon erspürt, bevor er zu hören oder zu sehen ist. Über die Hufe erspüren die Pferde den Untergrund mit allen seinen Unebenheiten und nutzen diese Informationen, um ein Gleichgewicht in der Bewegung aufzubauen. Damit diese im Therapeutischen Reiten unerlässliche Fähigkeit gefördert wird, ist es daher wichtig, das Pferd auch auf unebenen Böden zu trainieren.

Mit den Ohren, die sie unabhängig voneinander in verschiedene Richtungen bewegen können, nehmen Pferde Geräusche in ihrer Umgebung beständig wahr. Dabei hören sie Töne, die im Ultraschallbereich liegen und vom menschlichen Ohr nicht registriert werden. „Die Sensibilität des akustischen Apparates ist differenziert genug, um einzelne Pferde- und Menschenstimmen auseinanderzuhalten und auch um verschiedene Wörter unterscheiden zu können" (Bley 2002, 21). Je nach Lernerfahrung entwickeln Pferde bei unterschiedlichen Geräuschen differenzierte Verhaltensbereitschaften. So zeigen sie Angst vor bestimmten Geräuschen, wenden sich anderen Geräuschquellen neugierig zu oder ignorieren den Reiz. Eine Geräuschempfindlichkeit entwickeln Pferde insbesondere dann, wenn sie die Geräuschquelle nicht sehen können, sodass ihnen die Möglichkeit der visuellen Überprüfung fehlt. Auf bestimmte Geräusche, wie z.B. das Heranrollen des Futterwagens, entwickeln sie klare Erwartungshaltungen. Für das Pferd ist Lärm und ständiges Stimmengewirr eine hohe Belastung. Kommt dann eine fehlende Aufmerksamkeit des Menschen für die nonverbalen Interaktionsbedürfnisse des Pferdes dazu, kann Unruhe bis hin zu einer Schreckreaktion entstehen. Um dem Rechnung zu tragen, verständigt sich die Fachkraft weitestgehend nonverbal mit dem Pferd und es ist selbstverständlich, dass keine Radiobeschallung in der Stallgasse erfolgt. Außerdem haben sich Zeiten kompletter Ruhe im Stall bewährt, in denen keine Besucher und Klienten anwesend sind (z.B. Mittagspause).

1.2 Das Lernverhalten des Pferdes

Zahlreiche grundlegende Verhaltensweisen des Pferdes basieren auf angeborenen Instinkten. Dabei sind auslösende Reize mit fest gebahnten Bewegungsmustern gekoppelt. Beispielsweise sucht das Fohlen instinktiv nach dem Euter der Stute. Trotz der von Geburt an fest verankerten Verhaltensbereitschaften muss das Pferd die motorische Umsetzung durch Üben aufbauen bzw. verfeinern. Neben den instinktiven Verhaltensmustern ist das Pferd in der Lage, Bewegungsabläufe und Verhaltensbereitschaften aufgrund von Erfahrungen zu erlernen, sodass es sich flexibel an Umweltanforderungen anpassen kann.

Das Gehirn des Pferdes weist einen ähnlichen Aufbau auf wie das des Menschen. Da Pferde ebenfalls über ein limbisches System verfügen, das beim Menschen für die Entstehung und Regulation von Emotionen zuständig ist, ist davon auszugehen, dass Pferde eine emotionale Färbung erleben. Wissenschaftlich nachgewiesen ist, dass sie Angst und Freude empfinden können. Durch diese Empfindungsfähigkeit sind sie in der Lage, bei den auf sie einwirkenden Reizen zwischen angenehmen und unangenehmen Auswirkungen zu unterscheiden. Damit entsteht ähnlich wie beim Menschen eine Handlungsorientierung im Sinne der Zu- oder Abwendung von einem Reiz und somit ein motivationales, an ihren Grundbedürfnissen ausgerichtetes Verhalten. Bei dem Erlernen der verlässlichen und gleichbleibenden Beantwortung eines Reizes bilden sich feste Muster in den Gehirnstrukturen der Großhirnrinde aus. Durch die dort abgespeicherten Lernschritte auf der Grundlage von Erfahrung (Training) ist das Pferd in der Lage, Reaktionen, die im limbischen System ablaufen (z.B. Fluchtinstinkt bei Feuer), anzuhalten, dem Reiz eine andere Zuordnung zu geben als vor dem Lernprozess und somit gelassen zu bleiben.

Das Lernen basiert somit auf Gewöhnung und Konditionierung. Auf die dem Menschen zur Verfügung stehende Lernebene des Lernens durch Einsicht kann das Pferd nicht zurückgreifen. Für das Training des Pferdes stellt die operante Konditionierung, dem Lernen am Erfolg, die wichtigste Lernform dar. „Unter Konditionierung versteht man Lernvorgänge, in deren Verlauf eine Verhaltensweise oder eine Reaktion mit bestimmten Bedingungen bzw. Reizen verknüpft wird, wodurch sie immer dann auftritt, wenn die damit verknüpfte Reizkonstellation gegeben ist" (Bley 2002, 30). Wirken sich die Konsequenzen, die auf sein Verhalten folgen, hinsichtlich seiner Befindlichkeit und Bedürfnisbefriedigung positiv aus, erhöht sich die Wahrscheinlichkeit, dass es das Verhalten erneut zeigt bzw. den Reiz gleichbleibend beantwortet. Wird diese Kopplung von Reiz und Reaktion häufig eingeübt und belohnt, tritt ein immer höheres Maß an Automatisierung und somit Verlässlichkeit in der Reaktion ein (Zeitler-Feicht 2008, 115 ff.). Entscheidend ist dabei, dass die Belohnung sehr zeitnah und möglichst in gleichbleibender Form erfolgt. Vergehen zwischen dem Zeigen des Verhaltens und des Lobs mehr als drei Sekunden, verknüpft das Pferd die beiden Ereignisse nicht mehr miteinander. Außerdem kann es das Lob eindeutiger als positive Reaktion auf sein Verhalten einordnen, wenn das Lob durch gleichbleibende Merkmale einen Wiedererkennungseffekt hat (ruhiges Stimmlob, kurzes Überstreichen am Hals).

Fallbeispiel:

Konditionierung einer unerwünschten Verhaltensweise
Eine Kollegin brachte im Rahmen einer Supervision ihr Anliegen ein, der Frage nachzugehen, warum ihr Pferd immer weniger Bereitschaft zeigte durchzugaloppieren. Sie hatte einen Videoausschnitt mitgebracht, in dem zu sehen war, dass sie das Pferd gut angaloppieren konnte, es aber nur durch intensiven Einsatz treibender Hilfen eine halbe Zirkelrunde galoppierte. Anschließend parierte sie (oder das Pferd) durch und sie lobte es ausgiebig am Hals. Das Lob verband sie damit, dass das Pferd, wenn auch mit Mühe, eine halbe Zirkelrunde galoppiert war. Im Austausch mit den Kolleginnen beleuchteten wir die Wahrnehmung des Pferdes. Das Pferd verband das Lob mit dem Durchparieren und nicht mit dem Galoppieren und war daher darauf ausgerichtet, die Verhaltensweise, die belohnt wird, zu zeigen. Wir empfahlen der Kollegin, kurz nach dem Angaloppieren mit der Hand am Hals überzustreichen, die treibenden Hilfen klar einzusetzen und jedes Mal, wenn das Pferd darauf reagiert, wieder überzustreichen und mit der Stimme zu loben. Außerdem hielten wir es für sinnvoll, das Lob nach dem Durchparieren zu vermeiden, damit sich das Pferd klar auf die neuen Anforderungen ausrichten kann.

Die Belohnung durch Leckerlis wird in der Ausbildung der Pferde für das Therapeutische Reiten, wenn überhaupt, nur sparsam und genau getimt, d.h. spätestens drei Sekunden nach dem Zeigen des gewünschten Verhaltens eingesetzt. Damit erübrigt sich die Belohnung beim Reiten und Longieren durch Leckerlis von selbst, da diese Zeitspanne nicht ausreicht, um die Handlung in Ruhe auszuführen. Beim Training des Transfers an der Rampe hingegen kann der gezielte Einsatz den Lernprozess des Pferdes gut unterstützen. Dabei ist darauf zu achten, dass die Fachkraft klar in der Führungsposition bleibt und das Leckerli „überreicht" und das Pferd sich die Belohnung nicht durch Betteln abholt. Auf die Ausrichtung der Belohnung durch Leckerlis entwickeln die Pferde schon nach kurzer Zeit ein starkes Such- und Bettelverhalten. Sie sind nach der Reizbeantwortung auf die Gabe des Leckerlis fixiert und konzentrieren sich nicht mehr auf den Menschen. In der Erwartung auf das Leckerli unterschreiten sie häufig die für die Klärung der Rangordnung notwendige Distanz zum Menschen. Sie verhalten sich aufdringlich, werden unruhig oder scharren mit den Hufen, sodass für die Klienten gefährliche Situationen entstehen können. „Der Mensch hat künstliche Bedürfnisse erzeugt, die er nun permanent befriedigen muss, und das Pferd wiederum ist auf diese Bedürfnisse festgelegt.

Beispiel: Die bekannte Leckerli-Sucht vieler Pferde, die mit Auftauchen ihrer Bezugsperson ein ausgeprägtes Appetenzverhalten zeigen" (Pocai 2002, 155 f). Das Füttern einer Belohnung nach der Stunde auch mit dem Klienten ist eher eine Handlung, die aus Sicht des Menschen ein Lob darstellt. Das Pferd verknüpft das Leckerli nicht mit einer gut gelungenen Trainingseinheit oder einer erfolgreichen Therapiestunde. Damit das Pferd eine Verknüpfung zwischen dem gezeigten Verhalten und dem Lob herstellt, ist es sinnvoller, das Pferd mit einer stabilen, verlässlichen und auf Kooperation ausgerichteten Beziehung und über die damit verbundenen Berührungen oder ein Stimmsignal zu belohnen. Eine sinnvolle Belohnung des Pferdes besteht aus einem verlässlichen Kontaktangebot, klaren Signalen, ruhigem Einsatz der Stimme sowie einem Überstreichen am Hals.

Das junge Pferd Rubbedidupp erfährt einen konstanten Kontakt und eine klare Unterstützung beim Erlernen des ruhigen Stehens beim Aufsitzen.

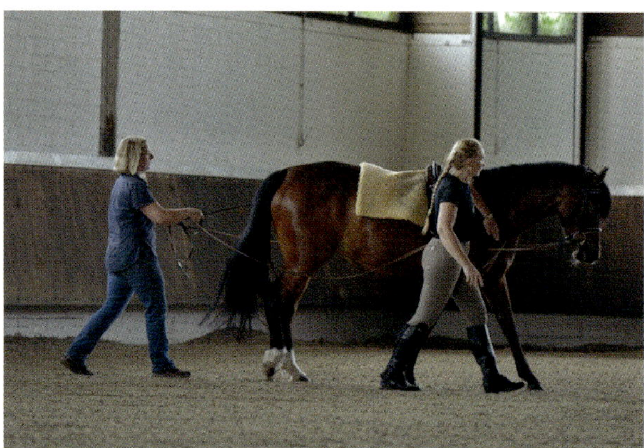

Dornröschen wird für die ersten Übungen am Langzügel von der begleitenden Fachkraft gelobt.

Das Streichen über den Hals können die meisten Klienten als lobende Geste erlernen und somit an die Umgangsform der Fachkraft anknüpfen. Bley geht davon aus, dass auch Pferde so etwas wie Freude am gemeinsamen Tun und an der gemeinsamen Bewegung entwickeln können und sich dies als innere Belohnung in Form eines Stimmigkeitsgefühls auswirkt. Dadurch entwickelt das Pferd eine intrinsische Motivation zur Zusammenarbeit und lernt, die Aufgaben ohne eine „künstlich" hinzugefügte Belohnung zu erledigen (Bley 2002). Für den Erhalt der Motivation des Pferdes werden auf der Grundlage der Stabilisierung des Gelernten neue Lernanreize und ein abwechslungsreiches Trainingsprogramm angeboten. Neben der Abwechslung braucht es jedoch auch ein ausreichendes Maß an Wiederholungen, damit sich eine Verknüpfung zwischen Reiz und gewünschter Reaktion ausbilden kann. Es macht keinen Sinn, innerhalb einer Trainingseinheit zehn unterschiedliche Lernschritte einzuplanen und immer von einer Aufgabe zur nächsten zu springen. Sinnvoller ist es, einen Lernschritt einige Male zu üben, dann eine Entspannungspause am hingegebenen Zügel einzufügen und danach nochmals einige Male die neue Aufgabe abzufragen.

Pferde sind im Rahmen ihres Lernprozesses in der Lage, verschiedenste Signale voneinander zu unterscheiden. Sie können Erlerntes übertragen und sich auf verschiedene Menschen und ihre individuelle Signalgebung einstellen. „Die Pferde müssen fähig sein und lernen können, mit wenigen Signalen zurechtzukommen. Stellt man sich die Hilfengebung eines Reiters als sprachliche Äußerung vor, müssen die Pferde in der Lage sein, aus Wortstücken oder unvollständigen Sätzen zu erkennen, was gemeint ist" (Pauel 2005, 160). Durch diese Anpassungsleistung des Pferdes wird es z.B. für die Klienten im Setting des freien Reitens möglich, das Pferd auch ohne „korrekte" Hilfengebung, wohl aber über individuell entwickelte Signale anzugaloppieren. Darüber hinaus haben Pferde ein ausgesprochen gutes Langzeitgedächtnis, sodass sie das Erlernte auch nach langen Krankheitsphasen oder Pausenzeiten sicher abrufen. Wichtig ist jedoch auch, zu beachten, dass jedes Pferd ein individuelles Lernvermögen und eine damit verbundene Kooperationsbereitschaft mitbringt und auch hinsichtlich der Entwicklung von Bewegungsabläufen unterschiedlich begabt ist.

Leider lernen Pferde unerwünschte Verhaltensweisen ebenso flexibel und stabil und prägen sich insbesondere Gefahrensituationen nachhaltig ein. Sie lernen in allen Situationen und unterscheiden nicht zwischen „erwünschten" und „nicht erwünschten" Verhaltensbereitschaften. Damit kommt auf die Fachkraft nicht nur die Aufgabe zu, gewünschtes Verhalten zu belohnen, sondern auch unerwünschtes Verhalten möglichst konsequent zu ignorieren oder zu unterbinden, damit das Pferd keine positive Auswirkung auf sein unerwünschtes Verhalten erfährt. Der Einsatz von Strafen in Form von Schlägen, Tritten oder dem Reißen am Zügel führt nicht zum gewünschten Lernerfolg. Das Pferd entwickelt Angst und wird sich dem Kontakt zum Menschen entziehen. „Strafe ist nur in Ausnahmefällen sinnvoll, zum Beispiel bei einer dominanzbedingten Aggression. Tieren etwas über Strafe zu lehren ist aber der falsche Weg, denn sie senkt die Motivation und erzeugt lediglich eine negative Grundstimmung sowie Angst. Man kann also über Strafe nur verhindern, dass ein Pferd etwas tut, man kann es aber nicht zur Mitarbeit motivieren. Abwehrreaktionen des Pferdes gehen häufig auf das Fehlen von Lob zurück sowie auf das endlose Üben von immer den gleichen Lektionen" (Zeitler-Feicht 2008, 121).

Pferde, die im Umgang mit dem Menschen eine Strafe erwarten und daraufhin ängstliches Verhalten oder Fluchttendenzen zeigen, sind nicht offen für Lernprozesse, entwickeln keine ausreichende Gelassenheit und stellen beim Einsatz im Therapeutischen Reiten ein Risiko dar. Wird beispielsweise die Gerte zum Schlagen des Pferdes eingesetzt, ist ihr Einsatz langfristig für die Arbeit „verloren" und kann nicht mehr zur Unterstützung des Treibens bei schwachen Klienten im freien Reiten oder am Langzügel eingesetzt werden. Anstatt gestraft zu werden, erfährt das Pferd in der täglichen Arbeit mit der Fachkraft Respekt, Ruhe und Konsequenz, sodass die gemeinsame Arbeit als ein positives Erlebnis vom Pferd wahrgenommen wird. Mit der Zeit wird das Pferd aufgrund der angenehmen Erfahrungen mit der Fachkraft die Zusammenarbeit mit dem Menschen mit einem Wohlgefühl der Sicherheit und Orientierung verbinden und seine Bereitschaft zur Kooperation immer selbstverständlicher anbieten.

Sowohl beim Einsatz des Pferdes im Regelsport wie auch im Therapeutischen Reiten wird das Pferd an Reize gewöhnt, die es aufgrund seiner artspezifischen Eigenschaften als negativ bewertet und denen es sich zu entziehen versucht. Einen Menschen auf seinem Rücken zu tragen, an einer Rampe stehen zu bleiben, rennende Kinder neben sich zu dulden und viele weitere Anforderungen sind gegen die Natur des Pferdes gerichtet. Dennoch ist das Pferd bereit zu lernen, diese Reize nicht nur gelassen zu tolerieren, sondern sie auch in einer für den Menschen positiven Form zu beantworten. Um dieses Lernziel sicherzustellen, basiert das Training auf einer klaren Rangordnung, dem Untergliedern der Aufgaben in kleine Schritte sowie einer konsequenten positiven Verstärkung des erwünschten Verhaltens. Um Pferde an ungewohnte und für sie bedrohlich wirkende Reize zu gewöhnen, greift die Fachkraft auch auf die Fähigkeit des Pferdes zum Lernen am Modell zurück. Pferde erlernen zwar durch Beobachtung ihrer Artgenossen nicht den Bewegungsablauf, sehr wohl aber Gelassenheit und eine Toleranz gegenüber einem Reiz.

Fallbeispiel: **Ein junges Pferd lernt von einem erfahrenen Pferd in einer fremden Umgebung.**

Auf einer Tagung hatten wir vier Pferde des Zentrums für Therapeutisches Reiten Köln e.V. mitgebracht, um unseren Weg der Pferdeausbildung zu demonstrieren. Am Ende bauten wir einige Übungen aus dem Gelassenheitstraining ein. Wir hatten vereinbart, das noch sehr junge Pferd Rubbedidupp nur aus sicherer Entfernung zuschauen zu lassen und nicht aktiv einzubinden. Als Heinzel sich neugierig der Fahne, die von uns hin und her geschwenkt wurde, zuwandte, änderte Rubbedidupp unseren Plan und signalisierte der Reiterin klar, dass er sich nähern will. Sie ließ den Impuls des Pferdes zu und das junge Pferd konnte an der Seite seines erfahrenen „Kollegen" ausgiebig erforschen, was es mit der Fahne auf sich hat. Er scharrte mit den Hufen auf ihr rum und nahm sie ins Maul.

1.3 Das Sozialverhalten des Pferdes

Die stark ausgeprägten nonverbalen Dialogkompetenzen des Pferdes ermöglichen Abstimmungsprozesse zwischen einzelnen Herdenmitgliedern. Es entsteht eine soziale Ordnung, die dem einzelnen Pferd eine Orientierung bietet. „Das Verhalten von Pferden in der Herde basiert immer auch auf der sozialen Dimension, die wir beim Menschen Beziehung nennen. Sie beeinflussen sich in ihrem Verhalten wechselseitig und gestalten Resonanzprozesse. Ihr Überleben ist von einer funktionierenden sozialen Struktur abhängig" (Urmoneit 2013, 138). Durch den Zusammenschluss im Herdenverband und die sozialen Kompetenzen sichert das Pferd sein Überleben und befriedigt seine grundlegenden Bedürfnisse.

- Einschätzung von (Gefahren)-Situationen durch die Ausrichtung an erfahrenen Mitgliedern der Herde
- Stressfreie Nahrungs- und Wasseraufnahme
- Regulierung von Nähe und Distanz im Kontakt zu den Artgenossen
- Einnahme eines festen Platzes in der Rangordnung
- Erholungsphasen, Schlaf
- Bewegung
- Fortpflanzungsverhalten (bei Wallachen eingeschränkt)

Erst wenn diesen Bedürfnissen ausreichend Rechnung getragen wird, sind Pferde in der Lage, sich auf vom Menschen definierte Ziele in der Zusammenarbeit aufmerksam einzulassen.

Die Rangordnungsstrukturen basieren darauf, dass Pferde sowohl die Bereitschaft mitbringen, die Führung zu übernehmen (Dominanz), als auch die Bereitschaft, sich führen zu lassen (Unterordnung). Die einzelnen Herdenmitglieder sind aufeinander bezogen, sie messen dem Verhalten des Gegenübers Bedeutung bei, zeigen die Bereitschaft zu einer sozialen Antwort und setzen einander Grenzen. Stabilisiert sich die Rangordnung, entwickeln sich automatisierte Abläufe, sodass die Pferde die Verhaltensbereitschaften der Artgenossen einschätzen können und unsichere Pferde Orientierung finden. Diese ritualisierten sozialen Verhaltensmuster bieten der Herde die Möglichkeit, Gefahren sicher einzuschätzen und Gelassenheit zu entwickeln, sodass sie beispielsweise ihrem Bedürfnis nach Wasser- und Nahrungsaufnahme sowie Schlaf nachgehen können. Pferde zeigen ein unterschiedliches Bedürfnis hinsichtlich sozialer Kontakte zu Artgenossen und schließen sich mit einigen Mitgliedern der Herde enger zusammen als mit anderen. Dabei individualisieren sie die Kontakte jedoch nicht in der Form, wie es Menschen tun. Entfernt man ein Mitglied aus der Herde, werden die anderen Pferde dem wenig Bedeutung beimessen, solange andere Pferde, die ihnen zu Orientierung und einem intensiveren Kontakt dienen, anwesend sind. Dies bietet in der Arbeit mit Menschen die Chance, dass sich das Pferd auf unterschiedliche Menschen einlässt und nicht „Freunde" festlegt, mit denen es sich eine Zusammenarbeit vorstellen kann. Das Sich-Einlassen basiert nicht auf einer Individualisierung des Gegenübers, sondern darauf, ob das Gegenüber Verhaltensweisen zeigt, die dem Pferd Sicherheit und Orientierung bieten. Die Stabilität oder Instabilität der Rangordnung hat einen hohen Einfluss auf die Befindlichkeit des Pferdes und somit auch auf seine Leistungsbereitschaft und die Entwicklung von Gelassenheit bei seinem Einsatz im Therapeutischen Reiten.

Im Kontakt mit dem Menschen sucht das Pferd ebenfalls eine klare Position in der Rangordnung, um sich zu orientieren und zur Ruhe zu kommen. Die kooperative Mitarbeit des Pferdes und der damit verbundene Gehorsam sind unabdingbar daran geknüpft, dass der Mensch die ranghöhere Position klar und gewaltfrei einnimmt und das Pferd lernt, sich unterzuordnen (Kröger 2005b). Das Pferd entwickelt auf dieser Grundlage das Vertrauen, dass der Mensch in der Lage ist, sein Überleben zu sichern. Es zeigt die Bereitschaft zu folgen und orientiert sich in ängstigenden Situationen weiterhin am Menschen und gibt seinem Fluchtinstinkt nicht nach. Ein aufschlussreiches Indiz für eine noch unsichere Anbindung des Pferdes an die dominante Position des Menschen ist das aufgeregte Wiehern nach den Artgenossen, wenn sich das Pferd beispielsweise mit dem Menschen alleine in der Reithalle befindet.

Im Therapeutischen Reiten wird das Pferd immer wieder damit konfrontiert, dass der Klient nicht in der Lage ist, die ranghöhere Position klar einzunehmen. Das Pferd erfährt dann durch seine Position im Herdenverband oder durch die Anbindung an die präsente Fachkraft ausreichend Sicherheit und Dominanzsignale, dass es nicht gänzlich aus der Kooperation mit dem Klienten aussteigt. Auf dieser Grundlage ist es in der Lage, im Prozess mit dem Klienten die Führung zu übernehmen. „Ein Pferd muss in der Lage sein, selbstständig zu handeln und die Führung in einem positiven Sinn zu übernehmen, indem es beispielsweise der Gruppe folgt, obwohl der Schüler nicht oder nicht genügend einwirkt" (Pauel 2005, 160). Die Fähigkeit des Pferdes, die Führung zu übernehmen, ohne dabei gefährdende Verhaltensweisen zu zeigen, spielt im Therapeutischen Reiten eine nicht zu vernachlässigende Rolle auch hinsichtlich der Gefahrenminimierung. Dieser Kooperationsspielraum des Pferdes entsteht nur, wenn die Ausbildungsziele nicht über Gewalt und Druck realisiert werden. Im Vordergrund stehen die Achtsamkeit, der Respekt, die klare Kommunikation ohne Missbrauch der Dominanz sowie die Einladung des Pferdes in die Mitgestaltung (Pocai 2002). In dieser Weise solide ausgebildete Pferde werden in der Arbeit mit noch unsicheren Klienten oder beim Einsatz von Fachkräften, die die dominante Position in der Rangordnung noch nicht einnehmen können oder wollen, durchaus kooperativ und selbstständig mitarbeiten, sofern dies nicht gegen ihre Grundbedürfnisse gerichtet ist.

Damit das Pferd die soziale Beantwortung von Reizen, das Sich-Einlassen auf Interaktionen sowie das Halten des Kontaktes erlernt, benötigt es adäquate Sozialpartner als Gegenüber. Gerade junge Pferde bringen ein ausgeprägtes Spiel- und Neugier-Verhalten mit und benötigen Artgenossen, die sich in gemeinsame Aktionen einladen lassen. In einer altersgemischten Herde findet das Pferd unterschiedliche Sozialpartner, sodass dem jungen Pferd Spielpartner zur Verfügung stehen, es aber auch vom älteren Pferd hinsichtlich der sozialen Verhaltensweisen lernen kann und ihm Grenzen gesetzt werden.

Die Wallache der Herde spielen auf dem Auslauf und klären die Rangordnung. Obwohl es rau zugeht, entstehen gravierende Verletzungen äußerst selten.

In der freien Natur verbringt das Pferd einen Großteil des Tages damit, sich zu bewegen und dabei Nahrung aufzunehmen. Werden seine Bewegungsmöglichkeiten dauerhaft stark eingeschränkt oder ihm Zeiten der freien Bewegung nicht zugestanden, gerät das Pferd unter Anspannung. Dies kann im Therapeutischen Reiten zu gefährlichen Situationen oder der Verweigerung der Kooperation führen. Damit das Pferd gelassen, aufmerksam und gehorsam mitarbeitet, muss nicht nur seinem Bedürfnis nach Kontakten zu seinen Artgenossen, sondern auch seinem Bewegungsdrang vor dem Einsatz Rechnung getragen werden. Hierfür reicht die Bewegung im Offenstall oftmals nicht aus, da die Pferde sich dort in der Regel im Schritt bewegen und Anspannungen sich oft erst zeigen, wenn sie gefordert werden. Pferde, denen die Freilaufzeiten in der Herde oder im Offenstall nicht ausreichen, um Spannungen abzubauen, sollten vor dem Einsatz longiert (nicht gescheucht) oder geritten werden.

Die Bereitschaft des Pferdes, einem artfremden Gegenüber eine soziale Antwort zu geben, wird im Therapeutischen Reiten auf der Ebene des Bewegungsdialogs ebenso genutzt wie für das Einüben der Beziehungsgestaltung. Daher ist es erforderlich, das Neugier-Verhalten und die Fokussierung der Aufmerksamkeit auf die Interaktionen mit dem Menschen beim Einsatz des Pferdes zu erhalten. Pferde registrieren, wenn das Gegenüber abgelenkt, ist und wenden sich dann ebenfalls anderen Dingen zu. So gelingt die gemeinsame Bewältigung einer Aufgabe bei neugierigen, wachen, kooperativen und dennoch „eigensinnigen" Pferden nur, wenn der Mensch seine Aufmerksamkeit klar auf das zu erreichende Ziel ausrichtet. Sowohl Störungen im Interaktionsprozess als auch gelungene Dialoge meldet das Pferd über sein Verhalten nicht nur seinen Artgenossen, sondern auch dem Menschen klar und eindeutig zurück. Die Fachkraft beachtet in der Arbeit mit dem Pferd seine Aufmerksamkeitsspanne. Pferde zeigen hinsichtlich der Zeitspanne sehr unterschiedliche Ressourcen in der Konzentrationsfähigkeit. Gerade bei jungen Pferden oder Pferden, die neu auf der Anlage sind, reichen oftmals kurze Arbeitsphasen aus. Sobald sich das Pferd nicht mehr konzentriert, benötigt es eine Pause, in der es entspannen kann und nur wenige Impulse des Menschen umsetzen muss. Die Konzentrationsfähigkeit des Pferdes hängt zudem stark davon ab, ob der Mensch bei der Sache ist und seine Aufmerksamkeit auf die Aufgabe ausrichtet. Ist dies nicht der Fall, steigt insbesondere das junge Pferd aus der Kooperation aus.

Literaturempfehlungen:
Carlson, Orterer 2007; Hanneder 2002; Deutsche Reiterliche Vereinigung e.V. (FN) 2014b; Schöning 2014; Strauch 2010; Tellington-Jones 2002; Thiel 2007; Weritz 2005; Zeitler-Feicht 2008

2 Anforderungen an das Pferd im Therapeutischen Reiten

Am Therapeutischen Reiten nehmen Klienten mit Einschränkungen im Bewegungsapparat, in der Wahrnehmung, der neurologischen Verarbeitung, der Motorik, der Kognition, der emotionalen Regulation, der Kommunikation sowie im sozialen Verhalten teil. Die Bewegungs- und Verhaltensbereitschaften des Klienten stellen für das Pferd eine Herausforderung dar, denen es nur gut ausgebildet gewachsen ist.

Die Bereiche des Therapeutischen Reitens

© Deutsches Kuratorium für Therapeutisches Reiten (DKThR) www.dkthr.de

Allgemeine Definition des Therapeutischen Reitens (DKThR 2014)
Das Therapeutische Reiten umfasst pferdgestützte Therapien, derzeit in Form von Hippotherapie (pferdgestützte Physiotherapie), heilpädagogische Förderung mit dem Pferd und ergotherapeutische Behandlung mit dem Pferd sowie den Pferdesport für Menschen mit Behinderungen. Die pferdgestützte Therapie basiert nicht auf Sportkonzepten, sondern auf eigenen Profilen in Form von (medizinischen) Behandlungs- und (pädagogischen/psychologischen) Förderkonzepten. Der Pferdesport bildet in diesem Sinne eine Perspektive für Menschen mit Behinderungen, sich sportlich zu betätigen. Therapeutische Ziele treten hier in den Hintergrund. Das Therapeutische Reiten nimmt derzeit eine Vorreiterrolle in der inklusiven Pädagogik und Sportpädagogik ein.

Jeder Bereich setzt eigene Schwerpunkte und benötigt dafür die Qualitäten des Pferdes in unterschiedlicher Weise. Als gemeinsame Basis der Bereiche lassen sich drei Eckpfeiler benennen:

- die Bewegungsqualität und der damit verbundene Bewegungsdialog
- die Bereitschaft zur sozialen Antwort und die damit verbundene Beziehungsgestaltung
- die Ausbildung des Pferdes sowie die Heranführung an die Aufgaben

Diese gemeinsame Grundlage hinsichtlich der Anforderungen an das Pferd ermöglicht den Einsatz eines Pferdes als „Allrounder" in verschiedenen Fachbereichen.

2.1 Die Rolle des Pferdes in der Hippotherapie

In der Hippotherapie behandeln Physiotherapeutinnen mit entsprechender Zusatzausbildung Patienten mit neurophysiologischen Bewegungsstörungen auf dem Rücken des Pferdes. Die Behandlung wird vom Arzt verordnet und im Einzelsetting und unter Einbezug einer Pferdeführerin, die das Pferd im Schritt am Langzügel führt, durchgeführt.

Durch die Viertaktbewegung des Schritts übertragen sich dreidimensionale Schwingungsimpulse auf das Becken und die Wirbelsäule des Patienten. Die dadurch ausgelösten Bewegungen setzen sich bis in die Extremitäten und den Kopf fort.

Die Schrittbewegung des Pferdes löst beim sich tragen lassenden Patienten annähernd gleiche Bewegungsabläufe im Becken und Wirbelsäulenbereich aus wie beim eigenständigen Gehen. Das Bewegt-Werden auf dem Pferderücken (es werden ca. 120 Schwingungsimpulse pro Minute auf das Becken des Menschen übertragen) bewirkt eine neurologische, sensorische und motorische Aktivität, die zu einer reaktiven Bewegungsantwort des Patienten führt, die ohne die Aktivierung durch die Pferdebewegung nicht möglich wäre.

Literaturempfehlungen zur Hippotherapie:
DKThR 2005d, 2004; Künzle 2000; Strauß 2008

2.1.1 Die Bedeutung der Schrittqualität

Für eine erfolgreiche Behandlung reicht es nicht aus, wenn sich das Pferd „brav" bewegt. Es braucht besondere Qualitäten in der Schrittbewegung, um die angestrebte Einwirkung auf die Symptomatik des Patienten zu erzielen. Damit der Patient auf dem Pferderücken optimale Bewegungsimpulse erhält, bringt das Pferd in der Schrittbewegung folgende Qualitäten mit:

- einen Raumgriff, bei dem die Hinterhand über die Hufabdrücke der Vorderhand fußt eine taktreine Bewegung im Viertakt
- ein losgelassener Rücken, sodass die Bewegung durch das gesamte Pferd läuft
- eine ausbalancierte und geradegerichtete Schrittbewegung auf geraden und gebogenen Linien sowie in den Seitengängen
- Das Pferd geht in sicherer Anlehnung und trägt sich selbst.
- eine Schrittbewegung, die sich durch die Hilfengebung der Pferdeführerin in ihrem Gangmaß verkürzen und verlängern lässt
- Das Pferd bietet beim Wechsel zwischen Schritt und Halten fließende Übergänge an.

Geht das Pferd nicht taktrein, kann das menschliche Gehirn den „korrekten" Bewegungsablauf nicht abspeichern und für das Einüben der Rumpfaktivität, die für das Gehen erforderlich ist, nicht nutzen. Ein nicht losgelassener Rücken des Pferdes mindert die Bewegungsübertragung auf die Wirbelsäule und das Becken des Patienten. Geht das Pferd schief, wird der Patient in den meisten Fällen ebenfalls schief sitzen. Verliert das Pferd den Rhythmus, verändert es wahllos das Gangmaß, oder stolpert es, wird der Patient nicht in die gewünschte Losgelassenheit eingeladen. Oftmals reagieren Patienten auf Störungen im Bewegungsablauf durch physische und psychische Anspannung.

Schon für eine erfahrene Reiterin ist der Aufbau und Erhalt einer gelassenen, fleißigen, taktreinen und geradegerichteten Schrittbewegung in korrekter Anlehnung eine Herausforderung. Häufig lässt sich beobachten, dass das Pferd den klaren Viertakt nicht zeigt, eilig geht, das Vorwärts verweigert, nicht aktiv über einen losgelassenen Rücken von hinten unterfußt, sich im Genick festhält oder mit der Stirnlinie hinter die Senkrechte gerät. Während der Behandlung des Patienten erhält das Pferd deutlich weniger unterstützende Hilfen als beim Reiten. Die Pferdeführerin hat über den Langzügel eine feinere Verbindung zum Pferdemaul als über den „kurzen"

Zügel beim Reiten. Darüber hinaus kann sie keine treibenden und verwahrenden Schenkelhilfen einsetzen. Für diese Einwirkung stehen ihr ausschließlich die Stimme, die Gerte und die Veränderung ihrer Körperposition zur Verfügung. Aufgrund der beschriebenen Einflüsse ist es nicht möglich, dass sich das Pferd bei einem Einsatz von einer Stunde in der Hippotherapie durchgehend selber trägt. Dem Pferd muss die Nickbewegung auch mit etwas tieferer Kopfhaltung erlaubt werden, damit es aus seinen passiven Strukturen heraus mittragen kann. Da im Schritt der Schwung fehlt, kommt es bei einer beständigen Einforderung von Tragkraft leicht zu Verspannungen und zu Störungen des Takts. Auch leidet während des Einsatzes aufgrund der geringen Schwingungsfähigkeit der Patienten die Losgelassenheit des Pferderückens. Bei einem nicht taktreinen Schritt (z.B. Pass) wird die reaktive Antwort des Patienten der physiologischen Rumpfaktivität beim Gehen nicht entsprechen. Die Behandlung wird unwirksam.

Die Belastungen durch den Patienten nehmen erheblichen Einfluss auf die Schrittbewegung des Pferdes. Schwingt der Patient nicht losgelassen in der Bewegung mit, soll das Pferd dennoch losgelassen und taktrein weitergehen. Viele Patienten sitzen nicht in der Mitte, sondern verlagern ihren Körperschwerpunkt zu einer Seite, sodass das Gewicht auf dem Pferderücken ungleich verteilt ist. Das Pferd soll dennoch in Richtung des gemeinsamen Schwerpunkts treten und geradegerichtet und ausbalanciert weitergehen. In der Behandlung von Menschen mit starker Spastik bleibt das Pferd trotz des Drucks der Beine gelassen und reagiert auf den Impuls nicht wie auf eine treibende Hilfe.

Zur Sicherung des Patienten gehen die Hippotherapeutin und gegebenenfalls eine Assistentin in einem engen Kontakt zum Pferd an seiner Seite mit. Das Pferd weicht der körperlichen Begrenzung durch die Hippotherapeutin nicht aus oder lehnt sich an sie an, da dann der Takt, die Losgelassenheit und die Geraderichtung verloren gehen würden. Insbesondere bei Kindern ist es manchmal erforderlich, dass die Hippotherapeutin zur Stabilisierung der Sitzposition während der Behandlung hinter dem Patienten mit auf dem Pferd sitzt. Das Pferd balanciert dann zwei Menschen aus und trägt die Therapeutin weit hinten auf seinem Rücken, ohne sich in der Muskulatur zu verspannen.

Bei der Exterieurbeurteilung ist darauf zu achten, dass das Pferd im Rücken weder sehr kurz noch sehr lang ist. Ein kurzer Rücken neigt eher zu Verspannungen und bietet nicht ausreichend Platz, wenn die Hippotherapeutin zur Stabilisierung hinter dem Patienten sitzt. Ein sehr langer Rücken braucht in der Regel ein vermehrtes Training der Rückenmuskulatur und neigt durch den erschwerten Muskelaufbau zu Instabilität und Verspannung. Da viele Patienten recht schwer sind, benötigt die Hippotherapeutin einen Gewichtsträger. Der Rücken sowie die gesamte Oberlinie des Pferdes müssen gut bemuskelt sein. Pferde mit einer unzureichend eingebetteten Wirbelsäule verfügen nicht über die notwendige muskuläre Stabilität und die Wirbel sind vor der Druckeinwirkung nicht ausreichend geschützt. Zudem vermittelt ein unzureichend bemuskelter Rücken trotz Decke oftmals kein angenehmes Sitzgefühl. Auch wenn in der Behandlung von Klienten mit Spastiken schmale Pferde von Vorteil sind, ist darauf zu achten, dass sowohl die Vorderbeine als auch die Hinterbeine nicht zu eng stehen. Steht das Pferd in den Gliedmaßen eng, wird ihm der Erhalt des Gleichgewichts schwerfallen. Pferde mit einer sehr steil angelegten Schulter verfügen oftmals nicht über den gewünschten Raumgriff im Schritt. Damit die Hippotherapeutin die Sicherung des Patienten leisten kann, sollte das Pferd zwischen 1,45 und 1,65 m groß sein. Bei der Schrittbewegung von Kaltblutrassen geht viel Bewegungsenergie in den Boden. Dies vermittelt ein hohes Maß an Sicherheit, hat jedoch eine verminderte Bewegung im Rücken zur Folge. Günstig ist es, wenn die Hippotherapeutin verschiedene Pferde einsetzen kann, sodass eine individuelle Abstimmung auf die Bedürfnisse des Patienten möglich ist.

Literaturempfehlungen zur Exterieurbeurteilung:
Deutsche Reiterliche Vereinigung e.V. 2009a; Haller 2011; Hlauscheck 2014

2.1.2 Gehorsam und Gelassenheit

Beim Transfer steht das Pferd still und wartet geduldig ab. Viele Patienten werden von der Hippotherapeutin erst in die richtige Sitzposition gebracht und brauchen Zeit, um sich auf den Beginn der Bewegung vorzubereiten. Das Pferd hält schiefes Sitzen aus und wird nicht unruhig. Kleinste Schritte zur Seite, nach hinten oder vorne dienen als Stützreaktion dem Erhalt der Balance. Das Pferd hält diese Schritte aus Sicherheitsgründen sehr klein und weicht nicht von seiner Halteposition ab.

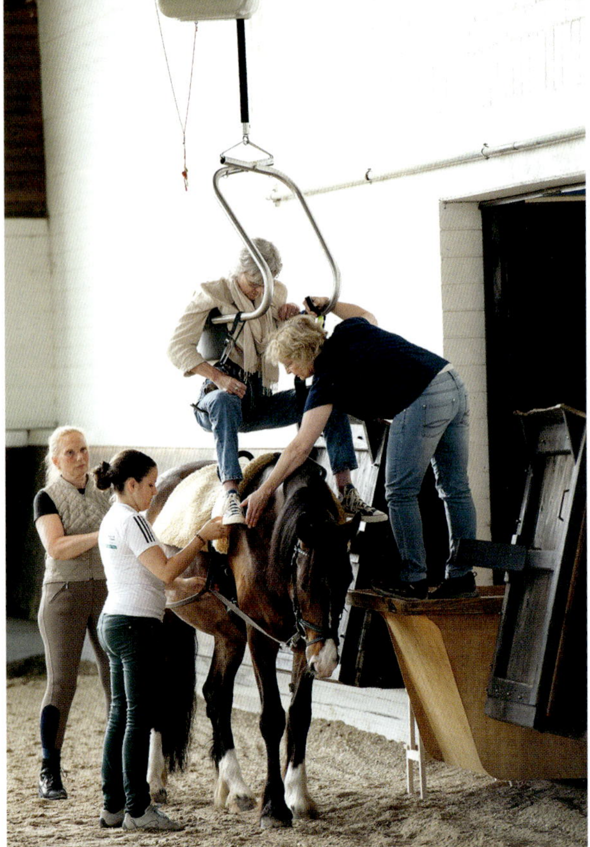

Patienten lehnen sich vor oder nach der Therapie an die Schulter oder den Rumpf des Pferdes an, um Halt zu finden. Vom Pferd wird eingefordert, dass es seinem natürlichen Ausweichverhalten nicht folgt, sondern dem Druck des menschlichen Körpers standhält. Anhand dieses Beispiels lässt sich zeigen, dass

Das Pferd steht beim Transfer gelassen und aufmerksam. Es lässt sich auch durch die Vielzahl der Assistenten und durch die Einschränkungen des Klienten nicht irritieren.

das Pferd lernt, Impulse je nach Situation differenziert zu beantworten. Beim Putzen bedeutet die Ausübung von Druck mit der Hand oder dem Körper, dass es zur Seite weichen soll. Lehnt sich der Patient an, bleibt das Pferd haltgebend stehen. Auch die technischen Hilfsmittel, wie beispielsweise den Rollstuhl, die Aufstiegsrampe oder den Lifter, ist das Pferd gewöhnt und toleriert sowohl Berührungen mit den Geräten als auch deren Geräusche.

Die Hippotherapie stellt hohe Anforderungen an das Interieur des Pferdes. Das eingesetzte Pferd steht sicher im Gehorsam und gibt bei Irritationen wie beispielsweise Geräuschen oder plötzlich auftauchenden Gegenständen nicht seinem natürlichen Fluchtinstinkt nach, sondern orientiert sich weiterhin an der Hippotherapeutin und der Pferdeführerin. Die Patienten sind oftmals kaum in der Lage, auch nur geringfügige Schreckreaktionen, ein kurzes Antraben oder das Ausweichen zur Seite auszugleichen. Unsichere, schreckhafte Pferde, die sich nicht am Menschen und seiner Hilfengebung orientieren, sondern eigenen Impulsen ungebremst nachgehen, werden nicht eingesetzt. Eine positiv gerichtete Beziehung und eindeutige Klärung der Rangordnung ist für die Gewährleistung der Sicherheit unabdingbar. Dabei gilt es, die Impulse des Pferdes so zu beantworten, dass es nicht abstumpft, sondern aufmerksam und „mitdenkend" mitarbeitet, damit die Hippotherapeutin dadurch wertvolle Rückmeldungen erhält.

Die Patienten sehen in dem Pferd nicht nur ein „Bewegungsinstrument", sondern einen lebendigen Partner, mit dem sie in Interaktion treten möchten. Für die psychische Entspannung und das Wohlbefinden wirkt es sich positiv aus, wenn das Pferd zugewandt, gelassen und nicht aufdringlich oder abweisend auf den Patienten reagiert.

2.2 Die Rolle des Pferdes in der heilpädagogischen Förderung (HFP)

Ziel der HFP mit dem Pferd ist es, Kinder, Jugendliche und Erwachsene in ihrer motorischen, emotionalen und kognitiven Entwicklung sowie in der Erarbeitung von Lernstrategien, Selbststeuerung, Dialogfähigkeit und sozialer Kompetenz zu unterstützen. Nicht das Trainieren der Sportart steht im Vordergrund, wohl aber das Erlernen einer eindeutigen Kommunikation, die Gestaltung eines harmonischen Abstimmungsprozesses mit dem Pferd sowie der Aufbau einer verlässlichen Beziehung zu allen Beteiligten. Neben der heilpädagogischen Förderung mit dem Pferd nehmen pädagogische Konzepte, die eine allgemeine Entwicklungsunterstützung und prophylaktische Zielsetzung im Rahmen von Kindergärten, Schulen, Kinder- und Jugendhilfeangeboten und Freizeitmaßnahmen verfolgen, einen immer größeren Stellenwert ein. Diese Angebote ordnen sich inhaltlich und hinsichtlich der Anforderungen an das Pferd in den Bereich der heilpädagogischen Förderung ein.

Die Auswahl der Durchführungsform richtet sich an der Zielgruppe und dem Auftrag des Klienten aus:

- In der Früh- und Einzelförderung wird das Pferd von einer Assistentin am Langzügel, am Zügel oder am geteilten Zügel geführt. Neben kurzen Trabsequenzen wird hauptsächlich im Schritt gearbeitet.
- Das heilpädagogische Voltigieren (HPV) lehnt sich in der Durchführung an das Voltigieren im Regelsport an. Die Voltigierpädagogin steht über die Longe in direktem Kontakt mit dem Pferd. Sie stellt mit Paraden über die Longe, durch Signale mit der Voltigierpeitsche, ihrer Stimme und Körperposition den Gehorsam, das Einhalten der Zirkellinie, die Losgelassenheit und die Wahl des Tempos sicher. Die Kinder turnen einzeln oder zu zweit im Schritt, Trab und Galopp auf dem Pferderücken.
- Das heilpädagogische Reiten (HPR) lehnt sich in der Durchführung an das Reiten im Regelsport an. Jeder Klient sitzt auf einem eigenen Pferd und muss über seine Hilfengebung in allen drei Gangarten selbstständig Einfluss auf den vierbeinigen Partner nehmen. Die Reitpädagogin unterstützt diesen Prozess verbal und nonverbal, kann jedoch nur begrenzt direkt auf das Pferd einwirken. Je nach Leistungsstand reiten die Klienten in der Abteilung oder im Durcheinander.
- Das Putzen, Satteln oder Aufgurten und Versorgen des Pferdes ist in HPV und HPR integriert.
- In der heilpädagogischen Förderung wird mit den Klienten auch vom Boden aus mit dem geführten oder frei laufenden Pferd gearbeitet.
- Neben der Arbeit in der Reithalle oder auf dem Reitplatz wird vor allem in erlebnispädagogischen Maßnahmen im Gelände gearbeitet. Verfügt der Klient noch nicht über ausreichend Einwirkung auf das Pferd, kommt hier das Handpferdereiten zum Einsatz.

Literaturempfehlungen zur Heilpädagogischen Förderung mit dem Pferd:
DKThR 2005a, 2005b, 2009, 2010, 2011, 2014; Gäng 2009b, 2010, 2011; Kröger 2005; Kupper-Heilmann 1999; Pietrzak 2007; Urmoneit 2013

2.2.1 Bewegungsqualität als Grundlage für den Bewegungsdialog

Die bereits dargestellten Anforderungen an die Bewegungsqualität des Schritts in der Hippotherapie weiten sich auf alle Gangarten aus. In allen drei Gangarten sollen Bewegungsimpulse vom Pferd ausgehen, die den Klienten in den Bewegungsdialog einladen.

Dafür verfügt das eingesetzte Pferd über folgende Qualitäten:

- eine taktreine Bewegung
- eine ausbalancierte Bewegung
- ein losgelassenes Schwingen im Rücken auf der Grundlage eines Untertretens der Hinterhand
- ein fleißiges Vorwärtsgehen
- eine Regulation des Gangmaßes auf der Grundlage einer sicheren Anlehnung
- eine Geraderichtung sowohl auf geraden wie auch auf gebogenen Linien
- eine Selbsthaltung verbunden mit der Entwicklung von Tragkraft (beginnende Versammlung)

Im Turniersport wird eine schwungvolle, raumgreifende und ausdrucksstarke Trabbewegung bevorzugt. Mit diesem Bewegungsangebot sind die meisten Klienten in der HFP überfordert. Sie würden bei der Bewegungsübertragung auf ihren Körper so starke Impulse erhalten, dass sie nicht in der Lage wären, diese zu verarbeiten und für die eigene Bewegungsgestaltung zu nutzen. Für den Einsatz eignen sich daher Pferde mit einem mittleren Raumgriff und einem flacheren und fließenden Bewegungsablauf. Im HPV ist es für das Einlassen des Klienten auf die Bewegung des Pferdes und das Turnen von Übungen bedeutsam, dass die Trabbewegung sich nicht stoßend, sondern weich und flüssig anfühlt. Eine zu schwach pointierte Trabbewegung ist für das HPR jedoch eher ungeeignet, da der Klient dann zum Erlernen des Leichttrabens keinen klaren Impuls über die Bewegung erfährt.

Ideal ist eine Bewegungsqualität, die einen klaren, harmonischen, jedoch in seiner Intensität begrenzten Impuls vermittelt. Werden verschiedene Pferde eingesetzt, empfiehlt es sich, darauf zu achten, dass die Pferde über unterschiedliche Impulsstärken verfügen, sodass individuelle Bedürfnisse der Klienten berücksichtigt werden können.

Der Galoppbewegung kommt hinsichtlich des Bewegungsdialogs eine besondere Bedeutung zu. Im Galopp nimmt das Pferd den Klienten wie bei einer Schaukelbewegung harmonisch mit. Dafür ist es erforderlich, dass das Pferd den Takt gut hält und nicht ausfällt. Je leichter es dem Pferd von Natur aus fällt, sich durch eine aktive Hinterhand selbst zu tragen, desto geringer ist die Gefahr, dass das Pferd versucht, den Galopp über ein hohes Tempo sicherzustellen. Bietet das Pferd eine schnelle, flache Galoppade an, führt dies alleine schon durch die Geschwindigkeit oftmals zu Unsicherheiten beim Klienten. Ähnlich wie beim Traben lädt ein harmonischer, fließender Bewegungsablauf in den Bewegungsdialog ein.

Neben der Bewegungsqualität ist es unbedingt erforderlich, dass das Pferd ohne die Einwirkung starker treibender Hilfen die Bereitschaft zum Vorwärtsgehen mitbringt und sich dennoch gut

Dem Klienten vermittelt ein ruhiger, „langsamer" Galopp in allen Durchführungsformen ein sicheres Gefühl.

im Tempo kontrollieren lässt. Die Klienten sind oftmals nicht in der Lage, triebige Pferde vorwärtszutreiben oder eilige Pferde durch Paraden in ihrem Vorwärtsdrang zu begrenzen. „Optimal für die Arbeit sind Pferde, die aus ihrer natürlichen Veranlagung schnell ihren Takt finden, leicht zur Losgelassenheit kommen und sich gut ausbalancieren können" (Pauel 2005, 160).

Beim Einsatz in den unterschiedlichen Settings der HPF wird das Pferd durch die Einschränkungen, die der Klient mitbringt, erheblich in seiner Bewegungsentfaltung beeinflusst. In der Einzelförderung kommen insbesondere in der Arbeit mit Jugendlichen und Erwachsenen ähnliche Beeinträchtigungen wie in der Hippotherapie beschrieben auf das Pferd zu.

Zu den häufigsten Einflussfaktoren auf die Bewegung des Pferdes durch den Klienten beim HPV gehören:

- Einwirken von Zug- und Fliehkräften während der Voltigierübungen
- ständige Gewichtsverlagerungen beim Auf- und Abbau von Übungen
- Sitzen auf dem hinteren Teil des Rückens bei den Partnerübungen
- fehlendes Mitschwingen in der Bewegung
- zu starke oder zu schwache Muskelspannung
- hinter oder vor der Bewegung sitzen, zappeln
- schiefes, asymmetrisches Sitzen

Beim HPR kommt den störenden Einflüssen eine noch größere Bedeutung hinsichtlich der Leistungsanforderungen an das Pferd zu. Durch die nicht mehr vorhandene direkte Einflussnahme der Reitpädagogin entfallen stabilisierende Faktoren. Der Klient selber bestimmt durch sein Verhalten auf dem Pferd die Bewegungsrichtung und das Tempo. Daher wirken sich störende Einflüsse auf den Bewegungsablauf des Pferdes direkt auf die Hilfengebung aus. Zu den häufigsten störenden Einflussfaktoren durch den Klienten auf die Bewegung des Pferdes gehören:

- schiefes, asymmetrisches, schwankendes Sitzen – fehlendes Balancegefühl
- hinter oder vor der Bewegung sitzen – fehlendes Rhythmusgefühl
- zu starke oder zu schwache Muskelspannung – fehlende Losgelassenheit
- nicht in der Bewegung mitschwingen – fehlendes Einfühlungsvermögen in die Bewegung
- zu starke oder zu schwache treibende Hilfen – nicht getimter Vorwärtsimpuls
- durchhängende, nicht nachgebende, ziehende Zügelführung – fehlende Kontinuität in der Anlehnung
- eingeschränkte Koordinationsfähigkeit, z.B. hinsichtlich der Lage der Beine – unklare seitliche Begrenzung

Hinsichtlich des Exterieurs beachtet die Fachkraft insbesondere, dass das Rechteckpferd durch die längere Mittelhand in der Regel ein bequemeres Sitzgefühl anbietet. Der „lange" Rücken des Pferdes benötigt jedoch ausreichend muskuläre Stabilität, die im Training aufgebaut werden muss. Das Quadratpferd mit seinem kurzen Rücken bietet in der Regel aufgrund seiner geringeren Schwingungsfähigkeit ein unbequemeres Sitzgefühl an. Oftmals bauen Pferde mit einem „kurzen" Rücken schneller Muskulatur auf, die sie jedoch nicht immer locker mitschwingen lassen. Generell ist darauf zu achten, dass die Wirbelsäule des Pferdes gut eingebettet ist, damit der Klient auch ohne einen Sattel auf der Muskulatur des Pferdes und nicht auf den Wirbelfortsätzen sitzt. Die Winkelung der Hinterhand hat erheblichen Einfluss auf die Fähigkeit des Pferdes, weit unter seinen Körperschwerpunkt zu treten und dadurch das Gewicht des Reiters aufzunehmen, das Gleichgewicht zu halten, die Vorhand zu entlasten und die Galoppade ohne treibende Hilfen zu halten. Die Schulterpartie des Pferdes sollte nicht zu steil sein, da dadurch die Bewegungen des Pferdes in der Regel kürzer und härter werden. Das Pferd muss in einem gut bemuskelten Zustand und in der Oberlinie harmonisch sein. Die Größe des Pferdes richtet sich stark an der Zielgruppe aus. Für Kinder in der Frühförderung eignen sich Pferde mit einem Stockmaß von 1,40 bis 1,60 m. Für die Arbeit mit Jugendlichen und Erwachsenen kommen Pferde zwischen 1,50 und 1,70 m zum Einsatz.

2.2.2 Interaktionsbereitschaft als Grundlage für den Aufbau von Beziehungen

Für die Prozessgestaltung in der HFP ist die Bereitschaft des Pferdes, sich auf Interaktionen mit Menschen einzulassen und dem Menschen eine sozial gerichtete Antwort zu geben, grundlegend. Das Pferd bringt gegenüber akustischen, optischen und taktilen Reizen gleichzeitig eine Grundgelassenheit sowie ein aufmerksames Wahrnehmen mit. Es reagiert auf Reize von außen und stellt durch seine unmittelbare und eindeutige Reaktion Impulse für den Prozess und die Interaktionen mit den Klienten und der Pädagogin zur Verfügung. Dadurch, dass das Pferd das Verhalten des Klienten spiegelt, werden Themen und Veränderungsschritte offengelegt. Die aktive Mitarbeit des Pferdes, das Einbringen eigener Impulse und seine Bereitschaft zur Kooperation und zum Setzen von Grenzen sind für die Prozessgestaltung in der HFP unerlässlich. Neben der Sicherstellung des Gehorsams braucht das Pferd daher einen Freiraum, eigenständig zu agieren und Aufgaben zu bewältigen.

In Gruppensettings wird das Pferd in der Putzphase damit konfrontiert, dass mehrere Klienten gleichzeitig putzen, herumlaufen, laut miteinander reden, streiten und es am ganzen Körper berühren. Zudem erhält das Pferd oftmals widersprüchliche Signale, z.B. beim Auskratzen der Hufe, oder wird mit einer nicht korrekten Ausführung einer Aufgabe, wie beispielsweise dem Satteln, konfrontiert. Damit die Klienten eine klare Rückmeldung erhalten, reagiert das Pferd auf Unruhe ebenfalls mit Unruhe oder weicht dem nicht korrekten Versuch des Sattelns aus. Seine Antwort auf das Verhalten des Klienten darf eindeutig sein, aber

Beim Putzen muss Heinzel viel Unruhe und Berührungen tolerieren.

niemals zu einer Gefahr führen, in dem das Pferd z.B. ausschlägt, beißt oder sich in die Unruhe hineinsteigert. Verändert der Klient sein Verhalten in angemessener Weise, wird vom Pferd erwartet, dass es zu einer kooperativen Haltung zurückkehrt. Für die Entwicklung dieser Balance zwischen Reaktion und Begrenzung der Reaktion benötigen die Pferde einige Jahre an Ausbildung und eine klar vermittelte Sicherheit auf der Grundlage einer geklärten Rangordnung durch die Pädagogin.

An der Früh- und Einzelförderung nehmen in der Regel kleine Kinder oder Klienten mit erheblichen Einschränkungen (z.B. Menschen mit komplexen Behinderungen) teil. Daher sind, angelehnt an die Beschreibungen für die Hippotherapie, ein hohes Maß an Gelassenheit und der Gehorsam des Pferdes unverzichtbar. Auch diese Klientel gerät durch schnelle oder deutliche Reaktionen des Pferdes aus dem Gleichgewicht oder entwickelt Ängste. Damit der Klient dennoch eine Rückmeldung auf sein Verhalten erhält, ist es hilfreich, wenn das Pferd bei Irritationen stehen bleibt, sich umschaut oder langsam zur Seite ausweicht.

Heinzel wird durch das Aufknien und den Versuch einer Fahne deutlich irritiert und reagiert. Sobald das Kind seine Position auf seinem Rücken wieder verändert hat, kehrt er zu einer gelassenen und losgelassenen Galoppade zurück. Sicherheitshinweis: Eine durchhängende Longe ist fehlerhaft, da sie ein Sicherheitsrisiko für Pferd und Mensch darstellen kann und zudem die Einflussnahme auf das Pferd beeinträchtigt.

Im HPV steht das Pferd direkt unter der Einflussnahme der Pädagogin. Hier wird vom Pferd erwartet, dass es sich trotz eines oftmals hohen Maßes an Unruhe der wartenden Kinder auf die Pädagogin und den Klienten auf seinem Rücken konzentriert. Übersteigt die Unruhe ein bestimmtes Maß, ist es jedoch auch hier für den Prozess hilfreich, wenn das Pferd deutlich reagiert, indem es z.B. schneller wird, nicht mehr angaloppieren will oder der Lärmquelle ausweicht. Auf die Reize, die vom Klienten auf seinem Rücken ausgehen, darf das Pferd ebenfalls eindeutig reagieren, indem es z.B. beim schiefen Sitzen anhält, bei Unruhe und Lärm schneller wird oder beim zu harten Aufknien einen kleinen Hüpfer macht. Selbstverständlich gilt auch hier, dass das Pferd seine Reaktionen so begrenzt, dass keine gefährlichen Situationen entstehen und es weiterhin auf die Hilfengebung der Voltigierpädagogin reagiert.
In der Bodenarbeit agiert der Klient selbstständig mit dem Pferd und ist daher darauf angewiesen, dass das Pferd eine grundsätzliche Bereitschaft zur Mitarbeit auch ohne die Einwirkung der Pädagogin mitbringt. Das Pferd soll seine verweigernde Reaktion am Verhalten des Klienten ausrichten und nicht daran, dass es gelernt hat, sich der Zusammenarbeit mit dem Menschen zu entziehen. Diese Bereitschaft des Pferdes zur Mitarbeit wird nur nachhaltig aufgebaut, wenn die Ausbildungs- und Ausgleichsarbeit mit dem Pferd immer wieder die Kooperationsbereitschaft in den Vordergrund stellt und das Pferd Motivation entwickelt. Die Klienten können ein grundsätzlich unmotiviertes und die Bewegung vermeidendes Pferd nicht dazu bringen, aufmerksam mitzuarbeiten.

Im freien Reiten wirkt sich die oben beschriebene Notwendigkeit der Bereitschaft zur Mitarbeit besonders deutlich aus. Klienten mit einer schwachen Einwirkung brauchen Pferde, die dennoch nicht aus der Kooperation aussteigen, sondern versuchen, die Signale so zu verarbeiten, dass der Klient mit dem Pferd in einen Bewegungsfluss kommt. So ist es beispielsweise für den Anfang im Freien Reiten unerlässlich, dass das Pferd in der Abteilung willig dem Vorderpferd folgt, damit der Klient sich überhaupt mit dem Bewegungsdialog und seiner Einwirkungsmöglichkeiten auf das Pferd vertraut machen kann. Es darf die Ecken abkürzen, Anhalten, wenn die Irritation zu groß, wird oder sein Vorderpferd überholen, wenn das Tempo nicht passt. Losstürmen, buckeln, schnelle Bewegungen zur Seite oder sich ständig in die Mitte stellen eröffnen Gefahren und verhindern die Gestaltung eines Prozesses. Anspruchsvoll ist diese Aufgabe für das Pferd, weil es sich auf Klienten mit einem unterschiedlichen Leistungsstand einstellen muss. Nimmt der Klient schon lange am HPR teil und hat sich bereits gute Grundlagen der Hilfengebung erarbeitet, darf auch das Pferd klarere Hilfen erwarten. Es darf dann z.B. im Durcheinanderreiten einen Vordermann suchen und hinterherlaufen, wenn der Klient die Hilfe zum Abwenden nicht deutlich vermittelt.

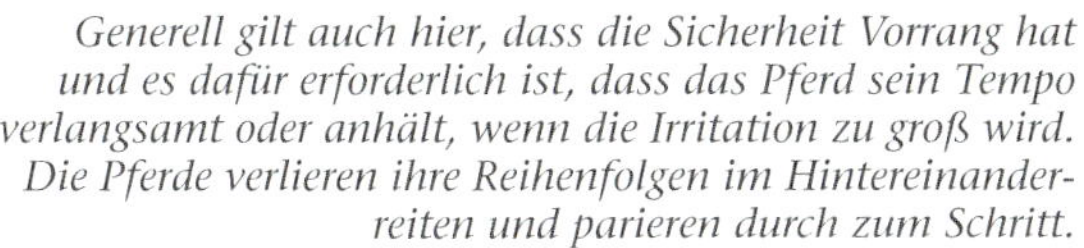

Generell gilt auch hier, dass die Sicherheit Vorrang hat und es dafür erforderlich ist, dass das Pferd sein Tempo verlangsamt oder anhält, wenn die Irritation zu groß wird. Die Pferde verlieren ihre Reihenfolgen im Hintereinanderreiten und parieren durch zum Schritt.

2.3 Die Rolle des Pferdes in der Ergotherapie

In der ergotherapeutischen Behandlung steht auf der Basis einer ganzheitlichen Betrachtung der menschlichen Lebensgestaltung die Frage, welche Handlungskompetenzen der Patient auf der physischen, psychischen und sozialen Ebene entwickeln muss, um sein Leben selbstständig und zufrieden führen zu können, im Mittelpunkt. Dabei wird einerseits darauf geachtet, wie der Patient seine Ressourcen ausschöpfen und neue Fähigkeiten aufbauen kann, und andererseits mit ihm erarbeitet, wie er fehlende Fähigkeiten durch andere kompensieren lernt. Es werden Patienten mit körperlichen, neurologischen, geistigen, kognitiven, verhaltensbezogenen oder psychischen Beeinträchtigungen von einer Ergotherapeutin mit einer Zusatzqualifikation in der Arbeit mit dem Pferd behandelt. Durch das breite Behandlungsspektrum ergeben sich sowohl Überschneidungen mit den Zielgruppen und Therapie- oder Förderzielen der Hippotherapie, der HFP sowie der Psychotherapie.

Die ergotherapeutische Behandlung wird von einem Arzt verordnet. Die Ergotherapeutin entwickelt auf der Grundlage einer Befunderhebung gemeinsam mit dem Patienten eine Behandlungsplanung. Der Einsatz des Pferdes und die gezielte Gestaltung des Settings eröffnen dem Patienten neue Erfahrungsräume, in denen er einerseits mit seinen Schwierigkeiten konfrontiert wird und andererseits mit Unterstützung der Ergotherapeutin Lösungsideen entwickeln und einüben kann. Eine der grundlegenden Behandlungsansätze in der Ergotherapie am Pferd basiert auf der sensorischen Integrationstherapie. Der Einsatz des Pferdes und die damit verbundene Zielsetzung richten sich daran aus, ob sich durch den Einsatz des Pferdes in der Alltagsbewältigung des Patienten positive Auswirkungen einstellen.

In der Regel erfolgt die Behandlung im Einzelsetting oder insbesondere in der Therapie von Kindern in Kleingruppen. Die Durchführungsformen zeigen viele Parallelen zur Hippotherapie und der HFP, sodass Einzelheiten zur Durchführungsgestaltung in den Kapiteln über diese Bereiche nachgelesen werden können. Die Wahl der Durchführungsform richtet sich in der ergotherapeutischen Behandlung an der Zielgruppe und der Zielsetzung der Behandlung aus:

- Stallarbeiten (z.B. Misten, Füttern) und Pflegen des Pferdes (z.B. Putzen, Schweif waschen)
- Arbeit mit dem Patienten vom Boden aus (Trail, Bodenschule) mit dem geführten oder frei laufenden Pferd
- geführtes Setting am Langzügel z.B. bei Patienten mit neurologischen Einschränkungen
- geführte Settings auf der Grundlage unterschiedlicher Führtechniken zur Gestaltung von Einzelbehandlungen im Schritt und kurzen Trabphasen, oftmals werden Materialen wie Pylone, Bälle, Seile etc. eingesetzt
- Einzelsetting an der Longe in allen drei Gangarten, der Patient sitzt entweder im Sattel oder auf einem mit Voltigiergurt ausgerüsteten Pferd
- Kleingruppensetting an der Longe in allen drei Gangarten insbesondere für Kinder, die auf dem Pferd angelehnt an das Voltigieren alleine oder zu zweit Übungen durchführen

- freies Reiten im Einzel- oder Gruppensetting
- geführte Ausritte ins Gelände oder Reiten im Gelände mit dem Handpferd

Literaturempfehlungen:
Ayres 2013; Hof 2014; Junker 2012; Wössner, Mori 2013

2.3.1 Anforderungen an die Bewegungsqualität und die Interaktionsbereitschaft des Pferdes in der ergotherapeutischen Behandlung

Das große Therapiespektrum in der Ergotherapie führt dazu, dass auch das Pferd ein breites Anforderungsprofil erfüllen muss. Es werden sowohl Patienten mit einer neurologischen oder erheblichen körperlichen oder komplexen Beeinträchtigung behandelt, sodass die in der Hippotherapie beschriebenen Anforderungen zum Tragen kommen. Richtet sich die Therapie auf Behandlungsziele im Bereich des Sozialverhaltens, der psychischen Stabilisierung oder der Entwicklung kognitiver, motorischer und emotionaler Kompetenzen aus, werden die Anforderungen, die für den Bereich der HFP beschrieben sind, vorausgesetzt. Da in der Ergotherapie oftmals im Einzelsetting und selten mit mehr als drei Patienten gleichzeitig gearbeitet wird, ist das Pferd nicht der hohen Reizdichte wie im heilpädagogischen Voltigieren und Reiten ausgesetzt.

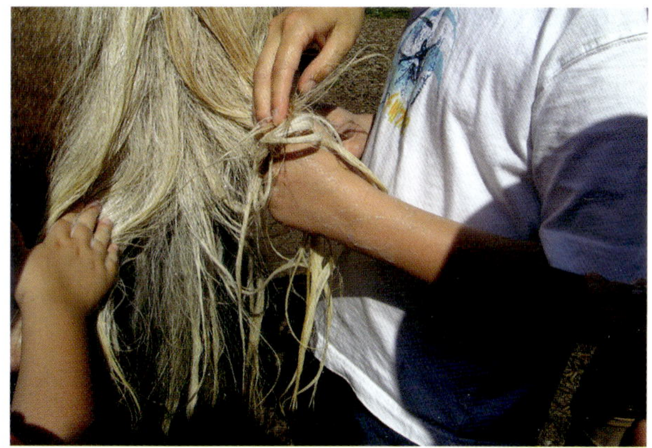

In der ergotherapeutischen Behandlung stellt das Tasten und Berühren des Pferdes sowie das Getragen-Werden einen wichtigen Erfahrungsraum für die sensorische Integration zur Verfügung.

2.4 Die Rolle des Pferdes in der Psychotherapie

Ziel der psychotherapeutischen Behandlung mit dem Pferd ist es, den Klienten zu unterstützen, seine innerpsychische Dynamik zu verstehen, belastende Lebensereignisse zu verarbeiten und Kompetenzen aufzubauen, die ihm eine Einflussnahme auf sein Denken, Fühlen und Handeln ermöglichen. Zur Klientel gehören sowohl Patienten mit einer psychiatrischen Diagnose (z.B. Depression, Psychose, Borderline-Erkrankung, posttraumatische Belastungsstörung, Essstörung, Autismus, Persönlichkeitsstörungen, Suchterkrankungen) wie auch Klienten, die therapeutische Unterstützung in Lebenskrisen (z.B. Tod eines Angehörigen, körperliche Erkrankungen) suchen. Neben Erwachsenen werden auch Kinder und Jugendliche behandelt, die deutliche Störungen in ihrer psychischen Entwicklung zeigen. Hinsichtlich der Klientel gibt es zahlreiche Überschneidungen mit dem Bereich der HFP und der Ergotherapie. Die Zielsetzung der drei Bereiche unterscheidet sich jedoch voneinander. In der Psychotherapie liegt der Schwerpunkt auf der Linderung oder Heilung von psychischen Symptomen mit Krankheitswert, der Aufarbeitung von Lebensereignissen und der Bearbeitung innerpsychischer Dynamiken sowie deren Auswirkungen auf die Beziehungsgestaltung. Die Psychotherapie basiert auf einer ärztlichen Verordnung und wird von einer Psychotherapeutin mit einer Zusatzqualifikation für den Einsatz von Pferden in der Regel im Einzelsetting durchgeführt.

Die Auswahl der Durchführungsform richtet sich an der Zielgruppe und der Zielsetzung aus. Da es wiederum Überschneidungen mit den Durchführungsformen in der HFP gibt, können Einzelheiten im Kapitel zu diesem Bereich nachgelesen werden.

- Arbeit mit dem Patienten vom Boden aus mit dem geführten oder frei laufenden Pferd
- geführte Settings auf der Grundlage unterschiedlicher Führtechniken im Schritt und kurzen Trabphasen
- Einzelsetting an der Longe in allen drei Gangarten, der Patient sitzt entweder im Sattel oder auf einem mit Voltigiergurt ausgerüsteten Pferd.
- freies Reiten in allen drei Gangarten
- Im Rahmen der Kinder- und Jugendpsychiatrie wird auch im Setting des Voltigierens und Reitens in der Gruppe gearbeitet.

In der Psychotherapie wird oftmals nicht ausschließlich am Pferd gearbeitet. Die Psychotherapeutin plant ergänzend Sitzungen im Praxisraum ein, um das Geschehen am Pferd mit der Patientin zu reflektieren und einen Bezug zu ihrer Lebensgeschichte herzustellen.

Literaturempfehlungen zur Psychotherapie mit dem Pferd:
DKThR 2005c; FAPP/DKThR 2005; Gäng 2009a; Opgen-Rhein, Kläschen et al 2011; Schley, Gerster et al 2009; Taubert 2009; Thiel 2012

2.4.1 Anforderungen an die Bewegungsqualität und Interaktionsbereitschaft des Pferdes in der Psychotherapie

Damit Prozesse in der Psychotherapie durch den Einsatz des Pferdes unterstützt werden, muss das Pferd weiche und harmonische Bewegungen mitbringen, die den Klienten in den Bewegungsdialog einladen. Hinsichtlich der Bewegungsqualität werden demnach die gleichen Anforderungen wie in der HFP an das Pferd gestellt.

Neben dem Gehorsam und einer grundlegenden Gelassenheit braucht es die Bereitschaft des Pferdes, auf Verhaltensweisen des Klienten klar und eindeutig zu reagieren. Das Pferd bringt die für die HFP beschriebene Balance in seinen Reaktionen mit, sodass es nicht zu gefährlichen Situationen, wohl aber zu einer prozessförderlichen Spiegelung des Verhaltens des Klienten kommt.

Findus interessiert sich für die Klientin, nimmt Kontakt auf und beantwortet so die ruhige und klare Kontaktaufnahme der Klientin.

2.5 Die Rolle des Pferdes im Reit- und Voltigiersport für Menschen mit Behinderungen

Lizensierte Trainerinnen mit einer Zusatzqualifikation im Reitsport für Menschen mit Behinderungen unterrichten Menschen mit einer Sinnesbeeinträchtigung, körperlichen oder geistigen Behinderung im Reitsport. Hierbei steht das Dressurreiten sowohl im Breiten- wie auch im Leistungssport im Vordergrund. In den letzten Jahren wurde das Voltigieren insbesondere für Menschen mit einer geistigen Behinderung im Rahmen der Special-Olympic-Bewegung ausgebaut. Hinsichtlich der grundlegenden Ausrichtung wird in diesem Bereich kein pädagogisches oder therapeutisches Ziel angestrebt, sodass die Zuordnung zum Therapeutischen Reiten eigentlich irreführend ist. Die Reiterinnen und Voltigiererinnen gestalten ihre Freizeit mit dem Pferd, teilen ihr Hobby mit anderen und werden trainiert, um ihre Sportart immer sicherer zu beherrschen oder Turniererfolge zu erzielen. Wie alle Reiterinnen und Voltigiererinnen eignen sie sich dabei „ganz nebenbei" Kompetenzen an, die sie in der Entwicklung ihrer Persönlichkeit stärken. Hinsichtlich der Anforderungen an das Pferd ergeben sich Überschneidungen zu den bereits beschriebenen Bereichen.

Die Durchführungsform des Unterrichts richtet sich am Leistungsstand des Reiters oder Voltigierers aus:

- geführte Settings in unterschiedlichen Führtechniken, zur Heranführung des Menschen an das Pferd und seine Bewegungen sowie erste Sitzkorrekturen und Erklärungen zu den Einwirkungsmöglichkeiten

- Longenstunden für die Erarbeitung der Grundvoraussetzungen des reiterlichen Sitzes (Hier steht das Finden einer Balance und eines sicheren Sitzes im Vordergrund. Einigen Reiterinnen ist das Erlernen des Leichttrabens aufgrund ihrer Behinderung nicht oder erst zu einem späteren Zeitpunkt möglich.)
- Einzel- oder Gruppenunterricht im Freien Reiten für Anfänger und Fortgeschrittene
- begleitete Ausritte ins Gelände, eventuell mit einem Handpferd
- Voltigieren in der Gruppe, orientiert am Leistungsstand der Voltigierer im Schritt, Trab und Galopp

Literaturempfehlungen zum Pferdesport für Menschen mit Behinderungen:
DKThR 1998; Eickmeyer 2009a,b,c; Kaune 2006; Müller 2014

2.5.1 Anforderungen an die Bewegungsqualität und Interaktionsbereitschaft des Pferdes im Pferdesport für Menschen mit Behinderungen

Im Breitensport bringt das Pferd hinsichtlich der Bewegungsqualitäten, der Gelassenheit und des Gehorsams die gleichen Voraussetzungen mit wie für den Einsatz in der heilpädagogischen Förderung. Menschen mit Einschränkungen in der Motorik oder der Reizverarbeitung benötigen Pferde, die sich leicht sitzen lassen, motiviert mitarbeiten, wenig schreckhaft sind und auf die Einwirkung bereitwillig reagieren. Ebenso wird beachtet, dass einige Reiterinnen aufgrund ihrer Einschränkungen (z.B. Hüftprobleme, Spastiken) ein besonders schmales Pferd benötigen. Leichtrittige Pferde ermöglichen es auch Reiterinnen, die in ihrer Hilfengebung beispielsweise hinsichtlich der Kraftdosierung oder der Bewegungsfähigkeit eingeschränkt sind, sich Anforderungen höherer Dressuraufgaben zu erarbeiten. Strebt die Reiterin die Teilnahme an Leistungsprüfungen bis hin zu den Paralympics an, benötigt sie darüber hinaus ein Pferd, das Schwung und Versammlungsbereitschaft mitbringt.

Die Pferde müssen an die veränderte Hilfengebung, die aufgrund der Behinderung der Reiterin erfolgt, gewöhnt sein. Dazu zählen einerseits die Zügelführung, die beispielsweise auch über die Steigbügel oder die Schulter sichergestellt werden kann, sowie die treibenden Hilfen, die bei einer fehlenden Einwirkung durch die Beine durch den Einsatz von Gerten erfolgt.

Für die Reiterin ist es gefahrenfreier, wenn das Pferd bei Irritationen sein Tempo verlangsamt und nicht hektisch und eilig wird. Aus der Ruhe heraus kann sie dann ihre Einwirkung verändern und sich mit dem

Grade-IV-Reiterinnen Silke Winter (links) und Carolin Schnarre beim CHIO Aachen 2013 im Rahmen eines Show-Auftrittes des Deutschen Kuratoriums für Therapeutisches Reiten e.V.

Pferd abstimmen. Nicht zu unterschätzen ist, dass Reiterinnen mit einer Behinderung leicht Ängste aufbauen, wenn das Pferd sich in gefährlicher Weise widersetzt. Sie wissen, dass sie aufgrund ihrer Einschränkungen heftigen Reaktionen des Pferdes kaum gewachsen sind. Somit brauchen sie ein hohes Maß an Vertrauen in das Pferd, seine Kooperationsbereitschaft und Gelassenheit, damit sie auch schwierige Situationen und Aufgaben angehen können. Generell gilt auch für das Reiten für Menschen mit Behinderungen, dass das Pferd alle durch die Einschränkungen entstehenden „störenden" Einflüsse möglichst ohne die Entwicklung von Verspannungen oder unerwünschte Verhaltensweisen kompensieren sollte. In der Regel kann das Pferd dies nur leisten, wenn es regelmäßig von einer erfahrenen Pferdeausbilderin Korrektur geritten wird. Hierbei ist unbedingt auf feinfühliges und mit wenig Kraftaufwand durchgeführtes Reiten zu achten. Wird das Pferd von der Ausbilderin mit sehr viel Einwirkung und Druck geritten, kann die Reiterin mit einer Behinderung das Pferd nicht nachreiten. Nach einer anfänglich guten Phase wird das Pferd die Schwächen der Reiterin vermehrt ausnutzen, da es nicht wie gewohnt durch Krafteinsatz daran gehindert wird.

Lena Weifen (Grade IV) beim Training

Für das Voltigieren für Menschen mit einer geistigen Behinderung benötigt die Voltigierlehrerin in der Regel ein großrahmiges Pferd mit weichen Bewegungen. Viele Voltigiererinnen wollen ihren Freizeitsport auch im Erwachsenenalter ausüben und benötigen dann aufgrund ihres Gewichts einen Gewichtsträger. Für Menschen mit einer geistigen Behinderung ist es schwierig, schnelle oder unvorhergesehene Reaktionen des Pferdes wahrzunehmen und einzuordnen. Damit sie das Pferd möglichst selbstständig putzen, aufgurten und trensen sowie führen können, ist es daher auch hier wichtig, ein gelassenes und ruhig reagierendes Pferd auszuwählen.

Auch das Freizeitreiten für Menschen mit einer geistigen Behinderung ist eine gute Alternative, wenn die Herausforderungen und der Spaß beim Voltigieren nachlassen. Auf ruhig reagierenden, ausbalancierten, kräftigen und leichtrittigen Pferden können die Reiterinnen im Rahmen von geführten Schrittgruppen beginnen. Viele erlernen, über einen längeren Zeitraum an der Longe zu traben, und können dann hinter einem sicheren Führpferd in der Abteilung mitreiten.

Erwachsene Menschen mit einer geistigen Behinderung können im Rahmen des Voltigierens einer sinnvollen Freizeitaktivität nachgehen, die Spaß macht.

3 Anforderungen an die Fachkraft

Die Ausbildung und das leistungserhaltende Training der Pferde stellen sowohl im Bereich der Führungskompetenzen wie auch der pferdefachlichen Erfahrung hohe Anforderungen an die Fachkraft. Das Pferd wird nur dann die Bereitschaft zeigen, sich unterzuordnen und gleichzeitig kooperativ mitzuarbeiten, wenn die Fachkraft klar in die Führungsposition geht und ihr Verhalten auf die artspezifischen Eigenschaften des Pferdes abstimmt. Da das Pferd sowohl vom Boden aus, in den unterschiedlichen Führtechniken, an der Longe und unter dem Sattel ausgebildet wird, braucht die Fachkraft in allen diesen Bereichen umfassendes Fachwissen in Theorie und Praxis. Im Folgenden beschreiben wir die „idealen" Voraussetzungen, die die Fachkraft mitbringen sollte, um das Pferd auf einer breiten und soliden Basis für das Therapeutische Reiten auszubilden. Immer dann, wenn der Fachkraft eine Kompetenz, z.B. im Bereich der Arbeit des Pferdes unter dem Sattel, fehlt, muss sie sich damit auseinandersetzen, wie sie dies kompensieren und Fachpersonal oder Reitbeteiligungen einbeziehen kann. Das Pferd kann einen fehlenden Baustein in der Ausbildung nicht ausgleichen. Die in diesem Buch beschriebenen Kompetenzen der Fachkraft beziehen sich ausschließlich auf die Arbeit mit dem Pferd. Es versteht sich von selbst, dass sie darüber hinaus das Fachwissen und die Erfahrung mitbringen muss, den Klienten im jeweiligen Bereich des Therapeutischen Reitens zu fördern, zu behandeln oder zu unterrichten.

3.1 Führungskompetenzen

Ein zentrales Ziel in der Ausbildung des Pferdes besteht in der Reduktion der Anspannung und dem Aufbau von Aufmerksamkeit und Gehorsam. Das Pferd lernt, Situationen nicht mehr als gefährlich einzustufen, und wird so in die Lage versetzt, den Fluchtinstinkt zu unterbinden und konzentriert mitzuarbeiten. Damit das Pferd diese Qualitäten aufbaut und dauerhaft, konstant und auch unter schwächeren Klienten abruft, basiert die Ausbildung auf einer klaren Führung und Vertrauen. Liegt dem Training eine destruktive Ausübung von Macht und der damit verbundenen erzwungenen Unterordnung zugrunde, wird das Pferd nach „Auswegen" aus dem Kontakt suchen und bei schwächeren Klienten den Gehorsam verweigern, sich widersetzen, unsicher werden und den Fluchtinstinkt vermehrt aktivieren.

Damit die Fachkraft die Führungsverantwortung übernehmen kann benötigt sie:

- die Einstellung ihres Verhaltens auf die artspezifischen Eigenschaften des Pferdes
- den Aufbau von Präsenz durch eindeutige nonverbale Kommunikation
- die Regulation der Emotionalität
- eine reflektierende Distanz zum eigenen Handeln

Hat die Fachkraft diese Fähigkeiten nicht ausreichend entwickelt, wirkt sich dies erheblich auf den Ausbildungsprozess aus und kann zu gravierenden Schwierigkeiten führen. Insbesondere das junge Pferd kann noch keine Bereitschaft zeigen, notwendige, aber fehlende Führungseigenschaften des Menschen zu kompensieren. Darüber hinaus sind alle aufgeführten Fähigkeiten eng miteinander verbunden und bedingen sich wechselseitig. Fehlt der Fachkraft das Verständnis für die artspezifischen Eigenschaften des Pferdes, wird sie ihr Verhalten nicht darauf abstimmen und in der Folge vom Pferd nicht verstanden, selbst wenn sie in der Kommunikation mit Menschen Stärken entwickelt hat. Kann sie ihre Emotionen nicht regulieren und gibt in schwierigen Situationen ihren aggressiven Impulsen nach, verliert sie für das Pferd die klare, ruhige und Sicherheit vermittelnde Form der Präsenz, selbst dann, wenn sie im Nachhinein gut in der Lage ist, ihr Verhalten zu reflektieren.

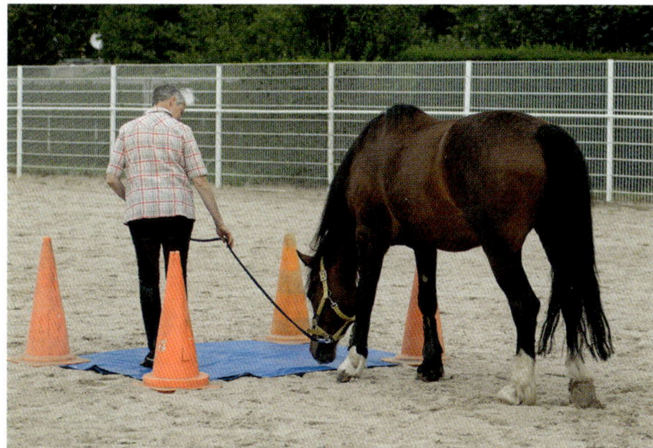

Im Kontakt mit dem Pferd ist die Fachkraft immer deutlich in der Position der Führenden. Sie zeigt auf der Ebene der Hierarchie nicht das Verhalten des Folgens. Dies bedeutet nicht, dass sie dem Pferd keine eigenen Impulse zugesteht oder darauf eingeht, wohl aber, dass sie zu jedem Zeitpunkt den Rahmen festlegt, in dem das Pferd sich einbringen kann.

3.1.1 DIE EINSTELLUNG DER FACHKRAFT AUF DIE ARTSPEZIFISCHEN EIGENSCHAFTEN DES PFERDES

Die artspezifischen Eigenschaften des Pferdes sind in Kapitel 1 beschrieben. Damit der Kontaktaufbau zum Pferd gelingt, muss die Fachkraft realisieren, dass sich im Vergleich zur Beziehungsgestaltung mit Menschen einige Unterschiede ergeben, auf die sie sich einstellen muss.

- Dem Pferd fehlt die kognitive Ebene der Reflexion. Ein kognitiver Austauschprozess zum Suchen nach einer Lösung findet nicht statt. Mit dem Menschen kann man im Nachhinein über das Erlebte reden, eigenes Verhalten begründen, besprechen, was gut gelaufen ist und was verändert werden könnte.

- Das Pferd kommuniziert rein nonverbal. Der Körperausdruck kann nicht verbal erklärt und auf einen anderen Auslöser zurückgeführt werden. Für den Menschen ist die nonverbale Ebene der Kommunikation ebenfalls von entscheidender Bedeutung. Sie kann jedoch von der verbalen Kommunikation erklärt und ergänzt werden. Ist ein Mensch wütend, zeigt er mir dies durch seine Körpersprache und kann mir gleichzeitig erklären, dass es nichts mit mir zu tun hat.

- Das Pferd fokussiert sich auf das Hier und Jetzt. Es ist tief im Gegenwartsgeschehen verankert, plant nicht seinen nächsten Tag oder geht nochmals seine Lernerfahrungen des Vortags vor dem nächsten Training durch. Menschen können sich erinnern (Vergangenheit), sich im Hier und Jetzt erleben (Gegenwart) und sich Ziele für den kommenden Tag setzen (Zukunft). Sie verknüpfen so ihre Erfahrungen und können sie bewusst für die Lebensgestaltung nutzen und beispielsweise ein Training über Wochen konkret planen.

- Das Pferd lernt einfache Abläufe durch Wiederholungen und die Verknüpfung mit einer direkten Belohnung. Menschen können komplexe Leistungen erlernen, wenn sie dazu motiviert sind. Sie sind auch dann bereit zu lernen, wenn die Belohnung nicht direkt, sondern erst in der Zukunft erfolgt.

- Das Pferd verbindet nur eine zeitnahe Reaktion (zwei bis drei Sekunden) mit seinem Verhalten. Ist es mit dem Menschen in Kontakt, verbindet es jede Reaktion des Menschen unmittelbar mit seinem Verhalten. In Kontakt mit dem Pferd kommt jedem Verhalten eine Bedeutung zu. Dem Menschen kann ich auch Tage später zurückmelden, dass er eine Aufgabe gut erledigt hat, oder ihm erklären, dass meine Reaktion nicht ihm, sondern seinem Kollegen galt.

- Das Pferd kann sich über eine klar begrenzte Zeitspanne konzentrieren und diese nur sehr geringfügig durch eine äußere Aufforderung verlängern. Dem Menschen kann ich erklären, dass er jetzt noch 30 Minuten konzentriert mitarbeiten muss, dann kommt eine Erholungspause. Mit dieser Aussicht auf eine Pause (Belohnung) kann der Mensch in der Regel die Konzentrationsleistung aufbringen.

- Das Pferd braucht eine klare hierarchische Struktur, die Bestand hat. Es kann nur bedingt in unterschiedlichen Kontexten unterschiedliche Rollen einnehmen. Menschen gestalten ihre Kontexte häufig über den Wert der Gleichberechtigung, sodass sich im Bereich der Führungsübernahme das Führen und Folgen abwechseln, damit die Zusammenarbeit harmonisch gelingt.

- Die durchgehende Präsenz des Menschen ist für die Erledigung einer Aufgabe für das Pferd unerlässlich. Es erledigt Aufgaben (z.B. das Training des Angaloppierens) nicht ohne die Begleitung durch den Menschen. Mit zunehmender Sicherheit kann das Pferd die Aufgabe mit weniger Unterstützung ausführen. Menschen können in Aufgaben eingewiesen werden und diese dann ohne die ständige Präsenz der Führungsperson einüben und erledigen.

- Das Pferd ist auf die Erfüllung seiner Bedürfnisse ausgerichtet. Die entstehende Unruhe bei einer Nichterfüllung der Bedürfnisse (z.B. Bewegung, Hunger und Durst) kann es nicht durch kognitive Strategien, sondern nur durch die Erfüllung der Bedürfnisse beruhigen. Menschen fokussieren nicht nur auf ihre Bedürfnisse, sondern auch auf Wünsche, die ihren Bedürfnissen nicht selten im Wege stehen. Sie können Bedürfnisse aufschieben.

- Das Pferd vertraut nur, wenn ihm auf der emotionalen und körperlichen Ebene Sicherheit vermittelt wird. Sorgt der Mensch nicht für Sicherheit und Orientierung, wird es nicht folgen. Dem Menschen kann ich mein destruktives Verhalten erklären, ihm so seine dauerhaft destruktive Wirkung nehmen und um Verzeihung bitten. Schwierigkeiten in der Zusammenarbeit können über ein Gespräch ausgeräumt werden oder das Gegenüber räumt eine Zeitspanne ein, in der das gewünschte Verhalten eingeübt wird, ohne aus dem Kontakt zu gehen.

- Das Pferd unterbindet seinen Fluchtinstinkt nur, wenn es mit einem Reiz keine Gefahr verbindet oder darauf vertraut, dass der Mensch die Situation als ungefährlich einschätzt, auch wenn es selber in Unruhe gerät. Dem Menschen kann ich eine Situation erklären und ihn so einladen, trotz eines Gefühls der Unsicherheit zu bleiben und sich zu beruhigen.

Alle Verhaltensweisen der Fachkraft gehen direkt in den Lernprozess des Pferdes ein und können über den kognitiven Weg nicht korrigiert werden. Daher haben die im Folgenden aufgeführten Basisfähigkeiten der Fachkraft eine wichtige Funktion in der Ausbildung des Pferdes.

3.1.2 Aufbau von Präsenz durch eindeutige nonverbale Kommunikation

Der Aufbau von Präsenz basiert in der Arbeit mit Pferden darauf, dass die Fachkraft sich auf das Gegenwartsgeschehen konzentriert und sich nicht von anderen Gedanken, Gefühlen oder Situationen von der Interaktion mit dem Pferd ablenken lässt. Nur dann ist sie in der Lage, ihre Kommunikation direkt und eindeutig auf das Verhalten des Pferdes auszurichten. Geht sie innerlich und äußerlich beobachtbar immer wieder aus dem Kontakt, wird sie viele Verhaltensweisen des Pferdes nicht wahrnehmen und somit auch nicht konsequent, zeitnah und klar darauf reagieren können. Dadurch entwickeln insbesondere junge Pferde Unsicherheiten, ungehorsames Verhalten und eine nicht ausreichende Kooperations- und Konzentrationsbereitschaft. Eine fehlende Präsenz kann nicht durch kognitive Erklärungen oder Kompensationen ausgeglichen werden.

Fallbeispiel: Beim Führen des jungen Pferdes vom Stalltrakt zur Halle telefoniert die Fachkraft oder bespricht sich mit Kolleginnen. Das Pferd nutzt die fehlende Aufmerksamkeit dafür, sich dem Gras zuzuwenden und zieht die Fachkraft mit sich. Die Fachkraft denkt nur jedes fünfte Mal daran, beim Führen des Pferdes aufmerksam zu sein und das nicht erwünschte Verhalten des Pferdes zeitnah und klar zu unterbinden. Das Pferd kann sich viermal dem Gras zuwenden, ohne dass eine direkte Intervention erfolgt. Dieses Verhalten lernt es daher sehr viel intensiver, zumal das Gras als Belohnung wirkt. Das Erlernen des gehorsamen Mitgehens erlebt das Pferd nicht als Lernaufgabe. Reflektiert die Fachkraft die Situation angemessen, müsste sie mit einer Erhöhung ihrer Präsenz reagieren und jedes Mal beim Führen die volle Aufmerksamkeit auf das Verhalten des Pferdes und ihre Reaktionsbereitschaft lenken. Oftmals lässt sich jedoch beobachten, dass sie nicht die Aufmerksamkeit für die Situation, sondern die Stärke der Intervention erhöht. Die Fachkraft wird ungeduldig, ärgert sich, reagiert härter, aber nicht mit einem konsequenteren und genaueren Timing. Das Pferd ist durch das „harte Durchgreifen" irritiert, wird unsicher, widersetzt sich vermehrt und steigt aus der Kooperation zunehmend aus, da es die Sicherheit vermittelnde Instanz verliert. Reflektiert die Fachkraft diese Situation weiterhin nicht angemessen und passt sie ihr Verhalten nicht an, wird die Disharmonie zwischen ihr und dem Pferd bald schon kurz vor dem Führen entlang des Rasenstücks zu beobachten sein.

Präsenz bedeutet somit, sich ganz auf den Dialog mit dem Pferd einzulassen und ihn mit einer auf Kooperation ausgerichteten Führungsautorität zu begleiten. Die natürliche Autorität basiert einerseits auf einer körperlichen Präsenz und Ausstrahlung, die nur durch die Persönlichkeit und die Fokussierung auf die Situation erreicht wird, andererseits auf einem automatisierten Verhaltensrepertoire, das aus Zeichen besteht, die die ranghöhere Position ohne den Weg über einen Machtkampf klar signalisieren. Anders als im Kontakt mit Menschen muss die Fachkraft dabei auf der Ebene der Hierarchie keine Balance zwischen Führen und Folgen entwickeln. Sie bleibt gegenüber dem Pferd klar in der Führung und erwartet das Folgen des Pferdes ohne Einschränkungen. Eine auf Kooperation ausgerichtete Führung bedeutet jedoch auch, dass sie den Impulsen des Pferdes Beachtung schenkt und sie in ihre Handlungsplanung einbezieht.

Fallbeispiel: Die Fachkraft galoppiert das junge Pferd auf dem Zirkel. Nach einer Zirkelrunde signalisiert das Pferd, dass es die für den Galopp notwendige Muskelspannung nicht mehr halten kann und durchparieren möchte. Sie vermittelt dem Pferd durch einen klaren treibenden Impuls, dass es weitergaloppieren soll, und pariert dann über eine klare Hilfengebung nach drei weiteren Galoppsprüngen durch. Das Pferd hat so einerseits einen klaren Impuls erhalten, ihr zu folgen, und andererseits wurde seine Rückmeldung von der Fachkraft wahrgenommen und beantwortet.

In den ersten Monaten der Ausbildung kann Rubbedidupp die gewünschte Anlehnung nicht über die gesamte Trainingseinheit halten. Durch ein Zu-eng-Werden im Hals signalisiert er, dass eine Schrittpause eingelegt werden muss.

Die klare Führung und das Eingehen auf die Rückmeldung eines Bedürfnisses des Pferdes sind zwei der wirksamsten Formen des Lobs und stärken die Vertrauensbasis. Damit die Fachkraft diese Form der nonverbalen Kommunikation durchgehend einsetzen kann, hat sie gelernt, auf die eigene Körpersprache zu achten. Nur so kann sie dem Pferd durch ihre Interventionen einen Impuls vermitteln, den das Pferd isolieren und wiedererkennen und somit auch in gewünschter Weise beantworten kann. Variiert die Fachkraft beispielsweise aufgrund eigener motorischer Unsicherheiten die Hilfe zum Angaloppieren ständig, kann das Pferd kein Muster erkennen und darauf verlässlich reagieren. Bei der Ausbildung junger Pferde sollte die Fachkraft die nonverbale Kommunikation in allen Ausbildungssettings so sicher beherrschen, dass sie diese, ohne darüber nachzudenken, abrufen kann. Durch die Eindeutigkeit der nonverbalen Botschaft lernt das Pferd Muster erkennen.

Hat das Pferd dann im Verlaufe der Ausbildung Sicherheit und Erfahrung gesammelt, kann es unter dem nonverbal unsicher kommunizierenden Klienten dennoch einzelne Teile des Gesamtmusters erkennen und angemessen reagieren.

3.1.3 Die Regulation der Emotionalität

Damit die Präsenz und nonverbale Kommunikation der Fachkraft dazu führen, dass das Pferd Vertrauen, Gehorsam und Kooperationsbereitschaft aufbaut, reguliert die Fachkraft ihre Emotionen und kontrolliert so ihr Verhalten. Klären Pferde die Rangordnung untereinander, kommt es zu körperbetonten Aktionen, nicht jedoch zum Ausleben von Emotionen wie Wut. Die Fachkraft übernimmt in der Arbeit mit dem Pferd diese Form der Kommunikation. Sie reguliert ihre Gefühle und signalisiert dem Pferd durch ein deutliches Signal über ihren Körper, was sie erwartet. Sobald das Pferd das gewünschte Verhalten zeigt, lobt die Fachkraft das Pferd. Das ungebremste Ausleben von Emotionen wie übergroße Freude, aggressives oder ängstliches Verhalten, verunsichert das Pferd stark. Da die Fähigkeit der emotionalen Regulation und die sich darauf aufbauende nonverbale Kommunikation nicht der direkten kognitiven Kontrolle unterliegen, kann die Fachkraft sich diese Fähigkeit nicht anlesen oder von einer Kollegin erklären lassen. Für die Entwicklung der emotionalen Regulation und der damit verbundenen Verhaltenskontrolle in der Arbeit mit Pferden benötigt die Fachkraft:

- einen Zugang zur eigenen Emotionalität
- eine gute Regulation ihrer Emotionalität in alltäglichen herausfordernden Situationen durch das Zurückgreifen auf die Ebene des bewussten Nachdenkens
- eine gute Selbsteinschätzung hinsichtlich ihrer Belastbarkeit und die Anerkennung ihrer Grenzen
- Übungssituationen mit dem Pferd, in denen sie kleine Herausforderungen bewältigen muss, in denen ihr jedoch eine grundlegende Sicherheit erhalten bleibt
- Vermeidung von Überforderungssituationen
- Wiederholung von Situationen – Training, insbesondere der motorischen Abläufe
- regelmäßige Rückmeldung durch eine erfahrene Kollegin

Der Umgang mit dem Pferd und das Reiten sind eine komplexe Aufgabe. Durch den direkten Kontakt mit dem Tier entstehen immer wieder neue, ungewohnte oder auch bedrohlich wirkende Situationen. Insbesondere bei jungen Pferden oder Pferden, die keine solide Ausbildung erfahren

Das Reiten über eine Abfolge kleinerer Hindernisse sowie das Reiten im Gelände bieten aus unserer Sicht das optimale Übungsfeld an, seine Balance und sein Reaktionsvermögen in ungewohnten Situationen zu trainieren.

haben, muss sich die Fachkraft darauf einstellen, dass sie mit schwierigen Situationen konfrontiert wird. Den selbstverständlichen Umgang mit dem Pferd und das „souveräne" Reiten, Longieren und Führen lernt sie nicht im Schnelldurchgang, sondern benötigt in der Regel jahrelanges Training. Seit vielen Jahren wird die Diskussion geführt, ob als Grundvoraussetzung für die Zulassung zu einer Weiterbildung im Therapeutischen Reiten ein Abzeichen mit Aufgaben des Springens notwendig ist. Oftmals wird angeführt, dass eine gute dressurreiterliche Leistung ausreichen muss, wenn die Reiterin doch vor dem Springen Angst hat. Sicherlich ist es für die Ausbildung eines Pferdes für das Therapeutische Reiten nicht erforderlich, einen Parcours springen zu können. Die Fachkraft sollte jedoch Erfahrungen im Gelände und im Gymnastikspringen mitbringen, wenn sie ein junges Pferd ausbilden möchte.

Übernimmt die Fachkraft Aufgaben in der Ausbildung der Pferde ist das Training ungewöhnlicher Situationen unerlässlich. Das junge Pferd wird beispielsweise nicht auf seine Bocksprünge verzichten, wenn die Fachkraft Angst bekommt und aufgrund eines fehlenden Elements in ihrer Ausbildung nicht gelernt hat, mit dieser herausfordernden Situation umzugehen. Da hilft auch kein Verweis auf ihre dressurreiterlichen Fähigkeiten auf einem bereits ausgebildeten Pferd. Im Gegenteil, das Pferd wird seine Anspannung und die damit verbundenen Bocksprünge steigern, wenn es die Angst der Reiterin wahrnimmt. Ein Teufelskreis könnte so beginnen. Nicht selten wird dann die Lösung mit allen ihren negativen Folgen darin gesucht, das Pferd nicht mehr unter dem Sattel, sondern nur noch an der Longe und in der Bodenarbeit auszubilden. Verfügt die Fachkraft im reiterlichen Bereich nicht über die notwendigen Fähigkeiten, ist es ratsam, eine versierte Reitbeteiligung in die Ausbildung des Pferdes einzubeziehen. Zudem sollte sich die Fachkraft im Einsatz der Doppellonge schulen, da sie dadurch die Ausbildung des Pferdes gut vom Boden aus unterstützen kann.

Fallbeispiel: **Rubbedidupp** wird seit ca. einem halben Jahr unter dem Sattel gearbeitet. Das Team des Zentrums für Therapeutisches Reiten Köln e.V. nimmt ihn mit auf eine Tagung, auf der die Ausbildung der Pferde demonstriert werden soll. Am Tag vor der Präsentation werden alle Pferde in der fremden Halle geritten. Rubbedidupp schaut sich alles genau an und wirkt zu Beginn angespannt. Seine Reiterin sitzt gut in der Balance und verändert ihre Körperhaltung auch dann nicht, wenn er schneller wird oder einen Ausweichschritt zur Seite macht. Wie im Training zu Hause bleibt sie mit ihren treibenden Hilfen am Pferd und hält über den Zügel eine Anlehnung, die dem Pferd einerseits Orientierung gibt und ihm andererseits das Hingucken ermöglicht. Als er im Trab und Galopp anfängt, den Kopf zu schütteln und leicht buckelt, verändert seine Reiterin ihre Körpersprache erneut nicht. Sie nimmt den Zügel nur ein klein wenig mehr an, um dem Pferd zu signalisieren, dass sie mit ihren Hilfen mit ihm in Kontakt und handlungsbereit ist. Rubbedidupp entspannt sich zunehmend und geht nach wenigen Minuten locker und aufmerksam.

Das Pferd erlebt, dass seine Reiterin in der neuen Umgebung keine Veränderung in ihrer nonverbalen Kommunikation vornimmt. Dieses Signal bedeutet für das Pferd, dass keine Gefahr droht und „alles wie immer ist". Aufgrund ihrer reiterlichen Fähigkeiten und ihrer Erfahrung aus früheren schwierigen Situationen, kann die Reiterin ihre Befindlichkeit gut kontrollieren, als das Pferd anfängt, sich anders als zu Hause zu verhalten. Sie bleibt ruhig, kontrolliert und klar in ihrer Kommunikation. Bei einer fehlenden reiterlichen Routine ist in solchen Situationen nicht selten folgender Ablauf zu beobachten.

Fallbeispiel: Da das Pferd vermehrt hinschaut und unter Anspannung gerät, nimmt die Reiterin die Zügel kürzer und versucht die Halsfreiheit des Pferdes einzuschränken und es durch das Genick zu stellen. Das Pferd registriert die ungewohnte Einwirkung und erhält damit neben der fremden Umgebung einen irritierenden Impuls. Das Gefühl, in Gefahr zu sein, wächst, sodass das Pferd versucht zu flüchten oder sich umzudrehen. Die Sorge der Reiterin, die Kontrolle zu verlieren, steigt und sie vermindert die treibenden Hilfen, verlagert ihren Körperschwerpunkt nach hinten oder nach vorne und verstärkt das Halten am Zügel, da sie glaubt, das Pferd so am Flüchten oder Umdrehen hindern zu können. Durch die Einschränkung des Bewegungsradius, die zunehmende emotionale Anspannung der Reiterin und die veränderte Hilfengebung nimmt die Anspannung des Pferdes immer stärker zu. Eine Fachkraft, die in schwierigen Situationen unsicher wird, sollte sich von ihrer Reitlehrerin in solchen Situationen begleiten lassen. Sie erhält dann von unten angemessene Hilfestellungen, um die Reaktionen des Pferdes einordnen und somit selber gelassener bleiben zu können. Reicht auch dies nicht aus, den Kreislauf der Eskalation zu unterbrechen, ist es ratsam, abzusteigen und das Pferd zunächst im geführten Setting zu arbeiten, bis das Pferd wieder gelassen und aufmerksam mitarbeitet.

Einerseits löst das Pferd durch seine Verhaltensweisen eine emotionale Reaktion im Menschen aus und andererseits löst die Emotionalität des Menschen Reaktionen beim Pferd aus. Durch diese wechselseitige Bereitschaft der Rückmeldung der wahrgenommenen Emotionen können positive Veränderungsprozesse aber auch Teufelskreise der Eskalation eingeleitet werden. Das Reiten und Longieren stellt das häufigste Setting dar, in dem die emotionale Regulation und Verhaltenskontrolle misslingen und sich negative Auswirkungen einstellen. Beim Longieren ist dann zu beobachten, dass die Fachkraft nicht mehr aufrecht steht, die Zirkellinie verkleinert, die Peitsche auf den Boden legt, die Ausbinder enger schnallt oder die Longe über den Kopf des Pferdes führt. Wesentlich zielführender ist es, einen Zirkel z.B. durch Litze abzustecken, damit das Pferd eine äußere Begrenzung erfährt. Steht das Pferd unter Anspannung, macht es Sinn, in diesem abgegrenzten Raum zunächst frei mit dem Pferd zu arbeiten, bis sich die Anspannung abgebaut hat. Probleme in der Anlehnung oder der Geraderichtung können an der Longe nur eingeschränkt bearbeitet werden. Hier muss gutes Reiten die Grundlage für den Transfer an der Longe legen.

Bei dem Zeigen von übergroßer Freude könnten wir aus der Perspektive des Menschen sagen, dass sich dies doch positiv auf das Gegenüber auswirken und ebenfalls zu Freude und Entspannung führen müsste. Selbst Turnierpferde, die Trubel gewohnt sind, zeigen Schreck- und Fluchtreaktionen, wenn ihre Reiterinnen im Ziel die Arme hochreißen, jubeln, die Kappe schwenken und ihre Körperposition auf dem Pferd verändern. Aufgrund ihrer reiterlichen Erfahrung erlangen die Reiterinnen schnell wieder Kontrolle über das Pferd und können so eine zunehmende Eskalation verhindern. Für die Ausbildung der Pferde im Therapeutischen Reiten darf diese unkontrollierte Form der Einwirkung auf das Pferd jedoch keinesfalls trainiert werden, da die Klienten nicht in der Lage sind, über die Kraftentwicklung Kontrolle herzustellen und die Eskalation zu verhindern. Sie sind oftmals kaum in der Lage, kleine Ausweichschritte oder ungewohnte Reaktionen des Pferdes motorisch zu kompensieren und emotional stabil zu überstehen. Mit dem Pferd werden ungewohnte Situationen (sich freuende, unruhige, laute Menschen) so trainiert, dass das Pferd die Toleranz des Reizes langsam ausbauen kann.

Daher muss die Fachkraft dem Pferd auf der Grundlage ihrer eigenen inneren Balance und Sicherheit kleine Herausforderungen zumuten, in denen das Pferd in der Kooperation bleibt, dadurch Orientierung findet und Gelassenheit entwickelt. Über diesen Ausbildungsweg kann die Fachkraft vermeiden, dass viel Krafteinwirkung zur Kontrolle des Pferdes notwendig ist.

3.1.4 Eine reflektierende Distanz zum eigenen Handeln

Für das Training der Pferde reicht es nicht aus, nur von einer Stunde zur nächsten zu planen und den Ausbildungsprozess ohne gezielte Steuerung und Reflexion laufen zu lassen. Die Fachkraft entwickelt in den ersten Wochen nach Kauf des Pferdes aufgrund einer detaillierten sachlichen Analyse den Ausbildungsstand des Pferdes (siehe Kapitel 9). In diese Analyse fließen alle Erfahrungen im Umgang mit dem Pferd sowie aus den verschiedenen Ausbildungsbausteinen ein. Es werden sowohl die bereits entwickelten Fähigkeiten wie auch die Ausbildungslücken und Fehlentwicklungen festgehalten. Liegen diese Informationen vor, kann die Fachkraft einen individuell angepassten Trainingsplan erstellen und umsetzen. Eine ständige Neuorientierung auf dem Markt der „Ausbildungswege" ist dafür nicht notwendig. Das Wissen rund um das Wesen Pferd wird heute zunehmend theoretisch oder in Kursen vermittelt und nicht mehr von einer Generation Pferdemenschen an die nächste weitergegeben. Am Markt werden immer wieder „neue Methoden der Pferdeausbildung" angepriesen, die nicht selten mehr Verwirrung stiften, als dass sie zur Klärung beitragen. Es erweist sich in der Ausbildung von Pferden als sinnvoll, auf lang erprobte, klassische Ausbildungsgrundsätze zu setzen. Die grundlegenden Ausbildungsrichtlinien geben ausreichend Orientierung für das Training des Pferdes. Neue Ideen überprüft die Fachkraft immer dahingehend, ob dadurch eine nachhaltige Zielerreichung sichergestellt wird. Viele neue Methoden erzielen einen vordergründigen Erfolg und bringen als Nebenwirkung viele Folgeprobleme mit sich.

Fallbeispiel: **Rodin** zeigte in den ersten Wochen viele Ressourcen in der Kontaktaufnahme. Er blieb beim Putzen gelassen und zugewandt und ließ sich am gesamten Körper berühren. Beim Training unter dem Sattel und an der Longe geriet er in große Aufregung, wenn kein anderes Pferd auf dem Platz war. Er konzentrierte sich dann nicht auf die Hilfengebung und steigerte sich in die Unruhe hinein. Daher wurde mit ihm in den ersten Wochen im Rahmen des Führtrainings die klare Orientierung am Menschen eingeübt, ohne die Bodenarbeit oder Übungen aus dem Gelassenheitstraining einzubinden. Da er zudem große Schwierigkeiten hatte, den Galopp zu entwickeln, wenn gleich wieder eine Ecke und somit eine Wendung auf ihn zukam, wurde er auf dem Platz nur im Schritt und Trab gearbeitet. Dabei standen zunächst weder eine korrekte Anlehnung noch Lektionen im Vordergrund, sondern das ruhige Sich-Entfernen vom Artgenossen und das anschließende Sich-Wiederannähern. Erst als er gelassen blieb, wenn ein anderes Pferd ging oder er alleine war, wurden Tempounterschiede und gezielte Wendungen zur Erarbeitung der Skala der Ausbildung trainiert. Der Galopp wurde in den ersten drei Monaten ausschließlich im Gelände auf langen geraden Wegen eingefordert. Als er so gelernt hatte, sich besser auszubalancieren und zu koordinieren, wurde der Galopp auch in das Trainingsprogramm auf dem Platz dazugenommen.

Heute zeigt Rodin keine Irritationen mehr, wenn er alleine auf dem Platz oder in der Halle gearbeitet wird. Das Galoppieren bietet er über kurze Strecken sicher und zuverlässig auch unter den Klienten an.

Die Fachkraft achtet darauf, dass die Anforderungen so gewählt sind, dass das Pferd weder über- noch unterfordert wird und sich der Schwierigkeitsgrad langsam steigert. Braucht das Pferd für eine Anforderung zunächst den Aufbau von Basisfähigkeiten, erarbeitet sie zunächst diese und verzichtet auf das Training der eigentlichen Aufgabe.

In der Ausbildung von Pferden rechnet die Fachkraft damit, dass sich Schwierigkeiten und Rückschritte ergeben können. Damit sie fachlich versiert damit umgehen kann, reflektiert sie insbesondere schwierige Situationen in der Arbeit mit dem Pferd und passt ihren Trainingsplan daran an. Nur auf der Grundlage einer sachlichen Analyse des Prozesses und der Auseinandersetzung mit den eigenen Anteilen an der Entstehung der Schwierigkeiten wird sie Problemlösungen finden und Entscheidungen treffen können. In der Arbeit mit Pferden endet der eigene Lernprozess nie, da jedes Pferd neue Herausforderungen mitbringt. Daher sollte die Fachkraft, insbesondere wenn sie noch unerfahren ist, nicht nur einen Trainingsplan des Pferdes erarbeiten, sondern auch eine Ist-Standanalyse der eigenen Fähigkeiten erstellen und darauf basierend ihren eigenen Trainingsplan entwerfen und umsetzen. Dann wird sie, bevor sich Fehlentwicklungen einschleichen, feststellen, bei welchen Ausbildungsbausteinen sie Unterstützung benötigt und etwas dazulernen muss. Je mehr Erfahrung die Fachkraft gesammelt hat, desto intuitiver wird sie die Ausbildung des Pferdes gestalten können. Sie wird dann die Trainingsplanung nicht mehr schriftlich erstellen müssen, sondern sortiert alle Informationen wie selbstverständlich und passt das Training sowohl an positive als auch an negative Entwicklungen ohne einen aufwendigen Reflexionsprozess an.

Auf die Reflexion und das eigene Lernen wirken sich unterstützend aus:

- Filmen des Trainings und anschließende Analyse des Videos anhand klarer Fragestellungen (z.B. Qualität der Anlehnung)
- regelmäßiger Unterricht von einer erfahrenen Trainerin, die die Anforderungen an das Pferd im Therapeutischen Reiten kennt
- Reiten-Lassen des Pferdes von einer Kollegin und Besprechen ihres Eindrucks vom Pferd

Ohne Mut, Spaß an der Sache, Durchhaltevermögen, Kreativität, Zeit, Entscheidungsfreude, Frustrationstoleranz und die Bereitschaft, immer wieder den eigenen Lernprozess zu gestalten, wird sich die Ausbildung des Pferdes als mühsam und anstrengend erweisen.

3.2 Fachkompetenzen in den Trainingsbausteinen

Damit das Pferd die für den Einsatz erforderliche muskuläre Kraft, Ausdauer, Beweglichkeit, Konzentration, Gelassenheit und Kooperationsbereitschaft aufbauen kann, müssen folgende Bausteine im Trainingsplan enthalten sein:

- Führübungen
- Arbeit unter dem Sattel
- Arbeit an der Longe
- Arbeit am Langzügel
- Bodenarbeit
- Gelassenheitstraining

In Bezug auf den Umgang mit dem Pferd, die Arbeit mit dem Pferd vom Boden aus und die Führtechniken wird vorausgesetzt, dass jede Fachkraft über die notwendigen Kenntnisse und praktischen Erfahrungen verfügt, um diese drei Trainingspunkte abzudecken. Es ist darüber hinaus wünschenswert, dass die Fachkraft ausreichende reiterliche Fähigkeiten mitbringt, um die Leistungsfähigkeit eines ausgebildeten Pferdes zu erhalten. Im Bereich des Longierens und Reitens verfügt jedoch nicht jede Fachkraft über die notwendigen Fähigkeiten und Erfahrungen, um insbesondere junge Pferde auszubilden oder ältere Pferde mit mangelnder Ausbildung oder Schwierigkeiten, die sich aufgrund der Belastung im Einsatz zeigen, zu korrigieren. Daher werden wir am Ende dieses Kapitels die Zusammenarbeit im Team und die damit verbundene Möglichkeit, Ausbildungsaufgaben zu delegieren, beschreiben.

Allen Bausteinen gemeinsam ist, dass die Kommunikationsregeln eingehalten werden:

1. Das Pferd wird jeder Verhaltensweise der Fachkraft eine Bedeutung geben.
2. Das Pferd kann Impulse nur dann isolieren und beantworten, wenn nur eine Information transportiert wird.
3. Das Pferd lernt nur, wenn die Impulse immer klar und gleichbleibend gegeben werden.
4. Die Fachkraft gibt jeden Impuls aus der Ruhe heraus, mit weichen, langsamen, jedoch zielorientiert ausgeführten Bewegungen.
5. Das Stellen einer Aufgabe wird durch einen Impuls vorbereitet, der das Pferd aufmerksam macht, sodass es sich beim Abrufen der Aufgabe nicht erschreckt.
6. Die Fachkraft beachtet das individuelle Lerntempo des Pferdes.
7. Das Pferd erlebt eine Belohnung seines Verhaltens nur, wenn nach einer annehmenden oder durchhaltenden Hilfe eine nachgebende Hilfe erfolgt.
8. Die Signalstärke der Impulse kann im Laufe der Arbeit reduziert werden, da das Pferd in der Arbeit aufmerksam gehalten wurde.
9. Treten Schwierigkeiten in der Kommunikation auf, übernimmt die Fachkraft Verantwortung und hinterfragt ihren Teil der Kommunikation.

3.2.1 Das Führen des Pferdes

Zu Beginn der Ausbildung des Pferdes steht das Einüben des Führens im Vordergrund, da alle anderen Trainingsbausteine darauf aufbauen. Im Führtraining werden die Kommunikation, Dominanz und das Vertrauen erarbeitet, bevor das Pferd an neue Aufgaben in den anderen Trainingsbausteinen herangeführt wird.

Werden die Grundlagen im Führen des Pferdes nicht gelegt, zeigen sich schnell deutliche Schwierigkeiten in den anderen Trainingsbausteinen. So lernt das Pferd in den ersten Tagen, aufmerksam für die Signale der Fachkraft zu sein und gelassen mit ihr mitzugehen. Schlurft das Pferd hinter ihr her oder zieht es sie am Strick mit, ist weder die Rangordnung geklärt noch eine kooperative Arbeitshaltung vorhanden. Hat das Pferd das sich Führenlassen verinnerlicht, kann die Fachkraft vor jeder Trainingsarbeit kurz anhand einfacher Übungen (Anhalten – Antreten-Lassen, Tempounterschiede, Wendungen) überprüfen, wie die Kooperationsbereitschaft des Pferdes heute aussieht, und seine Aufmerksamkeit und den Gehorsam abrufen, bevor das eigentliche Training beginnt. So ist es beispielsweise bei jungen Pferden eine hilfreiche Übung, vor dem Anhalten an der Aufstiegshilfe einige Minuten lang Führübungen einzubinden. Das junge Pferd ist dann besser auf die Übung des Anhaltens an der Aufstiegshilfe vorbereitet.

Neben dem Führen des Pferdes am Langzügel wird im Therapeutischen Reiten auch das Führen am Kopf des Pferdes eingesetzt. Dabei kann die Fachkraft das Pferd in der ihm vertrauten Position führen oder aber die Fachkraft und ein Elternteil oder eine Betreuerin führen das Pferd gemeinsam am geteilten Zügel. Das Führen am Kopf bringt im Vergleich zum Führen am Langzügel einige Nachteile mit sich. Das Pferd neigt dazu, sich an die Fachkraft anzulehnen, und die Einwirkung der beiden Zügel erfolgt nicht gleichmäßig, sodass die Geraderichtung und Anlehnung nicht sichergestellt werden können. Beim Führen am geteilten Zügel ergeben sich ähnliche Probleme, insbesondere dann, wenn die beiden Führpersonen nicht gut miteinander abgestimmt sind und gegensätzlich auf das Pferd einwirken. Sie müssen sich darauf einigen, wer für das Pferd klar in die Führung geht. Die zweite Führperson lässt sich dann ebenfalls auf die Führung der Kollegin ein und überlässt ihr die Signalgebung an das Pferd. Außerdem befinden sich in dieser Konstellation beide Führpersonen in der Position einer geringen Dominanzentfaltung. Pferde, die die Rangordnung infrage stellen, steigen in dieser Form des Führens schnell aus der Kooperation aus, indem sie sich widersetzen oder abschalten.

Zehn Grundsätze in der Durchführung der Führübungen

Die unterschiedlichen Führpositionen und -techniken werden im Buch „Pferde verstehen – Umgang und Bodenarbeit" (FN 2014) ausführlich beschrieben.

1. Zu Beginn wird das Pferd mit der Führkette oder dem Bodenarbeitsseil und der Gerte vertraut gemacht. Wird frei mit dem Pferd gearbeitet, begrenzt die Fachkraft den Raum (z.B. Roundpen).
2. Die Signale an das Pferd werden immer eindeutig und gleichbleibend gegeben und basieren auf Signalen, die Pferde im Herdenverband einsetzen, um ihre ranghöhere Position klarzustellen. Die Führungssignale beinhalten keine Anwendung von Gewalt.
3. Die Körperposition und -haltung der Fachkraft sind von entscheidender Bedeutung. Sie kennt ihre Wirkung auf das Pferd in den unterschiedlichen Positionen (siehe Kröger 2005, 58 f.; FN 2014).

   a) Auf der Höhe des Pferdekopfes: Sie übt ein hohes Maß an Dominanz aus, hat viel Kontrolle über das Pferd und lässt nur eine minimale Selbstständigkeit des Pferdes zu. Die Entwicklung von eigenverantwortlichem Verhalten des Pferdes ist erschwert (Position der Leitstute).
   b) Neben dem Pferd in der Höhe des Halses/der Schulter: Sie übt ein geringes Maß an Dominanz aus und das Pferd kann verstärkt selbstständig handeln. Sie kann bei durchhängendem Führseil gut reagieren, wenn das Pferd davonstürmt. Das Pferd entwickelt jedoch wenig kooperatives Verhalten im Kontakt zur Fachkraft. (Rangniedriges Pferd nähert sich einem ranghöheren Pferd.)
   c) Klar neben dem Pferd oder auf der Höhe der Hinterhand: Sie übt eine mittlere Dominanz aus und lässt Selbstständigkeit des Pferdes zu. Diese Position ist optimal für die Entwicklung von Eigenständigkeit und einem kooperativen Kontakt zur Fachkraft. Sie befindet sich in einer treibenden Position und kann das Pferd zur Mitarbeit auffordern. (Hinter dem Pferd nimmt die Leitstute oder der Hengst eine treibende Position ein.)

4. Beim Führen am Kopf achtet die Fachkraft insbesondere bei jungen Pferden oder Pferden, die die Rangordnung infrage stellen, darauf, dass sich ihr Körper deutlich vor dem Pferd befindet (dominante Position) und das Pferd die Führhand nicht überholt.
5. Die Fachkraft achtet darauf, dass das Führseil leicht durchhängt und sie nicht ins Ziehen kommt. Sie gibt nach, wenn das Pferd reagiert hat. Das Pferd wird mit dieser Form des Lobes vertraut gemacht.
6. Die Fachkraft hält einen Abstand von ca. einem Meter zum Pferd ein und arbeitet nicht mit Körperberührungen (zum Beispiel das Zurückschieben des Pferdes beim Rückwärtsrichten). Neben Sicherheitsaspekten dient die Einhaltung des Abstandes auch dem Aufbau von Respekt.
7. Die Gerte wird zur Verstärkung der Körpersprache und niemals zur Strafe eingesetzt. Das Rückwärtsrichten kann als Konsequenz eingebunden werden, wenn das Pferd die Kooperation verweigert, da das Zurückweichen eine Geste der Unterwerfung darstellt. Diese Übung

wird daher sehr dosiert und nur in begründeten Situationen eingesetzt. Vor ihrem Einsatz sollte die Fachkraft reflektieren, ob sie in ihrer Kommunikation so eindeutig war, dass das Pferd sie verstehen konnte.

8. Die Führübungen werden von beiden Seiten ausgeführt, da viele Klienten das Pferd auch von rechts führen.
9. Die Fachkraft achtet insbesondere darauf, dass sie eine gute Kontrolle über das Tempo hat und dass das Pferd anhält, wenn sie anhält.
10. Bei jedem Führen des Pferdes (auch von der Weide holen) ist sie aufmerksam für die richtige Ausführung des Führens. Jegliches Fressen am Wegesrand wird konsequent unterbunden, damit das Pferd nicht lernt, am Menschen zu ziehen.

Literaturempfehlungen zum Führtraining und zur Bodenarbeit:
Carlson, Orterer 2007; Reiland 2014; Deutsche Reiterliche Vereinigung e.V. 2014b; Schöning 2014; von Neumann-Cosel 2013

3.2.2 Das Reiten des Pferdes

Die Arbeit unter dem Sattel, sowohl auf dem Platz als auch in der Halle oder im Gelände, ist der zentrale Baustein der Ausbildung. Alle anderen Bausteine kommen begleitend hinzu und ergänzen das Training. In den Ausbildungskursen wird die Betonung der Bedeutung der Arbeit unter dem Sattel oft kritisch diskutiert und der Standpunkt vertreten, dass die Ausbildung des Pferdes sehr wohl auch vom Boden aus und an der Longe sichergestellt werden kann. Wir teilen diese Haltung aus folgenden Gründen nicht:

- Beim Reiten steht die Fachkraft in direktem körperlichem Kontakt mit dem Pferd. Sie erhält die Rückmeldung auf kurzem Weg und kann sich so einen sehr viel direkten und genaueren Eindruck von seinem Bewegungsangebot machen. Sie erfährt, auf welches Bewegungs- und Kooperationsangebot der Klient treffen wird. Verspannungen oder Widerstände des Pferdes sieht sie nicht nur, sondern spürt sie und ihre Auswirkungen direkt im eigenen Körper. So treten negative Entwicklungen in der Ausbildung oder im leistungserhaltenden Training offen zutage und werden früh erkannt.
- Durch den direkten und kurzen Kontaktweg, sowohl über die Schenkel- und Kreuzeinwirkung als auch über die Zügeleinwirkung, können die Hilfen sehr viel feiner aufeinander abgestimmt werden als an der Longe oder am Langzügel. Schon kleine Aktionen des Pferdes erreichen die Fachkraft schnell und direkt über den ganzen Körper, sodass sie zeitnah entgegenwirken kann, und der von ihr gegebene Impuls kommt über den kurzen Weg direkt und klar beim Pferd an.
- Unter dem Sattel können alle geforderten Fähigkeiten des Pferdes zeitgleich und umfassend geschult werden: Erarbeiten der Punkte der Skala der Ausbildung, Aufbau von Muskulatur, Balance und Kondition sowie von Vertrauen, Gelassenheit und Kooperationsbereitschaft. Alle anderen Bausteine des Trainings legen ihren Schwerpunkt auf eines der Entwicklungsthemen und vernachlässigen andere. So werden beispielsweise in der Bodenarbeit keine Kondition und Muskulatur aufgebaut. An der Longe sind die Entwicklung einer sicheren Anlehnung,

die Schulung des Gleichgewichts und der Geraderichtung durch die Hilfszügel und das Fehlen der reiterlichen Hilfen schwieriger aufzubauen als unter dem Sattel. Die Arbeit unter dem Sattel ist hinsichtlich der Möglichkeiten der Koordinierung der Hilfen sowie der Tempi- und Richtungswechsel die flexibelste Ausbildungsform.

Steht ein Pferd am Beginn seiner Ausbildung, benötigt die Fachkraft nicht nur grundlegende Reitkenntnisse, sondern Erfahrungen in der Ausbildung junger Pferde und dressurreiterliche Kenntnisse auf dem Niveau der Klasse L. Dies gilt ebenso für bereits ausgebildete Pferde, die sich jedoch nicht erwünschte Reaktionen oder Bewegungsabläufe angeeignet haben und somit als Korrekturpferde noch einmal grundlegend geschult werden müssen.

Zehn Grundsätze für die Arbeit unter dem Sattel

1. Die Fachkraft sitzt ausbalanciert, ruhig und verfügt über ein gutes Körper- und Bewegungsgefühl. Sie bringt ein Rhythmus- und Einfühlungsvermögen für die Bewegungen des Pferdes mit. Die Fachkraft kommt zum Sitzen und passt sich der Bewegung und dem Schwung des Pferdes an. Ihr Sitz garantiert eine souveräne Einwirkung auf das Pferd.
2. Sie wirkt mit einer vom Sitz unabhängigen Hand weich auf das Pferdemaul ein und sorgt so für eine konstante Anlehnung. Sie minimiert die Handeinwirkung.
3. Sie wählt das Tempo so, dass das Pferd seinen Takt findet, sich ausbalancieren kann und ohne intensive treibende Impulse das Tempo von selber hält.
4. Sie setzt ihre Hilfengebung so gezielt und klar ein, dass das Pferd den Impuls isolieren und wiedererkennen kann. Sie wählt die Dosierung der Hilfen so aus, dass das Pferd nicht beginnt, sie aufgrund eines zu zaghaften oder fehlenden Impulses zu ignorieren oder aufgrund der ständigen Reizüberflutung abzustumpfen. Sie räumt dem Pferd Zeit ein, auf eine Hilfe zu reagieren, bevor sie den nächsten Impuls setzt, sodass ein Dialog und kein Monolog entsteht und das Pferd sensibel und aufmerksam für die Einwirkung bleibt.
5. Eine annehmende oder durchhaltende Zügelhilfe unterlegt sie mit treibenden Hilfen und sie schließt eine nachgebende Zügelhilfe an. Die Bewegungsverstärkung, die sie durch treibende Hilfen erzielt, fängt sie weich mit der Handeinwirkung ab.
6. Sie achtet auf eine korrekte Biegung und Stellung des Pferdes und passt die Größe der Wendungen den Fähigkeiten des Pferdes an.

7. Die Fachkraft stellt den Wechsel zwischen dem Vorwärts-abwärts-Reiten und dem vermehrten Aufnehmen des Pferdes, Übergänge von einer Gangart in die andere, Tempounterschiede, Reiten auf gebogenen Linien in den Vordergrund. Das Reiten von anspruchsvollen Lektionen tritt in den Hintergrund.
8. Sie wechselt zwischen Phasen der Entspannung und Phasen der konzentrierten Arbeit, in denen sie das Pferd fordert, ab. Damit das Pferd die Chance hat, eine Aufgabe zu erfassen, übt sie innerhalb einer Stunde gezielt wenige Aufgaben (z.B. Biegung auf dem Zirkel, Angaloppieren) und kehrt dann immer wieder zu bereits abrufbaren Aufgaben (Vorwärts-Abwärts im Trab auf geraden Linien) zurück.
9. Zeigt das Pferd Fortschritte in der Erledigung einer neuen Aufgabe, beendet sie das Training an dieser Aufgabe. Tritt ein deutlicher Widerstand bei der Erarbeitung einer neuen Aufgabe auf, kehrt die Fachkraft zu bereits vertrauten Aufgaben zurück und reflektiert, welche Zwischenschritte dem Pferd für die Erarbeitung der neuen Aufgabe noch fehlen, bevor sie die Aufgabe erneut in den Trainingsplan aufnimmt.
10. Die Fachkraft gestaltet das Training abwechslungsreich und bindet insbesondere die Arbeit im Gelände ein. Auch im Gelände arbeitet sie mit dem Pferd im Wechsel von Entspannung und Anspannung und orientiert sich an den Elementen der Skala der Ausbildung.

Literaturempfehlungen für das Reiten:
Deutsche Reiterliche Vereinigung e.V. 2001, 2014a,; Gräf 2014, 2015; Karl 2004; Koblitz 2010, 2012; Lehmann 2012; Meyners, Müller et al 2014; Putz 2012; von Dietze 2006, 2011; von Dietze, von Neumann-Cosel 2011; Zettl 2003

3.2.3 Das Longieren des Pferdes

Die Arbeit an der Longe ist eine wichtige Ergänzung zu der Arbeit unter dem Sattel. Das Pferd kann ohne das Gewicht der Reiterin seine Muskulatur trainieren und lockern. Außerdem dient das Longieren dem Aufbau von Kondition und der Verfeinerung der Kommunikation zwischen Fachkraft und Pferd. Diese positiven Aspekte ergeben sich jedoch nur dann, wenn das Pferd gut über den Rücken gearbeitet wird, das Grundtempo so gewählt wird, dass das Pferd aktiv in der Hinterhand arbeitet, ohne zu eilen, und die Hilfszügel eine Bewegungsfreiheit im Kopf- und Halsbereich angemessen zulassen. Ein durch Ausbinder eingeschnürtes Pferd, das einfach nur vorwärtsgetrieben wird, wird sich physisch und psychisch verspannen und die Erarbeitung der Punkte der Skala der Ausbildung rückt in weite Ferne. Erhebliche Einschränkungen für das Arbeiten an der Longe ergeben sich auch dann, wenn nicht ausreichend Platz zur Verfügung steht und der Zirkel viel zu klein angelegt werden muss.

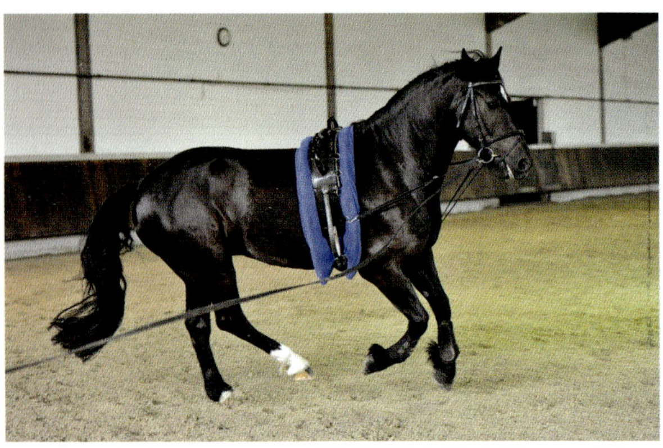

Das Longieren basiert auf den gleichen Grundelementen wie das Führen des Pferdes und ist genau wie alle anderen Bausteine auf die Stabilisierung der Rangordnung, den Aufbau von Vertrauen und Gehorsam ausgerichtet.

Es ist erstaunlich, dass immer wieder von erfahrenen Fachkräften berichtet wird, die dem Pferd erlauben, sich an der Longe auszutoben, oder die das Pferd zu dieser Form des Ungehorsams auch noch auffordern. Begründet wird diese Vorgehensweise damit, dass das Pferd dann Spannungen abbaut und anschließend besser im Gehorsam steht. Diese Erklärung würde nur dann Sinn ergeben, wenn das Pferd zwischen einer ranghöheren und rangniedrigeren Position je nach Aufgabenstellung wechseln kann, ohne seine innere Sicherheit und Orientierung zu verlieren. Die genaue Beobachtung zeigt jedoch, dass die Pferde durch das Toben an der Longe nicht gehorsamer werden, sondern lediglich müder und bewegungsfauler im Einsatz. Tritt dann ein irritierender Reiz ein, suchen sie nicht die Orientierung an der Fachkraft, reagieren nicht auf ihre Führungssignale, sondern zeigen eine deutliche und sich oftmals gefährlich für den Klienten auswirkende Schreckreaktion. Insbesondere wenn das Pferd im Setting des Reitens an der Longe oder des Voltigierens eingesetzt wird, kann diese Handhabung fatale Folgen haben. Möchte die Fachkraft das Pferd vor dem Reiten oder dem Einsatz an der Longe lösen, achtet sie wie beim Führtraining auf die exakte Ausführung. Das Pferd darf seinen Vorwärtsdrang in geordneten Bahnen ausleben. Neigt das Pferd an der Longe dazu, sich auszutoben, sollte die Haltungsform überprüft werden und es sollte vorher mit seinen Artgenossen eine Freilaufzeit erhalten, um diesem Bedürfnis dort nachzukommen.

Zehn Grundsätze für das Longieren

1. Die Fachkraft bindet das Pferd mit einem möglichst flexiblen System (Dreiecks- oder Lauferzügel) aus und achtet darauf, dass die Stirnlinie des Pferdes vor der Senkrechten steht. Eine sehr flexible, jedoch nicht einfach zu handhabende Form des Longierens stellt die Arbeit mit der Doppellonge dar.
2. Das Pferd wird innen und außen gleich lang ausgebunden. Wenn überhaupt, wird es innen nur minimal kürzer ausgebunden, damit es dadurch nicht nach innen gezogen wird, über die Schulter ausfällt und mit der Hinterhand ausweicht. Ebenso wird es außen niemals kürzer ausgebunden als innen, um so zu erreichen, dass das Pferd nicht in die Mitte kommt.
3. Die Longe wird in den inneren Trensenring und gegebenenfalls bei jungen Pferden mit in das Reithalfter eingeschnallt. Der Einsatz des Kappzauns eignet sich insbesondere für junge Pferde. Es erfolgt keine Führung der Longe über den Kopf des Pferdes oder über den äußeren Gebissring.
4. Die Peitsche wird zur Unterstützung der Körpersprache und niemals als Strafe eingesetzt. Um das Pferd zu erreichen, muss die Peitsche lang genug sein.
5. Die Positionen haben die identische Wirkung wie beim Führen. Die Grundposition befindet sich in dem Bereich, in dem sie eine mittlere Dominanz ausübt und dem Pferd Eigenständigkeit und einen kooperativen Kontakt ermöglicht. Dafür richtet die Fachkraft ihre Körpervorderseite auf die Hinterhand des Pferdes aus.
6. Verschiebt sie ihren Schwerpunkt deutlich hinter das Pferd, erhöht sie ihre Dominanz und wirkt vermehrt treibend ein. Außerdem fordert sie in dieser Position die Aufmerksamkeit des Pferdes für die Mitarbeit deutlich ein.

7. Verschiebt sie ihre Position deutlich in Richtung Schulter und Kopf, verliert sie an Dominanz. Bewegt sie sich vor das Pferd, erreicht sie eine bremsende Wirkung. Die Verschiebung der Position nach vorne sollte möglichst vermieden werden.
8. Das nonverbale Longieren über die Körpersprache mit einer klaren Signalgebung steht im Mittelpunkt. Der verbale Anteil wird auf kurze Kommandos begrenzt, da die Fachkraft den verbalen Kommunikationskanal intensiv für die Klienten benötigt. Durch das nonverbale Longieren ist sichergestellt, dass sie auch dann Einfluss auf das Pferd nehmen kann, wenn sie mit den Klienten spricht. Trainieren kann sie beispielsweise, dass das Pferd bei einem leichten Absenken der Peitsche in Richtung Kopf/Schulter durchpariert.
9. Insbesondere wenn verschiedene Fachkräfte mit dem Pferd arbeiten, muss eine einheitliche Form des Longierens abgesprochen und durchgeführt werden.
10. Entwickelt das Pferd körperliche Verspannungen, kann es sein Gleichgewicht nicht gut halten oder stellt es die Rangordnung immer wieder infrage, sollten andere Bausteine des Trainings (Reiten, Führtraining) präferiert werden, bis hier ausreichend Grundlagen gelegt wurden, um zur Arbeit an der Longe zurückzukehren. Zudem sollte die Fachkraft reflektieren, ob sie in ihrer Hilfengebung an der Longe klar und für das Pferd verständlich ist. Da die Fachkraft die körperliche Verfassung des Pferdes nicht durch den direkten Kontakt wie beim Reiten spürt, achtet sie sehr genau auf Signale der Verspannung, insbesondere im Bereich des Rückens.

Literaturempfehlungen zum Longieren:
Deutsche Reiterliche Vereinigung e.V. 1999; Gehrmann 1998, 2003; Hilbt 2013; Jung 2009; Karl 2010; Rosemann 2013

3.2.4 Das Führen des Pferdes am Langzügel

Die Darstellung dieses Trainingsbausteins basiert neben unseren Erfahrungen auf den von Uta Adorf zur Verfügung gestellten Seminarunterlagen für die Ausbildung zur Hippotherapeutin (Adorf 2013).

Selbst wenn das Pferd im Therapeutischen Reiten nicht am Langzügel eingesetzt wird, stellt dieser Trainingsbaustein eine sinnvolle Ergänzung zum Training unter dem Sattel und an der Longe dar. Der Rücken des Pferdes wird entlastet und es können gymnastizierende Elemente zur Unterstützung der Losgelassenheit, Balance und der Koordination eingebunden werden. Zudem muss das Pferd dem Menschen in der ungewohnten Position hinter sich vertrauen, sodass die Zusammenarbeit gestärkt wird. Im Unterschied zum Führen am Kopf des Pferdes bietet der Langzügel die Vorteile, dass das Pferd sich nicht an die Führperson anlehnen kann oder von ihr in seiner Konzentration auf die Aufgabe abgelenkt wird. Durch das gleichmäßige Einwirken beider Zügel fällt es dem Pferd leichter, geradeaus zu gehen. Außerdem hat die Fachkraft das Pferd vor sich und kann die treibenden Hilfen gezielter einsetzen, sodass die Anlehnung und der Takt sichergestellt werden. Aufgrund dieser Vorteile wird das Pferd bei der Behandlung neurologischer Patienten in der Hippotherapie und bevorzugt auch in der Ergotherapie am Langzügel geführt.

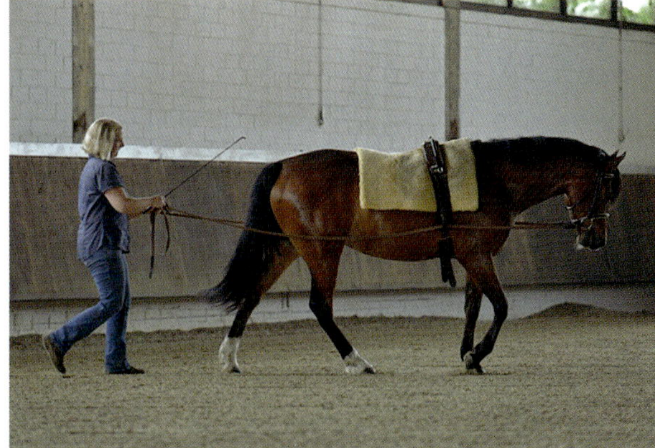

Soll das Pferd in diesem Setting im Therapeutischen Reiten eingesetzt werden, ist ein intensives Training notwendig, da das Führen am langen Zügel in korrekter Form sowohl für das Pferd als auch für die Fachkraft schwieriger ist, als es auf den ersten Blick erscheint, und daher unter Anleitung trainiert werden muss.

Zehn Grundsätze der Langzügelarbeit

1. Die langen Zügel werden wie beim Reiten aufgenommen und sicher verkürzt und verlängert.
2. Die Fachkraft geht selbstbewusst und tempobestimmend mittig hinter dem Pferd. Eine minimale Vorlage ihres Oberkörpers sorgt für eine entspannte Körperhaltung und weiche Hilfengebung. Eine Rücklage des Oberkörpers führt zu einer Verkrampfung und härteren Einwirkung der Hand.
3. Die Fachkraft geht in einem Abstand hinter dem Pferd (ca. 0,5 m), indem sie ihre Schrittbewegungen gut mit den Bewegungen des Pferdes koordinieren kann. Dabei geht sie in ihrem eigenen Rhythmus und versucht nicht den Rhythmus des Pferdes zu imitieren, da dies zu Disharmonien führt. Sie lässt sich vom Vorwärtsimpuls des Pferdes mitnehmen, ohne dabei in den Langzügeln zu hängen und sich mitziehen zu lassen. Angespanntes Gehen, Rhythmusunterbrechungen, verzögertes Mitgehen oder fehlendes Geradeausgehen wirken sich negativ auf die Schrittbewegung des Pferdes aus.
4. Auf eine annehmende oder durchhaltende Zügelhilfe erfolgt immer ein Nachgeben. Der äußere Zügel reguliert das Tempo, leitet Wendungen ein und bestimmt den Grad der Biegung. Der innere Zügel sorgt für die Stellung. Je höher die Hand gestellt wird, desto deutlicher erfolgt die Einwirkung.
5. In der Ruheposition hält die Fachkraft die Gerte in der bevorzugten Hand mit der Spitze nach oben leicht nach vorne auf die Rückenlinie des Pferdes ausgerichtet. Die Gerte wird gezielt eingesetzt und der Impuls wird so dosiert, dass das Pferd eine deutliche Reaktion, jedoch keine Überreaktion zeigt. Wird sie oberhalb des Kniegelenks eingesetzt, hat sie eine treibende Wirkung. Der Einsatz im Bereich des Hinterbeins sorgt für einen vermehrten Vortritt des Hinterbeins. Seitlich waagerecht eingesetzt, hat die Gerte eine vorwärts-seitwärtstreibende Wirkung.

6. Über den Einsatz der Stimme nimmt sie Einfluss auf das Tempo und die Aufmerksamkeit des Pferdes. Sie dosiert ihre Stimmkommandos (z.B. SCHE-RITT – HAA-LT) und wählt Kommandos, die das Pferd eindeutig wiedererkennen kann.
7. Verkürzt oder verlangsamt die Fachkraft ihre Schritte und nimmt das Pferd leicht mit der Hand auf, kommt das Pferd im Tempo zurück, ohne den Takt und die Anlehnung zu verlieren. Verlängert oder beschleunigt die Fachkraft ihre Schritte und lässt eine leichte Rahmenerweiterung mit der Hand zu, erhöht das Pferd sein Tempo, ohne eilig zu werden. Unterstützt werden die Übergänge durch halbe Paraden, den Einsatz der Gerte und der Stimme. Das Pferd wird nicht durch eine starre Hand oder den Einsatz von Körpergewicht pariert.
8. Bei der Einleitung von Wendungen dreht die Fachkraft ihren Körper in die Bewegungsrichtung mit und folgt mit ihrem Blick der Bewegungsrichtung. Nur so gibt der äußere Zügel ausreichend nach und der innere Zügel verkürzt sich. Da die Strecke vom Pferdemaul zur Führhand deutlich länger ist als beim Reiten, muss auch die Dehnung bzw. Verkürzung des Zügels deutlicher über das Mitgehen in der Körperbewegung der Fachkraft erfolgen. Ohne eine Dehnungsmöglichkeit der äußeren Körperseite, wird das Pferd sich nicht kooperativ wenden lassen.
9. Die Hilfengebung bei der Ausführung von Hufschlagfiguren und Seitengängen wird wie beim Reiten eingesetzt.
10. Erschreckt sich das Pferd, wirkt sie mit einer annehmenden und nachgebenden Hand und der Stimme auf das Pferd ein. Sie achtet darauf, nicht in den Zügeln hängen zu bleiben, und vermeidet ein rückwärtsgerichtetes Einwirken. Bei jungen Pferden in der Gewöhnung an den Langzügel ist der Langzügel am Ende offen, damit die Fachkraft beim Erschrecken des Pferdes die äußere Leine verlängern oder im Notfall loslassen und das Pferd wie beim Longieren aufnehmen kann.

Da das Führen des Pferdes am Langzügel oftmals nicht von einer Fachkraft, sondern von einer Assistentin übernommen wird, muss die Fachkraft dafür sorgen, dass das korrekte Führen des Pferdes von der Assistentin erlernt wird. Damit die Abläufe automatisiert sind und später auch im Einsatz sicher abgerufen werden können, braucht die Assistentin ebenfalls einen Trainingsplan, um die notwendigen Fähigkeiten aufzubauen. Sinnvoll ist es zudem, dass die Assistentin das Pferd putzt, an der Bodenarbeit und dem Gelassenheitstraining mit dem Pferd teilnimmt, damit sie seine Reaktionen kennenlernt und sich eine vertrauensvolle Beziehung aufbaut.

Literaturempfehlungen zur Langzügelarbeit:
Hinrichs 2013; Ritter 2014

3.2.5 Die Bodenarbeit

Die Bodenarbeit umfasst die beim Führtraining beschriebenen Elemente und wird durch den Einsatz von Materialien wie Stangen und Kegel ergänzt. Ziel der Bodenarbeit ist einerseits die Verfeinerung der Kommunikation zwischen Fachkraft und Pferd und andererseits die Gymnastizierung und Schulung der körperlichen Koordination. Das Pferd soll dabei die Bodenhindernisse nicht irgendwie überwinden, sondern gezielt jedes Bein einzeln koordiniert bewegen, um seinen Körper vermehrt wahrzunehmen. Ähnlich wie im Baustein der Führübungen beginnt die Bodenarbeit nicht erst in der Reithalle, sondern wird als durchgehende Aufgabe im Umgang mit dem Pferd verstanden. Schon beim Putzen bieten die Kontaktgestaltung und die Aufgaben der Pflege viele Möglichkeiten, das Pferd zu schulen, sich auf die Zusammenarbeit mit dem Menschen zu konzentrieren und seinen Körper vermehrt wahrzunehmen und zu koordinieren. Das Auskratzen der Hufe kann als reine Reinigungsaufgabe durchgeführt werden oder aber dazu genutzt werden, das Pferd zu schulen, sich auch auf drei Beinen auszubalancieren. Über die Länge des Anbindens reguliert sich die Möglichkeit des Pferdes, Kontakt aufzunehmen. Erhält das Pferd kaum mehr als 20 cm Bewegungsfreiheit, verringert sich die Neugier und Bereitschaft zur Kontaktaufnahme automatisch. Ist das Pferd lang angebunden, kann die Fachkraft seine Aufmerksamkeit immer wieder über Berührungen beim Putzen einfordern, und das Pferd kann sich zuwenden. Die Pferde melden dann deutlich zurück, an welchen Körperstellen sie das Putzen genießen und an welchen Stellen es ihnen eher unangenehm ist. Dabei achtet die Fachkraft darauf, dass die Länge des Anbindestricks so gewählt ist, dass das Pferd nicht mit dem Kopf unter den Strick oder mit den Füßen über den Strick geraten kann. Das Umdrehen des Pferdes kann als reine Positionsveränderung verstanden werden oder aber so durchgeführt werden, dass das Pferd lernt, auf kleine Signale zu reagieren und seinen Körper koordiniert und im Gleichgewicht in die neue Position zu bringen. Wurde dem Pferd schon beim Putzen und im Umgang beigebracht, sich zu konzentrieren und seinen Körper gezielt einzusetzen und zu bewegen, sind bereits die ersten Grundlagen für die Arbeit mit Hindernissen in der Bodenarbeit gelegt.

Bevor die Arbeit mit Stangen und Kegeln beginnt, muss das Pferd sich, wie im Führtraining beschrieben, führen lassen. Erst wenn die Kommunikation zwischen der Fachkraft und dem Pferd hier ohne Störungen funktioniert, können neue Aufgaben hinzukommen. Die Bodenarbeit hat nicht in erster Linie den Aufbau von Gelassenheit zum Ziel, auch wenn, wie schon mehrfach beschrieben, diese Aufgabe immer als übergeordnetes Ziel mitbedacht wird. Durch den Einsatz von Materialien sollen das Körpergefühl des Pferdes, sein Gleichgewicht und seine Koordination geschult werden. Ein Aufbau von Muskulatur und Kondition wird durch die Bodenarbeit nicht erreicht. Einheiten der Bodenarbeit können gut vor dem Reiten oder Longieren eingebunden werden und sollten nicht länger als 20 Minuten umfassen, da dann die Aufmerksamkeit und Konzentration für die Kommunikation sowohl bei der Fachkraft als auch beim Pferd nachlassen.

Fünf Grundsätze der Bodenarbeit

1. Die Fachkraft überprüft, ob sie die Grundlagen der Führübungen abrufen kann, und wendet diese Grundlagen auch während des gesamten Trainings in der Bodenarbeit an.
2. Die Stangen und Tore werden so aufgebaut (nicht zu eng und nicht zu viele), dass das Pferd während der Übung seinen Takt und seine Losgelassenheit nicht verliert. Ziel ist es, dass das Pferd seinen Körper und insbesondere seine Beine bewusster bewegt und nicht, dass es möglichst schnell über die Hindernisse stolpert.
3. Sie achtet darauf, dass das Pferd die Übungen langsam und gelassen ausführt, und reduziert die Anforderungen, wenn das Pferd Überforderungssignale (z.B. Ausweichen zur

Seite, Unruhig-Werden, mit dem Kopf schlagen, mit den Hufen scharren) zeigt. Die Trailarbeit und die Arbeit auf unebenem Boden (z.B. Wellenbahn) fördern die Gymnastizierung des Pferdes und werden eingesetzt, wenn das Pferd mit den grundlegenden Übungen der Bodenarbeit vertraut ist.

4. Die Fachkraft achtet darauf, dass sie das Pferd nicht herumzieht. Das Pferd soll sich in den Wendungen biegen. Alle Übungen werden wie im Führtraining ohne Körperberührung ausgeführt.
5. Auf das Einüben von Zirkuslektionen wird verzichtet. Die Pferde führen die Übungen (z.B. Heben des Vorderbeines) eventuell auch aufgrund des Signals eines Klienten aus. Dabei kann es zu gefährlichen Situationen (z.B. Treten in einen Rollstuhl) kommen.

Literaturempfehlungen:
siehe Führtraining

3.2.6 Das Gelassenheitstraining

Im Unterschied zur Bodenarbeit werden im Gelassenheitstraining nicht die körperlichen Fähigkeiten des Pferdes trainiert. Die Fachkraft setzt dieses Training von Zeit zu Zeit in kleinen Einheiten von maximal 20 Minuten ein, um die Vertrauensbasis zwischen sich und dem Pferd zu stärken und es gegenüber Reizen zu desensibilisieren. Damit das Pferd nicht abstumpft und die Aufgaben automatisiert erledigt, ist es wichtig, die Übungen nicht zu häufig zu machen und darauf zu achten, dass das Pferd sich klar auf die Aufgabe ausrichtet und konzentriert mitarbeitet. Vom Gelassenheitstraining profitiert die Ausbildung des Pferdes jedoch nur, wenn die Fachkraft auch in alltäglichen Situationen die Grundsätze berücksichtigt. So wird das Pferd an Vertrauen in die Fachkraft verlieren, wenn es an einer Jacke, die über die Bande gelegt wurde, mit „angezogenen" Zügeln und dem Einsatz der Gerte vorbeigezwungen wird. Wiederholen sich derartige Situationen, kann auch ein gut durchgeführtes Gelassenheitstraining den „negativen" Lerneffekt der Alltagssituation nicht beheben.

Wird das Gelassenheitstraining dosiert eingesetzt, arbeiten die Pferde motiviert und neugierig mit.

Zehn Grundsätze des Gelassenheitstrainings

1. Die Fachkraft beherrscht das Führen des Pferdes ohne zusätzliche Aufgaben sicher. Beim Reiten bleibt sie auch bei ungewohnten Reaktionen des Pferdes in der Balance sitzen. In den dem Pferd vertrauten Situationen verläuft die Kommunikation störungsfrei und das Pferd arbeitet gehorsam, kooperativ und gelassen mit. Vor Beginn des Gelassenheitstrainings überprüft sie, ob das Pferd sich gut auf ihre Hilfengebung konzentriert.
2. Die einzelnen Aufgaben werden erst durch eine Assistentin aufgebaut, wenn das Pferd in der Bahn ist. Das Pferd wird an die erste Aufgabe herangeführt und erst, wenn es diese gelassen bewältigt, wird die nächste Aufgabe aufgebaut und in das Training eingebunden.
3. Die Aufgaben werden zu Beginn des Trainings so leicht wie möglich gestaltet und dann langsam in der Anforderung gesteigert. Beispiel:
   a) Hinlegen einer zusammengefalteten Plane, über die das Pferd schreiten kann, ohne sie zu berühren.
   b) Auseinanderfalten der Plane, sodass das Pferd beim Überqueren auf die Plane treten muss.
   c) Auf die auseinandergefaltete Plane werden Gegenstände platziert (Tetrapacks, Luftballons, Bälle), sodass das Pferd die Gegenstände sieht und beim Überqueren berührt.
   d) Die Gegenstände werden unter die Plane gelegt, sodass das Pferd sie vor dem Überqueren nicht sehen kann.
4. Die Fachkraft lässt das Pferd hinschauen und bietet ihm durch eine souveräne Körpersprache und die Einnahme einer ranghöheren Position eine Orientierung an.
5. Auf Gegenstände, die Geräusche verursachen (Knallen, Rascheln, Klingeln), reagieren Pferde sensibler als auf Gegenstände, die sie sehen können und die keine Geräusche von sich geben. Die Assistentin beginnt mit dem Erzeugen von Geräuschen zunächst in einem großen Abstand vom Pferd und der Fachkraft. Reagiert das Pferd aufmerksam, aber gelassen, nähert sie sich bzw. lässt die Annäherungsbewegung des Pferdes zu.
6. Alle Übungen führt sie zunächst vom Boden aus durch. Erst wenn das Pferd hier eine grundlegende Gelassenheit entwickelt hat, erarbeitet sie die Übungen Schritt für Schritt auch unter dem Sattel.
7. Die Fachkraft arbeitet an einem langen Führstrick mit annehmenden und nachgebenden Impulsen und Stimmkommandos. Durch einen leichten, kurzen Zug am Strick gibt sie im geführten Setting dem Pferd einen Impuls zum Vorwärtsgehen. Beim Reiten setzt sie die treibenden Hilfen deutlich ein und sorgt für eine weiche, gefühlvolle Anlehnung. Anschließend gibt sie bei beiden Durchführungsformen nach und lässt dem Pferd Zeit zum Hinschauen. Sie wiederholt die Hilfengebung so lange, bis das Pferd die Aufgabe ausgeführt hat. Mit der Stimme unterstützt sie lobend.
8. Die Gerte setzt sie wie beim Führen als Verlängerung des Arms oder wie beim Reiten ein. Entscheidend für die Einladung in die Kooperation ist nicht der Einsatz der Gerte, sondern eine eindeutige Körpersprache.

9. Weicht das Pferd zur Seite aus, richtet die Fachkraft es ruhig erneut auf die Aufgabe aus, bevor sie das Pferd auffordert, die Aufgabe zu erledigen. Interessiert sich das Pferd mehr für seine Umgebung als für die Aufgabe, fordert sie seine Konzentration ein, bevor sie mit ihm die Aufgabe angeht. Sobald das Pferd einer auffordernden Hilfe nachkommt, signalisiert die Fachkraft durch eine nachgebende Hilfe, dass das Pferd die Aufgabe richtig löst.
10. Bei oder nach Erledigung der Aufgabe kann das Pferd Unruhe oder auch Fluchtverhalten zeigen. Springt das Pferd über den Gegenstand, anstatt darüberzutreten, oder wird es nach der Aufgabe schneller, fängt die Fachkraft die Bewegung ohne zu ziehen mit dem Strick oder beim Reiten mit den Zügeln weich ab. Hat das Pferd die Aufgabe mit oder ohne Unruhe erledigt, lobt sie kurz mit der Stimme. Sicherheit und Orientierung erhält das Pferd darüber, dass sie nach der Aufgabe bestimmt weiterreitet oder das Pferd in der vertrauten Art und Weise weiterführt. Bewältigt das Pferd die Aufgabe ohne Unruhe, kann die Fachkraft das Pferd nach der Aufgabe anhalten und so die parierende Einflussnahme und das Stoppen der Fluchtreaktion verstärken.

Literaturempfehlungen zum Gelassenheitstraining:
Deutsche Reiterliche Vereinigung e.V. 2009b; Fink 2007; Gräf, Heidenhof et al 2014

3.2.7 Die Sicherstellung der Ausbildung des Pferdes im Team

Um das Pferd auszubilden und im Therapeutischen Reiten einzusetzen, ist es unerlässlich, dass die Fachkraft die oben beschriebenen Führungskompetenzen mitbringt. Zudem sollte sie die Führtechniken und das Longieren mit einem bereits ausgebildeten Pferd sicher umsetzen können. Hat die Fachkraft keine Erfahrung im Anlongieren junger Pferde und im Einüben des Führens am Langzügel, sollte sie eine erfahrene Kollegin in den ersten Wochen um Unterstützung bitten. Gerade in den ersten Trainingseinheiten sind eine sichere Handhabung der Longe bzw. des Langzügels und ein souveränes Auftreten für den Aufbau von Vertrauen wichtig. Laufen die ersten Trainingseinheiten „schief", wird es lange Zeit brauchen, bis das Pferd im Training zur Ruhe kommt und zur Mitarbeit bereit ist.

Am häufigsten stoßen Fachkräfte im Bereich der Ausbildung des Pferdes unter dem Sattel an ihre Grenzen. Viele Fachkräfte, die auf der Grundlage des Voltigierens zum Therapeutischen Reiten kommen, haben wenig bis keine Reiterfahrungen. Aber auch Reiterinnen, die noch nie mit einem jungen Pferd die Grundlagen erarbeitet oder ein schlecht ausgebildetes Pferd korrigiert haben, trauen sich das Training des Pferdes unter dem Sattel in den ersten Monaten zu Recht nicht zu. Da das Reiten des Pferdes jedoch der zentralste Baustein im Training ist, darf er nicht unberücksichtigt bleiben. Stößt die Fachkraft an Grenzen, sollte sie die Situation sachlich reflektieren und mit der Suche nach einer Reiterin, die sie bei der Ausbildung des Pferdes unterstützt, nicht warten, bis sich ernsthafte Schwierigkeiten eingestellt haben.

Fallbeispiel: Im Rahmen einer Supervision brachte eine Ausbildungsteilnehmerin ihr Anliegen vor, Ideen für die Ausbildung ihres sechsjährigen Pferdes zu sammeln. Der Ausbildungsprozess verliefe nicht wie gewünscht, sodass sie nach neuen Wegen suchen müsse. Bei der Bodenarbeit würde das Pferd gelassen und aufmerksam mitarbeiten. Als Problem schilderte sie, dass sich das Pferd an der Longe in die Hilfszügel hängt. Das Pferd würde entweder mit der Hinterhand ausweichen und die treibende Hilfe ignorieren oder aber in seinem Tempo eilig werden. Da sie aus dem Bereich des Voltigierens kam, hatte sie umfassende Kenntnisse im Bereich des Longierens. Unter dem Sattel wurde das Pferd aufgrund ihrer geringen Reiterfahrung nicht gearbeitet. Da das Pferd trotz der Schwierigkeiten ruhig und gelassen blieb, setzte sie es seit einigen Wochen in einer heilpädagogischen Voltigiergruppe ein. Die oben beschriebene Problematik hatte sich seitdem verstärkt und das Pferd würde zunehmend seine Gelassenheit verlieren.

In der Supervision arbeiteten wir folgende Punkte heraus:

1. Das Pferd findet an der Longe durch die Hilfszügel keine flexible, sondern eine eher starre Anlehnung. Ein flexibles Nachgeben der Hand nach vorwärts-abwärts in Koordination mit den treibenden Hilfen ist über die Longe nur sehr begrenzt möglich. Das Pferd integriert den treibenden Impuls daher nicht mehr ausreichend in seinen Bewegungsablauf, tritt nicht mehr von hinten unter, beginnt nicht, sich selber zu tragen, sondern legt sich kompensierend auf das Gebiss.
2. Das Pferd befindet sich durch die fehlende Möglichkeit des beständigen Handwechsels, die Arbeit auf der geraden Linie und in unterschiedlichen Wendungen in einem weiteren „starren" Zustand. Die Entwicklung von Balance und Geraderichtung ist somit erschwert.
3. Das Pferd erfährt durch die fehlenden verwahrenden Schenkelhilfen keine seitliche Begrenzung. Dadurch, dass es nicht mehr von hinten unter den Schwerpunkt tritt und nicht ausreichend ausbalanciert ist, weicht es vor der Gewichtsaufnahme nach außen aus oder versucht die fehlende Tragkraft und das fehlende Gleichgewicht über ein hohes Tempo zu kompensieren.
4. Da das Pferd an der Longe keine ausreichende Förderung seiner Ausbildungsdefizite erfährt, verliert es zunehmend an Losgelassenheit. Die Auseinandersetzung mit den voltigierenden Kindern neben seinen eigenen Schwierigkeiten überfordert das Pferd in einem hohen Maße. Dadurch nimmt seine grundsätzlich vorhandene Gelassenheit ab.

Anders als von der Ausbildungsteilnehmerin erwartet, entwickelten wir keine Ideen, wie sie die Arbeit an der Longe verändern könnte. Wir gaben ihr folgende Ideen mit auf den Weg:

1. Suche einer erfahrenen Reiterin (Reitbeteiligung), die das Pferd drei- bis viermal die Woche unter dem Sattel auf der Grundlage der Skala der Ausbildung arbeitet.
2. Starke Reduktion der Arbeit an der Longe, bis das Pferd sich grundlegende Fähigkeiten in den einzelnen Elementen der Skala der Ausbildung angeeignet hat. Ist dies erfolgt, sollte das Training an der Longe zunächst an der Doppellonge erfolgen, da hier ein flexibleres System dem Pferd die Kooperation erleichtert.
3. Einsetzen des Pferdes mit Klientel erst dann, wenn sich die Schwierigkeiten an der Longe ohne einen Voltigierer über mehrere Wochen nicht mehr zeigen.
4. Hin und wieder das Pferd trotz geringer Reiterfahrungen selber reiten, um sich mit den Bewegungsqualitäten und Reaktionen des Pferdes intensiv vertraut zu machen.

Erfahrungsgemäß ist es ratsam, auch dann erfahrene Kolleginnen oder Reitlehrerinnen um eine Rückmeldung zum Ausbildungsprozess zu bitten, wenn die Fachkraft über alle notwendigen Kompetenzen verfügt. Auch erfahrenen Fachkräften wird es passieren, dass sich destruktive Einwirkungen auf das Pferd einschleichen, Ressourcen des Pferdes zu wenig erkannt oder Lösungswege für Schwierigkeiten nicht mehr gesehen werden. Bewährt hat sich ebenfalls das regelmäßige Filmen des Trainings, damit man aus der Distanz heraus das eigene Handeln und die Reaktionen des Pferdes reflektieren kann.

Auch wenn die Fachkraft Teile der Ausbildung und Korrekturarbeit delegiert, bleibt sie in der Gesamtverantwortung für die Ausbildung des Pferdes. Sie koordiniert die Ausbildung, legt den Trainingsplan fest, überprüft Teilziele in der Ausbildung und muss in der Lage sein, Schwierigkeiten wahrzunehmen und anzusprechen. Der Fachkraft kommt somit die Aufgabe zu, den Überblick zu behalten, den Rahmen abzustecken, das Ziel im Auge zu behalten, die Kommunikation zwischen allen Beteiligten einzufordern und destruktive Entwicklungen zu erkennen und zu stoppen. Sie kann die Ausbildung des Pferdes nicht einfach delegieren und davon ausgehen, dass das Pferd in ihrem Sinn auf die zukünftigen Aufgaben vorbereitet wird. Zu einem späteren Zeit-

Das Team des Zentrums für Therapeutisches Reiten Köln e.V. arbeitet in der Ausbildung der Pferde eng zusammen. Jede Mitarbeiterin bringt ihre Stärken in das Training ein.

punkt wird das Pferd von ihr mit Klienten eingesetzt. Somit sollte sie mit seinen Bewegungsqualitäten, Besonderheiten und Reaktionsweisen vertraut sein. So kann sie beispielsweise als „Anfängerin im Reiten" gut überprüfen, wie das Pferd mit dieser Anforderung umgeht und ob es in der Kooperation bleibt. Reitet die erfahrene Reiterin das Pferd mit viel Druck oder Handeinwirkung, werden sich beim Einsatz insbesondere im Setting des freien Reitens erhebliche Schwierigkeiten ergeben, die auch die Fachkraft beim Überprüfen der Ausbildung zu spüren bekommt. Das Pferd muss über einen Dialog „zur Hand hingeritten" und nicht über Dominanz in die Anlehnung gezwungen werden.

Immer dann, wenn mehrere Fachpersonen in die Ausbildung und Korrekturarbeit des Pferdes involviert sind, wird geklärt:

- Wer trägt die Verantwortung für die Auswahl der involvierten Fachpersonen? Welche Kriterien werden dafür zugrunde gelegt?
- Wer trägt die Gesamtverantwortung für die Planung und Reflexion sowie die Erstellung des Trainingsplans?
- Wer definiert die grundlegende Vorgehensweise in der Ausbildung (Führungsverhalten gegenüber dem Pferd, Trainingsplanung)?
- Wer übernimmt welche konkreten Aufgaben (z.B. die Arbeit an der Longe, das Gewöhnen an die Voltigierübungen; die Arbeit unter dem Sattel, die Ausbildung am Langzügel)?
- In welcher Form werden die Ergebnisse, Fortschritte und Schwierigkeiten von den einbezogenen Personen miteinander besprochen, sodass die weitere Ausbildungsarbeit an den IST-Zustand angepasst werden kann?

4 Rahmenbedingungen einer artgerechten Haltung

Jedes Pferd zeigt ein individuelles Ruhe-, Kontakt- und Bewegungsbedürfnis und benötigt eine an seine Konstitution und Leistungsanforderung angepasste Fütterung. Pferde, die im Therapeutischen Reiten eingesetzt werden, erhalten häufig zu viel Kraftfutter, sodass sie leicht eine Fettleibigkeit entwickeln, die zu einer erhöhten Belastung der Gelenke führt. Unabhängig von der Haltungsform muss das Pferd einen freien Zugang zum Wasser und eine trockene Einstreu vorfinden. Zudem benötigt es einen Rückzugsraum in den einsatzfreien Zeiten, damit es der andauernden Kontaktaufnahme durch den Menschen nicht ausgesetzt ist. Fehlt dieser Rückzugsraum, entwickeln einige Pferde Abwehrverhalten bei der Kontaktaufnahme oder werden im Kontakt unaufmerksam. Selbstverständlich werden die Pferde regelmäßig geimpft und entwurmt und bei auftretenden Erkrankungen tierärztlich oder von einem Osteopathen, Pferdephysiotherapeuten oder Chiropraktiker behandelt. Bei der Auswahl der Haltungsform werden auch die Bedingungen für den Einsatz im Therapeutischen Reiten mit berücksichtigt. Grundsätzlich eignen sich sowohl die Offenstall- wie auch die Boxenhaltung.

Die Pferde im Offenstall benötigen ausreichend Platz und einen befestigten Auslaufbereich. Jedem Pferd steht eine überdachte, zugfreie und trockene Liegefläche zur Verfügung.

4.1 Offenstallhaltung

Die Offenstallhaltung hat sich in wissenschaftlichen Untersuchungen als die Haltungsform herausgestellt, die den artspezifischen Bedürfnissen des Pferdes am ehesten entgegenkommt. Die Pferde haben über den gesamten Tag hinweg Sozialkontakte im Herdenverband und können sich frei bewegen. Die Fachkraft beachtet die Zusammenstellung der Herde, damit sich eine stabile Rangordnung entwickelt und die Pferde Sicherheit und Ruhe finden.

Die Offenstallhaltung bringt unter der Berücksichtigung der Anforderungen an das Pferd im Therapeutischen Reiten jedoch auch einige Einschränkungen mit sich, die beachtet werden müssen:

- Kommt es häufig zu einem Wechsel in der Herdenzusammensetzung, muss die Rangordnung zwischen den Pferden immer wieder neu geklärt werden. Dies bringt viel Unruhe und Belastungen mit sich und führt dazu, dass die Pferde keine ausreichenden Ruhephasen erhalten.
- Im Offenstall sind rangniedrige Tiere einem hohen Druck ausgesetzt, ihren Ruheplatz zu behaupten und an das Futter zu gelangen. Daher ist es unter Umständen erforderlich, Unterstände an unterschiedlichen Stellen des Offenstalls zu bauen und das Futter auf mehrere Futterstellen zu verteilen.
- Insbesondere die Raufuttermenge kann im Offenstall nicht bedürfnisorientiert gefüttert und kontrolliert werden. Hilfreich, aber teuer ist hier der Einsatz einer Kraft- und Raufutteranlage, die die Dosierung individuell sicherstellt.
- Unserer Erfahrung nach können auch ranghohe Pferde Gefahr laufen, zu wenig Ruhephasen zu bekommen, da sie ständig mit der Stabilisierung ihrer Position und dem Sorgen für Sicherheit beschäftigt sind. Dies macht sich beispielsweise dadurch bemerkbar, dass sie sich zum Schlafen nicht mehr hinlegen. Diese Pferde benötigen z.B. über Nacht eine Box, in der sie zur Ruhe kommen können.
- Im Winter können die gearbeiteten Pferde erst nach draußen gestellt werden, wenn sie trocken sind. Im Innenbereich benötigt die Fachkraft Platz, um die verschwitzten Pferde für einige Zeit unterzubringen.
- Je nach Witterungsbedingungen sind die Pferde vor dem Einsatz nass und verdreckt und müssen weit vor Beginn der Einheit zum Trocknen reingeholt oder frühzeitig eingedeckt werden.
- Bei einer ganztägigen Weidehaltung sind die Pferde insbesondere im Sommer oft träge und wenig leistungsbereit.
- Für ein erkranktes Pferd muss eine separate Box vorhanden sein.

4.2 Boxenhaltung

Die Boxenhaltung erleichtert eine individuelle Fütterung der Pferde und sichert dem einzelnen Tier ausreichend Ruhezeiten. Selbstverständlich wird das Pferd nicht isoliert von seinen Artgenossen gehalten. Obwohl die Pferde durch die Boxenwand voneinander getrennt sind, muss darauf geachtet werden, dass die benachbarten Pferde sich miteinander wohlfühlen. Die Größe der Box ist an die Größe des Pferdes angepasst und darf keinesfalls zu klein sein. Für die Gesunderhaltung brauchen Pferde natürliches Licht und eine gute Durchlüftung.

Das Austoben, Entspannen und Spielen vor dem Einsatz, zum Abbau von Spannungen und zur Befriedigung der Grundbedürfnisse, gehören für die Pferde fest zum Tagesplan.

Einige Aspekte, die sich bei einer nicht ausreichenden Beachtung negativ auswirken sind:

- Die Pferde brauchen pro Tag mindestens zwei bis drei Stunden Freilaufzeiten auf einem befestigten, trockenen Außenplatz oder auf der Weide.
- Diese Herdenzeiten sind nicht nur für das Wohlbefinden des Pferdes wichtig. Damit sie im Setting des freien Reitens eine stabile Rangordnung finden und z.B. gelassen hintereinander herlaufen, müssen sie die Rangordnung ohne den Einfluss des Menschen klären.

- Vor dem Einsatz brauchen die Pferde Freilaufzeiten, damit sie ihre Spannungen abbauen, ihren Bewegungs-, Spiel- und Kontaktbedürfnissen nachgehen können. Viele Pferde brauchen nach dem Einsatz Freilaufzeiten in der Herde, um im Einsatz aufgebaute Anspannungen zu regulieren.
- Eine Paddock-Box sorgt zwar dafür, dass das Pferd eine größere Fläche zum Hin-und Hergehen zur Verfügung hat. Ausreichend Platz für freie Bewegung in allen Gangarten bietet sie jedoch nicht.

4.3 Anforderungen an die Reitanlage

Für eine Reitanlage, die im Therapeutischen Reiten genutzt wird, gelten generell die gleichen Anforderungen wie für jede Reitanlage. So sollte die Anlage beispielsweise übersichtlich und funktional gestaltet sein und sich in einem aufgeräumten und sauberen Zustand befinden. Ein gepflegter, elastischer, nicht zu tiefer Boden ist selbstverständlich. Stehen viele Gegenstände im Stallbereich herum, erhöht sich sowohl die Verletzungsgefahr für die Pferde wie auch für die Klienten. Außerdem vermittelt schon der erste Eindruck, welche grundlegenden Werte die Fachkraft vertritt.

Für die Durchführung des Therapeutischen Reitens müssen einige Aspekte besondere Beachtung finden. Die Stallgasse muss ausreichend breit sein, damit das Pferd lang angebunden werden kann, sodass es Kontakt zum Menschen aufnehmen kann, ohne mit den Artgenossen in Konflikt zu geraten. Rollstuhlpatienten müssen in einem großen Abstand zum Pferd durch die Stallgasse fahren können. Die Boxen sollten zur Stallgasse hin geschlossen sein, damit die Klienten die Pferde nicht ständig berühren und ihnen insbesondere nicht ins Gesicht fassen können.

Die Pferde sind beim Putzen so weit voneinander entfernt angebunden, dass jeder Klient sein Pferd gefahrenfrei und in Ruhe vorbereiten kann.

Junge Pferde brauchen einen ruhigen Platz im Stallbereich, damit sie beim Putzen nicht den vielen Klienten und der damit einhergehenden Unruhe ausgesetzt sind. Sie entwickeln nur dann Gelassenheit, wenn die Reizdichte und insbesondere die Kontaktaufnahme durch Klienten angemessen reduziert werden. Aus Sicherheitsgründen sollte nicht nur der Reitplatz, sondern die gesamte Anlage so eingezäunt sein, dass ein Pferd nicht auf die Straße laufen kann. Dies ist insbesondere dann erforderlich, wenn die Fachkraft mehrere Pferde und Klienten beim Putzen gleichzeitig begleitet und die Klienten bei der Vor- und Nachbereitung des Pferdes in einem hohen Maße selbstständig agieren.

4.4 Stallregeln

Klare und verbindliche Stallregeln sorgen für eine ruhige Grundatmosphäre im Stall und geben einen Rahmen für das Fachpersonal ebenso wie für die Klienten vor. Fehlt dieser rote Faden im Umgang mit dem Pferd und für das Verhalten der Menschen im Stall, entsteht Unruhe und es besteht die Gefahr, dass die Pferde ungewünschte Verhaltensweisen entwickeln. Zu den Regeln, die sich bewährt haben, gehören:

- Die Boxentüren oder das Tor zum Offenstall werden von den Klienten nur in Absprache mit der Fachkraft geöffnet.
- Im Stallbereich wird nicht getobt. Auf dem Raufutter der Pferde wird nicht gespielt.
- Hunde haben nur im Ausnahmefall angeleint Zutritt zur Anlage.
- Auf der gesamten Anlage wird nicht geraucht.
- Dauerbeschallungen durch ein Radio oder ähnliche Lärmquellen werden unterlassen.
- Die Pferde werden nicht von den Klienten gefüttert. Nach Abschluss der Stunde darf eine Möhre, ein Apfel oder ein Stück trockenes Brot vom Klienten gefüttert werden. Auch das Personal füttert die Pferde nicht außerhalb der Fütterungszeiten.
- Während der Kraftfutterfütterung findet kein Therapeutisches Reiten statt. So können alle Pferde in Ruhe fressen und sich nach einer angemessenen Ruhezeit wieder auf ihren Einsatz konzentrieren. Ist dies nicht möglich, wird darauf geachtet, dass die eingesetzten Pferde schon vor Beginn der Fütterung in der Halle oder auf dem Außenplatz sind und nicht während des Fressens herausgeholt werden.

Literaturempfehlungen:
Deutsche Reiterliche Vereinigung e.V. 2013b; Hoffmann, Deutsche Reiterliche Vereinigung e.V. 2009; Pirkelmann, Ahlswede, Zeitler-Feicht 2008; Schmidt 2011

Sisley Shirocco und Brasil, die Pferde der Kaderreiterin Katrin Huber

5 Die Auswahl des Pferdes

Bevor die Fachkraft mit der Pferdeauswahl beginnt, prüft sie die wichtigsten Eckpunkte:

- Bietet sie dem Pferd angemessene Haltungs- und Arbeitsbedingungen, die für den Erhalt der artspezifischen Eigenschaften grundlegend sind?
- Für welchen Bereich des Therapeutischen Reitens sucht sie ein Pferd? Braucht sie einen „Allrounder"?
- In welchem Setting (Bodenarbeit, Longe, Langzügel, Reiten, Voltigieren) soll das Pferd eingesetzt werden?
- Für welche Zielgruppe sucht sie ein Pferd? Welches Bewegungsangebot und welche Pferdegröße wird die Klientel benötigen?
- Will sie das Pferd auch privat nutzen oder auf Turnieren vorstellen?
- Kann sie auf professionelle Unterstützung bei der Ausbildung des Pferdes zurückgreifen, wenn ihre eigene Erfahrung nicht ausreicht?

Neben den in Kapitel 3 beschriebenen Anforderungen benötigt die Fachkraft Erfahrungen im Ankauf von Pferden. Ihr steht nur ein enges Zeitfenster für die Beurteilung der Kontakt- und Kooperationsbereitschaft des Pferdes, der Lernbereitschaft sowie der Rittigkeit und des Trainingszustandes zur Verfügung. Ist vorgesehen, dass mehrere Fachkräfte mit dem Pferd arbeiten werden, ist es ratsam, alle Beteiligten in die Auswahl des Pferdes einzubinden, um die Eignung gemeinsam beurteilen zu können. Oftmals zeigt das Pferd sein Potential beim Ausprobieren nicht, sodass seine Qualitäten nicht auf den ersten Blick erkennbar sind. Dies bedeutet, dass die Fachkraft sowohl die Defizite hinter einer vordergründig souveränen Präsentation eines ansprechenden Pferdes sowie auch das hinter einer unsicheren Präsentation eines unscheinbaren Pferdes liegende Potenzial erspüren sollte.

Fallbeispiel: Charles: Ausbildungsschwierigkeiten trotz eines hervorragenden Exterieurs

Ein Züchter bot uns den vierjährigen Reitponywallach Charles an. Charles war aus dem Endmaß herausgewachsen und für uns mit einer Größe von 154 cm als Nachwuchspferd für den Grundschulbereich interessant. Das Pferd war erst vor Kurzem angeritten worden und zeigte wie alle jungen Pferde Schwierigkeiten hinsichtlich Gleichgewicht und Anlehnung. Charles wurde zum Ausprobieren alleine zu einer benachbarten Halle geritten und verhielt sich dabei ruhig und unerschrocken. Was mit Sicherheit ausschlaggebend für den Erwerb war, ist sein besonders gefälliges Erscheinungsbild.

Sein Exterieur weist kaum eine Schwachstelle auf und er verfügt über eine besondere Ausstrahlung. Somit gingen wir davon aus, dass er in vollem Umfang für die Aufgaben geeignet sei und sich die Ausbildung problemlos gestalten würde. Schon nach kurzer Trainingszeit zeigte sich jedoch, dass die Galoppade nicht so rund war, wie wir es erwartet hatten. Auch in der Anlehnung neigte er dazu, sich zu verwerfen und sich einzurollen. Durch ein gezieltes Training wurden diese Punkte aufgearbeitet und er geht nun im Alter von sechs Jahren im Betrieb mit.

Zur Stabilisierung der Rittigkeit und Leistungsbereitschaft wird Charles dauerhaft zwei- bis dreimal pro Woche Korrektur geritten.

5.1 Finanzielle und zeitliche Rahmenbedingungen

In der Regel steht der Fachkraft ein begrenzter Finanzrahmen zur Verfügung. Vor dem Kauf setzt sie sich daher mit dem Preis-Leistungs-Verhältnis auseinander und berücksichtigt dabei alle neben dem Kaufpreis anfallenden Kosten in ihrer Budgetplanung:

- Wie schnell muss das Pferd Einnahmen erwirtschaften?
- In welchem Zeitraum muss das Pferd ein älteres Pferd in seinen Aufgaben ablösen?
- Welche Preise sind am Markt für den Pferdetyp und den gewünschten Ausbildungsstand üblich?
- Sind die Ausbildung und das leistungserhaltende Training Teil der Arbeitszeit, sodass die Kosten in das Budget eingerechnet werden müssen, oder leistet die Fachkraft diese Aufgaben in ihrer Freizeit?
- Müssen andere Fachpersonen einbezogen und für die Ausbildung des jungen Pferdes bezahlt werden?

In vielen Einrichtungen fällt die Ausbildung des Pferdes unter das unbezahlte Freizeitvergnügen, dies ist es für die Beschäftigten über einen Zeitraum von zwei bis drei Jahren selten. Da das Pferd mindestens fünf Tage die Woche gearbeitet werden sollte, ergibt sich ein hoher Zeitaufwand. Bei einer genauen Berechnung aller Kosten stellt sich oft heraus, dass der Kauf eines Pferdes mit einer guten Grundausbildung günstiger ist. Dies gilt insbesondere dann, wenn die Fachkraft für den Beritt des Pferdes bezahlen muss.

5.2 Das Alter des Pferdes

Das ideale Ankaufsalter des Pferdes liegt zwischen fünf und acht Jahren. Da ein Pferd erst mit sechs Jahren eingesetzt wird, hat die Fachkraft bei einem fünfjährigen Pferd Zeit, die bereits vorhandene Grundausbildung zu festigen, Ausbildungslücken zu schließen und das Pferd an seine Aufgaben heranzuführen. Ohne die Belastungen des Einsatzes macht sie sich mit den Eigenschaften des Pferdes, seinem motorischen Potenzial sowie seinem Lernverhalten vertraut. Fünfjährige Pferde kann sie in der täglichen Arbeit fordern, da Pferde in diesem Alter belastbar sind. Außerdem kann das Pferd in Trainingssituationen an das Voltigieren, die Langzügelarbeit und im Reiten mit schwächeren, aber sicheren Reitern an die Aufgaben herangeführt werden. Gerade bei gut gerittenen, aber noch nicht auf Turnieren vorgestellten Pferden findet sich in dieser Altersgruppe oftmals ein gutes Preis-Leistungs-Verhältnis.

Bei sechs- bis achtjährigen Pferden sollte die Grundausbildung abgeschlossen sein. Wurde das Pferd im Turniersport eingesetzt, richtet sich der Preis in erster Linie an den Erfolgen aus. Nicht immer bedeuten Turniererfolge, dass das Pferd so ausgebildet wurde, wie es für den Einsatz im Therapeutischen Reiten wünschenswert ist. Auch unter den Freizeitpferden finden sich gut gerittene Pferde, die häufig nicht so hohen Belastungen ausgesetzt waren wie ein Turnierpferd. Oftmals ist der Übergang von der Klasse L zur Klasse M im Sportbereich eine Hürde, die das Pferd trotz intensiven Trainings nicht bewältigt. Leistungsorientierte Reiterinnen, denen das Pferd ans Herz gewachsen ist, suchen dann nach einem guten Platz für ihr Pferd. Vermittelt die Fachkraft dem Besitzer, dass das Pferd in gute Hände kommt, ist der Preis häufig verhandelbar. Ähnliche Ausgangssituationen finden sich bei Besitzern, die das Pferd nicht mehr finanzieren oder sich aus gesundheitlichen Gründen nicht länger um die Versorgung kümmern können.

Die Ausbildung eines vierjährigen Pferdes bis zum Einsatz benötigt mindestens zwei Jahre Zeit. Verfügt die Fachkraft über die notwendige Erfahrung und Unterstützung und macht ihr die Arbeit mit einem jungen Pferd Freude, ist die Wahrscheinlichkeit groß, dass sie nach der Ausbildungszeit auf ein qualitativ hochwertiges Pferd zurückgreifen kann. Zudem hat sie sich mit den Eigenarten und dem Lernverhalten des Pferdes umfassend vertraut gemacht.

Auch gut gerittene, erfahrene, lernwillige Pferde benötigen eine gewisse Zeit, um an die speziellen Anforderungen herangeführt zu werden. Daher sollte das Pferd beim Kauf nicht zu alt sein. Die Vorbereitungszeit und der Kaufpreis müssen in einem guten Verhältnis zum verbleibenden Einsatzzeitraum stehen. Ein Einsatzzeitraum von nur zwei bis drei Jahren und eine Altersruhezeit von voraussichtlich fünf bis sechs Jahren stehen auch bei einem günstigen Kaufpreis in keinem Verhältnis. Ausgediente, körperlich und psychisch nicht mehr ausreichend belastbare Turnierpferde, die günstig abgegeben werden, sind für den Einsatz nicht geeignet. Ihnen fehlen die Elastizität, Durchlässigkeit, Kondition und nicht selten auch die Interaktions- und Kooperationsbereitschaft.

5.3 Die Größe des Pferdes

Die Größe des Pferdes richtet sich stark an seinem Einsatzgebiet und den Zielgruppen aus. In der Arbeit mit Erwachsenen im freien Reiten oder beim Voltigieren mit erwachsenen Menschen mit einer geistigen Behinderung benötigt die Fachkraft ein großrahmiges Pferd mit einem Stockmaß ab 1,65 m. Für die Frühförderung ist ein Pferd mit einem Stockmaß von ca. 1,50 m gut geeignet. Auch in der Hippo- und Ergotherapie sollte das Pferd nicht größer als 1,65 m sein, da sonst die Sicherung des Klienten nicht mehr problemlos möglich ist. Mit einem Stockmaß von ca. 1,60–1,65 m kann die Fachkraft viele Zielgruppen abdecken.

Earl Grey bringt mit einer Größe von 1,58 m, weichen Bewegungen in allen Gangarten und einer guten Kooperationsbereitschaft gute Eigenschaften mit. Ein Pferd, das in vielen Bereichen und mit vielen Zielgruppen eingesetzt werden kann.

Neben der Beachtung der Zielgruppen und des Einsatzgebietes des Pferdes berücksichtigt die Fachkraft auch die Frage, ob das Pferd aufgrund seiner Größe und seines Rahmens von ihr ausgebildet und Korrektur geritten werden kann. Kleine Ponys, für die sie deutlich zu groß und schwer ist, mögen sich zwar aufgrund ihrer Bewegungs- und Kontaktqualitäten eignen, können jedoch nicht ausreichend unter dem Sattel gearbeitet werden. Die Ausbildung des Pferdes oder Ponys unter dem Sattel bildet jedoch die Basis des Trainings und kann nicht durch vermehrtes Longieren oder Bodenarbeit ersetzt werden.

5.4 Generelle Vorüberlegungen zur Überprüfung des Ausbildungsstandes

Viele zum Verkauf stehende Pferde wurden über lange Zeit entweder zu stark gefordert oder mit fragwürdigen Ausbildungsmethoden trainiert, sodass sie Symptome von Stress und Überforderung zeigen. Sie wirken unter der Reiterin unkonzentriert, hektisch, angespannt und achten nicht auf ihre Hilfen, sondern bieten von sich aus Lösungsmöglichkeiten an, um dem Druck zu entgehen und sich zu entziehen. Gerade Pferde, die in höheren Prüfungen auf Turnieren vorgestellt werden sollten, haben oftmals eine harte Trainingszeit hinter sich, bis erkannt wurde, dass ihr Potenzial nicht ausreicht. Dennoch eignen sie sich oftmals sehr für die Aufgaben im Therapeutischen Reiten.

Fallbeispiel: **Kasimir: Die Entwicklung zum Allroundpferd**

Kasimir wurde dem Zentrum zehnjährig zum Kauf angeboten, da ein Erreichen der Klasse M mit diesem Pferd nicht möglich war. Beim Probereiten musste ich mit dem Pferd in der überfüllten Halle immer wieder anderen Reiterinnen ausweichen. Als ich dadurch zufällig im Galopp auf die Diagonale geriet, bot mir das Pferd hektisch fliegende Galoppwechsel an. Der Versuch, zum Schritt zu parieren, endete damit, dass Kasimir unvermittelt stehen blieb und den Kopf senkte. Immer wieder spulte er ein Programm ab und achtete nicht auf meine Hilfen. Einfach nur vorwärtszugehen, ohne Lektionen abzuarbeiten, schien ihm fremd. Die Erklärung der Besitzerin, sie übe gerade fliegende Wechsel und die Grußaufstellung, erklärten das Verhalten des Pferdes. Warum überzeugte mich das Pferd dennoch? Nach ca. 25 Minuten Trabarbeit auf großen gebogenen Linien nahm Kasimir meine Einladung in eine Vorwärts-abwärts-Dehnung an und zeigte erste Tendenzen der Losgelassenheit. Seine Bereitschaft nahm zu, auf meine Hilfengebung zu achten und auf meinen Impuls zu warten. Die Veränderungsbereitschaft in einer so kurzen Zeit ließ auf sein grundsätzliches Vertrauen in die Reiterin und eine hohe Lernbereitschaft schließen.

Kasimir erledigte nach einer Erholungs- und Korrekturarbeitszeit von sechs Monaten seine Aufgaben im Therapeutischen Reiten als Allroundpferd bis zu seinem 24. Lebensjahr zuverlässig und aufmerksam. Auch er wird noch regelmäßig ausgleichend gearbeitet.

Ähnliche Beobachtungen lassen sich auch bei Springpferden machen. Stehen beim Ausprobieren keine Sprünge in der Bahn, kommen sie häufig leichter zur Losgelassenheit als Dressurpferde. Freizeitpferde sind in der Regel weniger belastet worden als Sportpferde. Nicht selten befinden sie sich jedoch in keinem guten Trainingszustand. Gerade wenn sie aus Zeitgründen abgegeben werden, sind sie häufig übergewichtig, ermüden schnell und bringen wenig Vorwärtsdrang mit. Die Fachkraft muss dann beurteilen, ob die fehlende Bereitschaft zur Mitarbeit am mangelhaften Trainingszustand oder an einem grundlegenden Motivationsproblem liegt. Bringt das Freizeitpferd eine gute Rittigkeit mit und bietet kooperatives Verhalten an, können Kraft und Ausdauer innerhalb weniger Monate antrainiert werden.

5.5 Bezugsquellen beim Pferdekauf

Generell lässt sich feststellen, dass ein Pferd mit den erforderlichen Qualitäten immer seinen Preis hat und nicht als „Schnäppchen" zu haben ist. Erfahrungsgemäß ist ein „Schnäppchen" krank, alt, in seinen artspezifischen Verhaltensweisen gestört oder nicht rittig. Gerade Handelsställe locken mit „Sonderangeboten", die mit Vorsicht zu genießen sind. Privatpersonen, insbesondere aus dem Bereich des Freizeitreitens, schätzen den Wert ihres Pferdes hingegen oftmals eher zu hoch ein. Für das Therapeutische Reiten ausgebildete Pferde und ebenso Voltigierpferde, die den Anforderungen in vollem Umfang genügen, finden sich selten im Angebot. Da die Ausbildung der Pferde aufwendig und kostenintensiv ist, hat dieses Angebot oftmals entweder einen hohen Preis oder bringt Einschränkungen in der Qualität mit sich.

Internetportale bieten die Möglichkeit, über Suchoptionen wie Alter, Größe, Rasse, Kaufpreis, Ausbildungsstand und Entfernung zum Wohnort die Suche nach einem geeigneten Pferd zu konkretisieren. Oftmals sind dem Angebot Fotos oder Videos beigefügt, die einen ersten Eindruck vermitteln und eine Vorauswahl erleichtern. Fotos aus unterschiedlichen Perspektiven und auf denen das Pferd in einer natürlichen Haltung abgebildet ist, erleichtern die Beurteilung des Exterieurs und der Bemuskelung. Bezüglich des Ausbildungs- und Trainingszustandes sind Videos, die das Pferd in der Bewegung unter einem Reiter zeigen, aussagekräftiger. Wird das Pferd beispielsweise mehrfach mit der Stirnlinie hinter der Senkrechten gezeigt, lassen sich Rückschlüsse auf die Art und Weise der Ausbildung ziehen. Sind die Fotos ansprechend und decken sich mit der Beschreibung des Pferdes, kann das Pferd einer Merkliste hinzugefügt und mit anderen Pferden verglichen werden.

Zum Kauf angebotene Pferde aus der Region finden sich in regionalen Zeitungen und den Mitgliedszeitschriften der Reiterverbände. Leider sind die Beschreibungen oft so kurz gehalten, dass sich kein genaues Bild des angebotenen Pferdes ergibt. Zudem sind die Anzeigen in Zeitschriften recht teuer, sodass eher Sportpferde im höheren Preissegment und nur wenig Freizeitpferde angeboten werden. In Inseraten der regionalen Zeitungen finden sich preiswerte Freizeitpferde, unter denen sich manchmal ein geeignetes Pferd, das jedoch noch Ausbildungszeit benötigt, finden lässt.

Insbesondere wenn die Fachkraft regelmäßig Pferde sucht, empfiehlt es sich, Kontakte zu Pferdefachleuten zu pflegen und sich ein Netzwerk aufzubauen. Sie muss dann nicht immer wieder neu das Anforderungsprofil erklären und der Auffassung entgegentreten, dass Pferde für das Therapeutische Reiten in der Hauptsache brav sein müssen und das Alter, der Gesundheitszustand und die Rittigkeit nebensächlich sind. Hat sich ihre Einrichtung in der Region einen guten Namen gemacht, erhält sie über Weiterempfehlungen oftmals auch die Gelegenheit, ein Pferd über einige Wochen zur Probe zu sich zu holen. Der Aufbau eines solchen Netzwerkes benötigt Zeit und Engagement. Beides zahlt sich aus, wenn dadurch Zeit bei der Vorauswahl eingespart wird und Beurteilungen des Pferdes durch Pferdefachleute die Entscheidung unterstützen. Unserem Zentrum ist ein Ehepaar, das sowohl im Spring- als auch im Dressursport bis zur Klasse S erfolgreich teilnimmt, freundschaftlich verbunden. In ihrer Freizeit betreiben sie eine kleine Zucht. Mittlerweile stehen fünf Pferde aus ihrem Besitz in unserer Einrichtung. Alle Pferde zeichnen sich dadurch aus, dass sie sehr gut geritten und gehalten wurden. Sie haben sich unkompliziert in ihre Aufgaben einarbeiten lassen und zeigen eine hohe Leistungsbereitschaft in ihrem Einsatzgebiet. Die Beschreibung der Qualitäten der Pferde durch die Besitzer traf in vollem Umfang zu.

5.6 Das Einholen von Vorinformationen

Damit die Auswahl weiter eingeschränkt werden kann, empfiehlt es sich, mit dem Verkäufer einen Fragenkatalog am Telefon durchzusprechen, bevor ein Termin vor Ort vereinbart wird. Erfährt die Fachkraft beispielsweise am Telefon, dass das Pferd offene Gurtdruckstellen hat, kann sie sich die Anfahrt sparen.

Fragenkatalog:

- Wie lange ist das Pferd schon in Ihrem Besitz? Wie viele Besitzerwechsel sind in den Papieren eingetragen?
- Verkaufen Sie das Pferd privat oder handeln Sie mit Pferden?
- Aus welchem Grund möchten Sie das Pferd verkaufen?
- Wie wird das Pferd gehalten?
- Hat das Pferd Erkrankungen wie z.B. Sommerekzem, Husten, Sattel- oder Gurtdruck?
- Wurde eine Ankaufsuntersuchung vorgenommen? Welches Ergebnis hat die Untersuchung ergeben?
- Zeigt das Pferd Abwehrverhalten beim Putzen oder hat es Gurt- oder Sattelzwang?
- Sind Lahmheiten und die Neigung zu Koliken bekannt?
- In welchem Ausbildungs- und Trainingszustand befindet sich das Pferd?
- Wurde das Pferd auf Turnieren vorgestellt?
- Wie sieht die Abstammungslinie des Pferdes aus?
- Können Sie sich das Pferd im Therapeutischen Reiten vorstellen? Alternativ dazu: Können Sie sich das Pferd unter einem schwächeren Reiter/Anfänger vorstellen?
- Können Sie sich das Pferd im Voltigieren vorstellen?
- Wie würden Sie den Charakter des Pferdes beschreiben?
- Zeigt das Pferd Eigenschaften, die aus Ihrer Sicht problematisch oder unerwünscht sind?
- Wie verhält sich das Pferd im Gelände?
- Wie verhält sich das Pferd beim Verladen, beim Schmied, beim Tierarzt?

Ist die Fachkraft von den Ausführungen überzeugt und möchte einen Termin mit dem Verkäufer vereinbaren, sollte Sie erfragen:

- Steht eine geeignete Halle oder ein Außenplatz zum Ausprobieren zur Verfügung?
- Kann mir eine Reiterin das Pferd vorreiten und vorlongieren?
- Kann ich das Pferd im Voltigieren ausprobieren?

Der Wahrheitsgehalt der Antworten ist am Telefon nicht überprüfbar. Über die Art und Weise der Auskunft erhält die Fachkraft jedoch Informationen darüber, ob es sich um einen vertrauenswürdigen Verhandlungspartner handelt. Gesprächspartnern, die auf die vielen Fragen ungeduldig reagieren, ausschließlich Stärken des Pferdes beschreiben und sich einen Einsatz im Therapeutischen Reiten ohne Vorbehalt vorstellen können, sollte sie skeptisch gegenübertreten. Pferdebesitzer, die Stärken als auch die Schwächen des Pferdes differenziert offenlegen, unsicher sind, ob das Pferd sich eignet, und selber Fragen zum Einsatz des Pferdes stellen, bieten eine Bereitschaft zur Kooperation an, die beim Ausprobieren des Pferdes äußerst hilfreich ist.

5.7 Das Ausprobieren des Pferdes

5.7.1 Zusammenarbeit im Team

Für das Ausprobieren nimmt die Fachkraft sich Zeit, damit sie die Stärken und Schwächen des Pferdes herausarbeiten und reflektieren kann. Zudem ist es sinnvoll, dass alle involvierten Fachkräfte den Probetermin wahrnehmen. Sollte sie nicht auf ein Team zurückgreifen können, ist es ratsam, zwei Pferdefachleute zu bitten, sie zu unterstützen. Je eingespielter das Team ist, desto effektiver kann der Probetermin genutzt werden. Im Zentrum für Therapeutisches Reiten hat sich folgende Teamarbeit bewährt:

- Eine Kollegin probiert das Pferd aus.
- Eine weitere Kollegin beobachtet den Verlauf und erstellt gegebenenfalls ein Video.
- Die dritte Person führt überwiegend das Gespräch mit dem Verkäufer und stellt während des Probereitens Fragen.

Der erste subjektive Eindruck prägt den weiteren Verlauf des Ausprobierens. Je positiver das Pferd sich in den ersten Minuten präsentiert und je stärker es dem Bild entspricht, das die Fachkraft sich aufgrund der Beschreibung gemacht hat, desto eher ist sie bereit, Schwachpunkte zu übersehen. Andersherum fällt es schwer, positive Entwicklungen im Verlauf des Ausprobierens wahrzunehmen, wenn das Pferd sich zunächst nicht wie erwartet präsentiert. Hier kann der Austausch im Team eine objektive Beurteilung und das Sich-Einlassen auf den Prozess des Ausprobierens unterstützen.

5.7.2 Putzen und Satteln

Die erste Kontaktaufnahme mit dem Pferd findet in der Box statt. Wichtige Informationen ergeben sich durch die Kontaktaufnahme des Pferdes zum Menschen. Kommt es neugierig, aber respektvoll auf den Menschen zu oder legt es die Ohren an, weil es sich gestört fühlt, sind dies die ersten Hinweise auf die Bezogenheit zum Menschen. Beim Aufhalftern ergibt sich ein erster Eindruck bezüglich seiner Kooperationsbereitschaft. Viele Pferde stehen beim Anbinden nicht ruhig, drehen sich um oder knabbern am Strick und an Gegenständen. Hier zeigt sich, wie gut das Pferd erzogen ist und ob es bereits eine grundlegende Gelassenheit aufgebaut hat. Auch sehr junge Pferde werden über einen kurzen Zeitraum angebunden, um ihre Reaktionsweisen beobachten zu können.

Das Putzen übernimmt die Fachkraft selber, um das Pferd genau in Augenschein zu nehmen. Beim Abtasten des gesamten Körpers erspürt sie Narben alter Verletzungen oder Überbeine und erhält wichtige Informationen über seine Berührungsempfindlichkeit. Zeigt das Pferd beim Putzen, Satteln und Trensen deutliches Abwehr- oder Drohverhalten wie das Treten unter den Bauch, das Zurücklegen der Ohren oder das Schlagen mit dem Schweif sollte vom Kauf Abstand genommen werden. Taucht diese Problematik schon vor dem Einsatz im Therapeutischen Reiten auf, ist mit Gewissheit davon auszugehen, dass sich dieses Verhalten im Einsatz verstärkt.

5.7.3 Das Vorreiten-Lassen

Zunächst lässt die Fachkraft sich das Pferd von einer Reiterin, die mit dem Pferd vertraut ist, unter dem Sattel vorstellen. Dadurch erhält sie aus der Distanz einen Eindruck von der Bewegungsqualität, der Kooperationsbereitschaft des Pferdes und seinem Ausbildungsstand.

- Wie gelassen präsentieren sich Reiterin und Pferd? Tritt eine sich durchziehende Anspannung beim Pferd auf?
- Wie aufwendig muss die Reiterin die Hilfengebung einsetzen? Reagiert das Pferd auf minimale Hilfen?
- Bewegt sich das Pferd selbstverständlich in einem guten Grundtempo? Ist das Pferd triebig und fällt beim Minimieren der Hilfen aus?
- Sucht das Pferd die Anlehnung an die Hand der Reiterin? Wehrt sich das Pferd gegen die Anlehnung oder geht es mit der Stirn-Nasen-Linie hinter der Senkrechten?
- Wirkt das Pferd aufmerksam? Konzentriert es sich auf die Reiterin? Ist das Pferd stark mit den Umgebungsreizen beschäftigt?

Fallbeispiel: **Finja: Hohe Gelassenheit unter einer unruhigen Reiterin**

Die damals sechsjährige Stute Finja wurde dem Zentrum aus privaten Gründen zum Kauf angeboten. Die hoch im Blut stehende Stute machte im Stall einen freundlichen und zugewandten Eindruck und ließ sich beim Putzen auch von mehreren Personen nicht aus der Ruhe bringen. Satteln und Trensen verliefen unproblematisch. In der Halle wurde sie von einer Reiterin vorgestellt, die unruhig und hektisch mit dem Pferd agierte. Sie wirkte unkoordiniert mit den Zügeln ein, ritt das Pferd deutlich über Tempo und wirkte in ihrer Handlungsplanung fahrig, sodass sich keine Harmonie einstellte. Ausschlaggebend dafür, dass die Stute dennoch für das weitere Ausprobieren infrage kam, war ihre Ruhe und Gelassenheit. Finja übernahm unter der unruhig und unsicher agierenden Reiterin selbstsicher die Initiative und stieg nicht aus der Kooperation aus. Als ich mich nach 15 Minuten auf die Stute setzte, ließ sie sich leicht durchs Genick stellen und mit wenig Aufwand locker reiten. Ich empfand sofort Spaß an der Arbeit mit Finja und entwickelte schnell Vertrauen in die Stute.

Finja hat im Laufe der Jahre im Einsatz nichts von ihrer Sensibilität eingebüßt und ist sowohl im Voltigieren als auch im Reiten aufmerksam, fleißig und gelassen.

- Entwickelt sich zunehmend Harmonie zwischen Reiterin und Pferd? Treten Spannungen mit der Zeit gehäuft auf?
- Welche Lektionen werden gezeigt oder ausgelassen?
- In welchem konditionellen Zustand befindet sich das Pferd? Zeigt es nach kurzer Zeit Ermüdungserscheinungen?
- Wie lange und mit welchem Arbeitsschwerpunkt wird mir das Pferd vorgestellt?

Das Vorreiten ist unter Sicherheitsaspekten unverzichtbar, vor allem wenn es sich um jüngere Pferde handelt, die mit dem Reiten wenig vertraut sind. Aber auch ältere Pferde können insbesondere im Winter Widersetzlichkeiten wie Buckeln oder Davonrennen zeigen. Wird schon während des Vorreitens deutlich, dass das Pferd die Erwartungen an die Bewegungsqualität und die Kooperationsbereitschaft nicht erfüllt, beendet die Fachkraft den Termin des Ausprobierens und setzt sich nicht selber auf das Pferd.

5.7.4 Probereiten

Bevor die Fachkraft sich selber auf das Pferd setzt, sollte die Lösungsphase abgeschlossen sein und die Arbeitsphase begonnen haben. Auf der Grundlage des Gesehenen überprüft sie jetzt selber die Rittigkeit und probiert vor allem die Aufgaben aus, die ihr bei der Vorstellung des Pferdes nicht gezeigt wurden, für eine Beurteilung jedoch wesentlich sind. Dazu kann z.B. das Zügel-aus-der-Hand-kauen-Lassen gehören oder das Angaloppieren auf beiden Händen.

Beim Probereiten sollten folgende Punkte durch Übungen überprüft werden:

- Losgelassenheit, Gelassenheit und Durchlässigkeit: Zügel aus der Hand kauen lassen, Tempowechsel, Wechsel der Gangarten
- Anlehnung: Zügel abwechselnd aus der Hand kauen lassen und dann wieder aufnehmen.
- Aufwand in der Hilfengebung: Die Hilfengebung langsam reduzieren, vielleicht auch einmal die Zügel während der Arbeit ganz lang lassen und weiterhin Übungen wie das Antraben reiten. Reagiert das Pferd, bleibt es im Takt oder wird es eiliger?
- Wie kooperativ ist das Pferd, wie reagiert es auf die Einwirkung des Reiters? Ruhig mit den Schenkeln auch einmal klemmen oder etwas heftiger treiben.
- Wie ist die Bewegungsqualität des Pferdes, wie groß ist der Vorwärtsdrang? Wie aufwendig sind seine Grundgangarten und wie lassen sie sich sitzen?
- Wie ausbalanciert ist das Pferd? Auf dem 3. und 4. Hufschlag reiten. Das Gewicht leicht zur Seite verlagern oder leicht schwanken.
- Wie gelassen nimmt das Pferd seine Umgebung war? Ruhig mal eine Jacke auf die Bande legen und testen, ob das Pferd gelassen daran vorbeigeht.
- Wie reagiert es auf andere Pferde?
- Wie viel Spaß hat die Fachkraft an der Arbeit mit dem Pferd und wie schnell stellt sich Vertrauen ein?

Fallbeispiel: **Rondo**

2012 probierten wir den sechsjährigen Oldenburger Wallach Rondo aus. In allen Punkten entsprach das Pferd unserem Anforderungsprofil. Was wir bei diesem Pferd, wie bei vielen anderen Pferden, nicht ausprobiert haben, war seine Reaktion auf andere Pferde in der Arbeit. Wahrscheinlich aufgrund einer schlechten Erfahrung zeigte das Pferd bei uns deutliche Tendenzen von Panik, wenn ihm andere Pferde entgegenkamen. Dies galt vor allem, wenn er auf dem Hufschlag war und nicht nach innen ausweichen konnte. Seitdem überprüfen wir diesen Punkt vor dem Kauf. Sollte dies nicht möglich sein, nehmen wir diesen Punkt als Rückgabegrund in den Kaufvertrag auf.

Die Fachkräfte, die das Reiten vom Boden aus beobachten, bringen aus ihren Beobachtungen wichtige Rückschlüsse beim Sammeln der positiven und negativen Aspekte ein und ergänzen somit die Einschätzung der Reiterin. Halten alle das Pferd für geeignet, ist es sinnvoll, dass eine zweite Fachperson das Pferd unter dem Sattel ausprobiert, um den bisherigen Eindruck nochmals zu überprüfen und zu ergänzen.

Unabhängig von der Frage, in welchem Bereich das Pferd eingesetzt werden soll, sprechen einige Kriterien auch bei einem braven und zugewandten Pferd gegen den Kauf des Pferdes:

- Fehlstellungen der Gliedmaßen und deutliche Gebäudefehler
- Die Bewegungen sind aufwendig, wenig harmonisch und nur schwer zu sitzen. Die grundlegenden Bewegungsqualitäten fehlen.
- Das Pferd bietet von sich aus kein Vorwärts an und bewegt sich nur bei deutlich treibender Einwirkung. Es gilt zu bedenken, dass die Arbeit mit einem triebigen Pferd wenig Freude bereitet. Das ständige Treiben schafft Unruhe und auf Dauer leiden der Takt und die Losgelassenheit.
- Das Pferd reagiert hektisch und auf die treibenden Hilfen mit einem deutlichen Davonstürmen.
- Das Pferd hat trotz einer fortgeschrittenen Ausbildungszeit Schwierigkeiten, sein Gleichgewicht zu finden, und versucht das fehlende Gleichgewicht über ein hohes Tempo zu kompensieren.
- Das Pferd reagiert auf die Hilfengebung mit Widerstand, der sich im Laufe der Arbeit nur geringfügig minimiert.

Die Fachkraft muss sich immer vergegenwärtigen, dass die „Schwachstellen" eines Pferdes im Einsatz mit den in Kapitel 2 beschriebenen Beeinträchtigungen in der Regel zunehmen. Somit muss sie sichergehen, dass sie dem durch eine gute Ausbildung und Korrekturarbeit ausreichend entgegenwirken kann. Sollte das Pferd ihren Anforderungen entsprechen, muss eine tierärztliche Untersuchung sicherstellen, dass das Pferd keine gesundheitlichen Beeinträchtigungen hat.

5.7.5 Beurteilung der Eignung für den Einsatz am Langzügel

Beim Reiten des Pferdes achtet die Fachkraft darauf, dass das Pferd sich im Schritt sowohl am hingegebenen als auch am angenommenen Zügel taktrein bewegt und sich sein Gangmaß verkürzen und verlängern lässt, ohne dass das Gleichgewicht und der Takt verloren gehen. Ist das Pferd auch noch nach der Lösungsphase im Schritt eilig oder triebig, deutet dies darauf hin, dass das Pferd viel reiterliche Unterstützung benötigt, um eine gute Schrittqualität anzubieten. Die Eignung ist damit deutlich infrage gestellt. Ein eiliges Pferd kann man im Einsatz am Langzügel dauerhaft nicht im Tempo zurückführen, ohne dass Spannungen auftreten. Ein triebiges Pferd wird immer eine hohe Impulsdichte benötigen, um mitzuarbeiten.

Die Fachkraft kann im Schritt das Gewicht nach links und rechts verlagern, um zu überprüfen, ob das Pferd sein Gleichgewicht trotz störender Einwirkungen auf seinem Rücken halten kann. Die Gelassenheit des Pferdes sollte in allen drei Gangarten deutlich vorhanden sein. Zusätzlich kann die Fachkraft erproben, wie das Pferd sich verhält, wenn sie mithilfe einer Treppe aufsteigt, und ob das Pferd am hingegebenen Zügel je nach Ausbildungsstand mehrere Minuten ruhig steht.

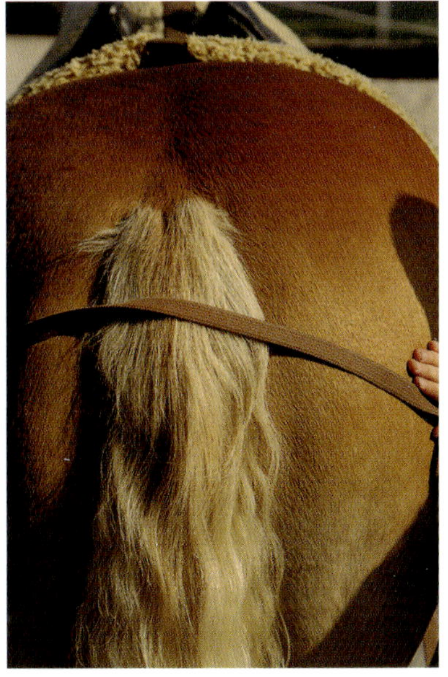

Da die Unempfindlichkeit der Flankengegend für die Langzügelarbeit wesentlich ist, kann die Fachkraft zusätzlich zu den Informationen, die sie beim Putzen erhalten hat, die Longe um die Hinterhand führen und die Reaktionen des Pferdes beobachten.

Ist das Pferd bereits an die Arbeit am langen Zügel gewöhnt, kann sie die Reaktionen des Pferdes am Langzügel überprüfen. Dabei registriert sie, ob das Pferd ohne aufwendiges Treiben vorwärtsgeht, seinen Takt hält, sich ohne Widerstand wenden lässt und eine stabile Anlehnung zeigt.

5.7.6 Beurteilung der Voltigiereignung eines Pferdes

Gut ausgebildete Voltigierpferde werden selten angeboten, sodass es einfacher ist, ein geeignetes Pferd zu finden und es selber an die Aufgabe heranzuführen. Wird ein Voltigierpferd zum Kauf angeboten, gilt es neben der Überprüfung des Gesundheitszustandes auszuprobieren, wie wach das Pferd auf die Voltigierer reagiert oder ob es gelernt hat, „abgestumpft" durchzugaloppieren, egal was auf seinem Rücken oder in seiner Umgebung passiert. Voltigierpferde zeigen nicht selten Mängel in der Rittigkeit und Losgelassenheit, sodass das Ausprobieren unter dem Sattel auch hier unerlässlich ist.

Generell gilt, dass auch bei einem Pferd für die Arbeit im Setting des Voltigierens keine Abstriche an Gelassenheit, Bewegungsqualitäten und im Umgang gemacht werden. Das Pferd wird zunächst geritten, um die für das Voltigieren grundlegende Fähigkeit des Gleichgewichts sowie die Bewegungsqualitäten in einem gut strukturierten Setting zu überprüfen. Leider sind viele Pferde, die bisher nicht voltigiert wurden, nicht ausreichend gut an der Longe ausgebildet. Oftmals toben sie sich an der Longe aus und achten nicht auf die Hilfengebung, sodass eine Überprüfung der Qualitäten in diesem Setting kaum möglich ist.

Fallbeispiel: **Franka**

Die zehnjährige Warmblutstute Franka konnte aufgrund eines Unfalls nicht mehr in Springprüfungen der höheren Klasse eingesetzt werden. Der Züchter nahm die Stute zurück und stellte sie uns auf unbestimmte Zeit zur Verfügung. Unter dem Sattel war die Stute voll belastbar. Sie befand sich in einem guten Trainingszustand und brachte eine gute Rittigkeit mit. Als ich sie das erste Mal longierte und mich nur nach der Peitsche bückte, kreiste sie bereits in einem überhöhten Tempo um mich herum. Aufgrund ihrer guten Qualitäten als Reitpferd und ihrer dort vorhandenen Gelassenheit blieb sie in unserer Einrichtung. Im ersten Jahr haben wir die Stute nicht longiert und auch nicht in der Bodenarbeit frei gearbeitet. Erst als sie Vertrauen gefasst hatte, haben wir mit ihr über einen Zeitraum von einem Jahr das Longieren eingeübt und sie an das Voltigieren gewöhnt. Mit 13 Jahren konnte sie im heilpädagogischen Voltigieren eingesetzt werden und zeigte auch dort neben ihrer hohen Sensibilität die im Umgang und im Reiten vorhandene Gelassenheit.

Bevor ein Ausprobieren im Voltigieren in Erwägung gezogen wird, prüft die Fachkraft, ob das Pferd beim Putzen Berührungsempfindlichkeiten zeigt. Ist dies insbesondere in der Flankengegend der Fall, erhält sie bereits erste Hinweise darauf, dass das Pferd auch beim Voltigieren berührungsempfindlich reagieren könnte. Reagiert das Pferd ausreichend gelassen auf Berührungen, beachtet sie beim Ausprobieren des Pferdes an der Longe mit einem erfahrenen Voltigierer folgende Sicherheitsaspekte:

- Der Platz muss ausreichend groß sein und einen geeigneten Boden aufweisen. Sollten diese Bedingungen nicht vorhanden sein, findet das Ausprobieren des Voltigierens an der Hand im Schritt statt.
- Die Fachkraft bringt die Ausrüstung (Gurt, Longe, Pad, Longierpeitsche) selber mit, da nur mit der richtigen Ausrüstung ein Ausprobieren gefahrenfrei und sinnvoll möglich ist.
- Bei sehr jungen oder unerfahrenen Pferden findet das Austesten nicht an der Longe, sondern im Schritt an der Hand statt. Mit Pferden, die an der Longe nicht an den Hilfen stehen und Widersetzlichkeiten zeigen, wird die Toleranz bezüglich der Voltigierübungen nicht an der Longe ausprobiert.
- Das Ausprobieren übernimmt ein erfahrener Leistungsvoltigierer, der sich auf unvorhergesehene Reaktionen (Buckeln, Stehenbleiben) des Pferdes einstellen kann und in seinen Reaktionen schnell ist. Auf keinen Fall wird das Pferd mit Klienten des Therapeutischen Reitens ausprobiert.

Um das Pferd, das noch nie im Voltigieren gegangen ist, nicht zu sehr zu verunsichern, wird es nur in einem begrenzten Umfang getestet. Unsanfte Bewegungen und Übungen, die das Pferd an seine physische und psychische Leistungsgrenze bringen, werden vermieden.

Von einem gut gerittenen sechsjährigen Pferd kann erwartet werden, dass es alle statischen und einfachen dynamischen Grundübungen im Schritt toleriert. Um diese abzuprüfen, ist folgender Aufbau sinnvoll:

- Sitzen auf dem Pferd und Klopfen am Hals, am Bauch und auf der Kruppe
- Aufknien und Wiederhinsetzen
- Aufknien und Entwickeln der Fahne (zuerst die Hand ausstrecken und dann das Bein dazunehmen)
- Im Knien mit den Füßen leicht auf den Rücken klopfen und mehrmals nach hinten und wieder nach vorne rutschen
- Das Bein wie einen Scheibenwischer zu beiden Seiten über den Hals führen
- Die halbe Mühle in den Rückwärtssitz und dann die Beine auf die Kruppe ablegen
- Die Füße im Rückwärtssitz auf die Kruppe stellen und Druck auf die Füße geben. Wie eine Spinne auf der Kruppe laufen.
- Hackenschlag als dynamische Übung
- Aufknien im Trab

Die Übungen werden in der aufgeführten Reihenfolge abgearbeitet. Die Fachkraft geht erst zur nächsten Übung über, wenn die vorherige Übung vom Pferd toleriert wurde. Bleibt das Pferd irritiert stehen, versucht sich umzuschauen oder wird es aufgrund der neuen Anforderung langsamer, ist das Pferd in der Regel gut geeignet. Pferde, die schneller werden, versuchen zur Seite auszuweichen, sich im Rücken verspannen oder anfangen zu buckeln, sind oft weniger geeignet. Durch die Wiederholungen der Übungen kann die Fachkraft beobachten, ob das Pferd Vertrauen findet und beim nächsten Mal weitergeht oder seine Widersetzlichkeiten einstellt. Geht es beispielsweise nach einigen Versuchen des Hackenschlags gelassen weiter, spricht dies für eine gute Lern- und Interaktionsbereitschaft. Stellt das Pferd das Wegstürmen oder Buckeln nach einigen Versuchen nicht ein, ist von einem Kauf abzuraten.

Ist der Galopp an der Longe schon ausreichend ruhig und taktsicher, kann sich der Voltigierer in dieser Gangart einige Male aufknien. Im Galopp muss das Pferd mehr Balancearbeit leisten, sodass die Fachkraft neben der Lernbereitschaft und der Gelassenheit Informationen darüber erhält, wie gut die Fähigkeit des Pferdes entwickelt ist, bei Störungen auf seinem Rücken den Takt, das Tempo und das Gleichgewicht zu halten. Je besser das Pferd bereits unter dem Sattel gearbeitet wurde, desto eher ist es angemessen, diese Qualitäten auch im Voltigieren zu erwarten. Auch im Galopp ist es ein gutes Zeichen, wenn das Pferd während der Übungen langsamer wird. Viele Pferde buckeln im Galopp zunächst, wenn sich der Voltigierer aufkniet. Dies ist zu tolerieren, wenn dieses Verhalten danach deutlich abnimmt und sich das Pferd zunehmend entspannt.

5.8 Ist es möglich, einen Allrounder zu finden?

Für Einrichtungen, die verschiedene Bereiche und Settings im Therapeutischen Reiten anbieten, ist es unerlässlich, Pferde auszubilden, die in allen Bereichen eingesetzt werden können. Neben Kostengründen wird die Arbeit für das Pferd durch den vielseitigen Einsatz abwechslungsreicher und weniger belastend. Beim Ausprobieren des Pferdes lässt sich nicht mit Bestimmtheit sagen, ob das Pferd im Laufe der Ausbildung zum „Allrounder" wird, sehr wohl aber lassen sich Anhaltspunkte dafür finden:

- Das Pferd ist gelassen, nervenstark und bleibt auch ohne ständige Hilfengebung ruhig stehen.
- Das Pferd ist gut ausbalanciert und bewegt sich in einer natürlichen Haltung ohne treibenden Aufwand willig vorwärts.
- Das Pferd galoppiert ohne viel Aufwand im Gleichgewicht bleibend und ruhig über mehrere Runden vorwärts.
- Das Pferd toleriert das Voltigieren und wird bei Irritationen langsamer.
- Das Pferd orientiert sich am Menschen, wenn es zu Irritationen kommt.
- Das Pferd versucht die Hilfengebung zu verstehen und kooperiert mit der Reiterin. Es reagiert bereits auf minimale Hilfen, sucht die Anlehnung und reagiert nicht übermäßig auf Impulse der Reiterin.
- Das Pferd bringt eine mittlere Größe mit und ist weder sehr breit noch sehr schmal.
- Das Pferd lässt sich in allen Gangarten gut sitzen.

Bringt das Pferd die grundlegenden Eigenschaften mit, ist es eine Frage der Ausbildung, ob es sich zum Allroundpferd entwickelt. Zunächst wird das Pferd auf den Bereich vorbereitet, der ihm am leichtesten fällt und für den es gebraucht wird. Mit zunehmender Routine und Rittigkeit wird dann der Einsatz auf andere Bereiche und Durchführungsformen ausgeweitet. Viele Pferde entwickeln eine „Vorliebe" für eine Durchführungsform, z.B. dem Voltigieren, gehen darüber hinaus aber auch zuverlässig am Langzügel und unter schwachen Reitern. Oftmals entwickeln Pferde im Verlaufe der Ausbildung ein nicht erwartetes „Allroundpotenzial".

Im Laufe der Zeit stellte sich heraus, dass Earl Grey über eine runde und ausdauernde Galoppade verfügt, auch mit vielen Kindern um sich herum nicht die Aufmerksamkeit und Gelassenheit verliert und beim Reiten mit minimalen Hilfen in der Kooperation bleibt. Er wird in den nächsten Monaten in allen Bereichen seine Einsatzzeiten finden.

Fallbeispiel: Earl Grey: Ein unscheinbares Pferd auf dem Weg zum Allroundpferd

Für die Hippotherapie suchten wir ein ca. 1,55 m großes Nachwuchspferd, das auch schwerere Patienten tragen könnte. Unser Tierarzt machte uns auf den fünfjährigen Haflinger-Friesen-Mix Earl Grey aufmerksam. Beim Termin vor Ort erwartete uns ein kompaktes Kleinpferd mit einem sympathischen Kopf, einer langen Mähne und wenig Fesselbehang. Er wirkte in der Mittelhand ein wenig zu lang, hatte jedoch eine gut bemuskelte und harmonische Rückenlinie. Earl Grey zeigte sich menschenbezogen, gelassen und ließ sich vor allem im Schritt und Trab leicht und weich sitzen. Er hielt im Schritt den Takt und verfügte über einen guten Raumgriff. Das Galoppieren fiel ihm nicht zuletzt aufgrund seiner Abstammung eher schwer.

Earl Grey verfügte nicht über eine solide Ausbildung. Er hatte einen deutlich ausgeprägten Unterhals, wenig Kondition und seine Rittigkeit wies Mängel insbesondere im Galopp auf. Im Umgang mit ihm zeigte sich, dass er wenig erzogen war. Earl Grey verhielt sich zugewandt, achtete jedoch wenig auf Signale und verhielt sich respektlos.

Mittlerweile ist das Pferd sieben Jahre alt und hat seine Grundausbildung abgeschlossen. Seine Rittigkeit ist in allen Gangarten deutlich verbessert, er hat Kondition und Muskulatur aufgebaut, die Halsmuskulatur hat sich vom Unterhals an die Oberlinie verlagert. Earl Grey ist gelassen, aufmerksam und mittlerweile gut erzogen, sodass er seine Stärke der Kontaktbereitschaft angemessen einbringen kann. Seine Ausbildung ist so weit abgeschlossen, dass er in der Hippotherapie eingesetzt wird.

Literaturempfehlungen zum Pferdekauf:
Deutsche Reiterliche Vereinigung e.V. 2009a; Brückner, Rahn 2010

6 Ethische Aspekte des Einsatzes von Pferden im Therapeutischen Reiten

Ethische Fragen in Bezug auf die Haltung und Nutzung von Tieren werden berechtigterweise zunehmend diskutiert (Wolf 2008; Schmitz 2014). Die Tierärztliche Vereinigung für Tierschutz e.V. hat ein Merkblatt für die Nutzung von Pferden im sozialen Einsatz herausgegeben (TVT, 2012) und die Deutsche Reiterliche Vereinigung e.V. (FN) legt in ihren Grundsätzen richtungsweisende ethische Aspekte fest. In den vergangenen Jahren wurden erste Forschungsarbeiten zu den Auswirkungen des Einsatzes auf das Pferd vorgelegt (Meinzer 2009; Westermann 2013). Im Rahmen der Lehrtätigkeit stellen wir fest, dass die Einschätzung einer Über- oder Unterforderung des Pferdes und die Reflexion der Haltungs- und Trainingsbedingungen sowie des Einsatzes noch nicht ausreichend thematisiert und vermittelt wurden.

Wissenschaftliche Erkenntnisse lassen darauf schließen, dass Säugetiere neben instinktiven Reaktionen zur Emotionalität fähig sind, und unterstützten somit die Forderung eines ethisch orientierten Einsatzes des Pferdes. „Die wissenschaftliche Forschung in evolutionärer Biologie, kognitiver Ethologie und in den sozialen Neurowissenschaften unterstützt die Ansicht, dass zahlreiche unterschiedliche Arten ein reiches und tief empfundenes Gefühlsleben haben" (Bekoff 14, 2008). Das Gehirn des Pferdes weist in den neuronalen Strukturen viele Gemeinsamkeiten mit denen des menschlichen Gehirns auf. Engels legt dar, dass die Ähnlichkeiten auf der biologischen Ebene zwischen dem Menschen und den höheren Säugetieren größer sind als die Unterschiede (Engels 2001). Somit ist davon auszugehen, dass das Pferd über neuronale Grundlagen für die Entwicklung von Emotionen verfügt. Bekoff fordert ein, die grundsätzliche Empfindungsfähigkeit des Tieres anzuerkennen, auch wenn sich die Qualität der Emotionen von denen des Menschen unterscheidet (Bekoff 2008). Daraus ergibt sich unsere Verpflichtung, die ethisch-moralischen Grundsätze, die wir im Umgang mit Menschen als grundlegend ansehen, auf das Pferd auszudehnen, ohne es dabei in seinem Wesen zu vermenschlichen.

Literaturempfehlungen zum Thema Mensch-Tier-Beziehung und zur Belastung der Pferde im Therapeutischen Reiten:
Bekoff 2008; Bekoff, Pierce 2011; Engels 2001; Hanneder 2002; Liechti 2002; Meinzer 2009; Schneider 2001; Schmitz 2014; TVT 2012; Westermann 2013; Wolf 2008

6.1 Das Einfordern einer Anpassungsleistung

Durch die domestizierte Haltung und den Einsatz schränkt die Fachkraft die natürliche Lebensform des Pferdes und seine Möglichkeiten, Bedürfnisse selbstständig zu befriedigen, ein. Das Pferd kann nicht zwischen einem Leben in Freiheit oder der Nutzung durch den Menschen wählen. Es kann das aus unserer Sicht sinnvolle Ziel, mit seinem Einsatz Menschen in ihrer Entwicklung oder in ihrem Heilungsprozess zu unterstützen, nicht kognitiv nachvollziehen. Auch wenn das Pferd anatomisch in der Lage ist, einen Menschen auf seinem Rücken zu tragen, widerspricht dies zunächst seiner Natur. Ebenso verhält es sich mit dem „sicheren" Aufenthalt in einer Box und dem damit einhergehenden Fehlen von äußeren Lernanreizen. Durch die Einforderung dieser Anpassungsleistung an unsere Vorstellungen entsteht eine ethisch-moralische Verpflichtung zur Fürsorge im Sinne einer möglichst artgerechten Haltung und fachlich fundierten Nutzung. Diese Fürsorgepflicht hat ihren Ursprung in dem vorab erfolgten Entzug des Rechts auf Freiheit und ist somit in erster Linie eine selbstverständliche Kompensationsleistung für die Anpassungsbereitschaft des Pferdes und keine „Wohltat" des Menschen.

Während des Einsatzes muss das Pferd eigene Bedürfnisse zurückstellen, um den Erwartungen des Menschen gerecht zu werden. Erbringt das Pferd diese Anpassungsleistungen während des Einsatzes, schränkt es seine natürlichen Verhaltensweisen temporär ein.

Befindet sich das Pferd im Dauereinsatz oder erhält es nicht ausreichend Zeit und Raum, seinen artspezifischen Bedürfnissen nachzugehen, besteht die Gefahr, dass es eine generalisierte Verhaltensauffälligkeit entwickelt. Wirkt die Fachkraft dieser Entwicklung nicht zeitnah entgegen, wirken sich die Folgen nicht nur auf das Wohlergehen und die Gesundheit des Pferdes aus. Dadurch, dass das Pferd seine artspezifischen Eigenschaften nicht mehr in vollem Umfang ausleben und zeigen kann, leidet auch die Qualität in der Durchführung des Therapeutischen Reitens. Die Sicherstellung einer artgerechten Haltung und eines fachlich fundierten Einsatzes ist somit grundlegend für eine hohe Qualität und die Umsetzung der Zielsetzungen im Therapeutischen Reiten. Unabhängig davon entsteht durch die ethische Verantwortung gegenüber dem Pferd, bei der nicht das Sicherstellen des „Funktionierens" im Vordergrund steht, sondern das Pferd einen Eigenwert erfährt und um seiner selbst willen im Mittelpunkt steht, eine Verpflichtung, diese Grundsätze umzusetzen. (ENGELS 2001)

6.2 Die Auswirkungen der Rahmenbedingungen

Schon unter optimalen Rahmenbedingungen ist es eine Herausforderung, die Pferde auf ihren Einsatz vorzubereiten, ihre Leistungsbereitschaft zu erhalten und ihnen gleichzeitig ein möglichst artgerechtes Leben zu ermöglichen. Kommen Einschränkungen in den Rahmenbedingungen hinzu, steht die Fachkraft vor der Entscheidung, ob sie mit den eingegangenen Kompromissen den Bedürfnissen des Pferdes noch gerecht werden kann. In den Weiterbildungen berichten die Teilnehmerinnen häufig von Schwierigkeiten, die sie wenig beeinflussen können und die eine fachlich fundierte und der ethischen Verantwortung gerecht werdende Arbeitsweise erschweren:

- Es gibt nur stundenweise Auslauf auf kleinen Weiden und Paddocks. Die Pferde dürfen aufgrund der Verletzungsgefahr nur alleine raus.
- Der Boden in der Halle und auf dem Platz ist zu tief, ungepflegt oder rutschig. Die Normgröße ist nicht vorhanden, sodass das Pferd auf einem sehr kleinen Zirkel longiert werden muss.
- Die Fachkraft bekommt keine freien Hallenzeiten, sodass sich Störungen von außen ergeben. Die Fachkraft muss die sich daraus ergebenden Gefahrenquellen mit einplanen und das Pferd und die Klienten ständig begrenzen.
- Durch eine angespannte finanzielle Situation wird das Pferd zu jung oder zu häufig eingesetzt. Alte und erkrankte Pferde bekommen nicht die nötige Schonzeit, sondern werden weiter eingesetzt.
- Zeiten für das Training und die Korrekturarbeit werden nicht oder nur in geringem Umfang zur Verfügung gestellt.

Entscheidungsträger in Einrichtungen verfügen nicht immer über ausreichendes Fachwissen oder die finanziellen Ressourcen, um die Belange der Pferde und die Grundlagen ihrer Ausbildung zu berücksichtigen. Oftmals steht die Quantität aufgrund des Kostendrucks vor der Qualität und der ethischen Verantwortung. Unter einem ähnlichen Druck stehen aber auch die selbstständig arbeitenden Kolleginnen. Einnahmen erzielt das Pferd nur, wenn es auch arbeitet. Auszeiten, reduzierte Einsatzzeiten oder die Altersruhe bedeuten einen finanziellen Ausfall bei gleichbleibenden Kosten.

Fallbeispiel: **Das geht schon noch**

Im Rahmen einer Weiterbildung brachte eine Teilnehmerin ein Video ihrer Arbeit mit. Zu sehen war ein älteres Pferd, das alle vier Beine sehr behutsam und steif bewegte und klare Anzeichen einer Lahmheit zeigte. Das Pferd wurde auf Voltengröße longiert, da die alte Scheune keinen größeren Zirkel zuließ. Sie musste das Pferd immer wieder zum Vorwärtsgehen auffordern. Das Pferd wirkte abwesend, wenig interessiert am Geschehen und nutzte jede Gelegenheit zum Anhalten. Im Gespräch mit der Teilnehmerin stellte sich heraus, dass der Besitzer der Reitanlage ihr ein altes Schulpferd zur Verfügung gestellt hatte. Er habe ihr gesagt, dass sie mit diesem Pferd gut üben könne, es wäre sehr brav und kenne seinen Job seit Jahren. Die Gruppe der Weiterbildung war sich schnell einig, dass der Einsatz dieses Pferdes nicht zu verantworten sei.

6.3 Die Balance unterschiedlicher Bedürfnisse

Aufgrund ihrer motorischen, kognitiven und emotionalen Besonderheiten können die Klienten die Bedürfnisse des Pferdes oftmals nicht erkennen und in ihrem Handeln berücksichtigen. Das Zurückstellen von Wünschen, die dem Wohlergehen des Pferdes entgegenstehen, sowie eine angemessene Einflussnahme auf das Verhalten des Pferdes fallen vielen Klienten schwer. Auf der Grundlage eines humanistischen Menschenbildes ist es selbstverständlich, dass der Klient mit allen seinen „auffälligen" Verhaltensweisen und körperlichen Einschränkungen angenommen wird. Ihm wird Zeit und Raum eingeräumt, an seinen Schwierigkeiten zu arbeiten, sodass sich die Belastungen für das Pferd mit der Zeit minimieren. Die Fachkraft ist damit konfrontiert, einerseits den Klienten durch den Einsatz des Pferdes in seiner Entwicklung zu unterstützen oder zu behandeln und andererseits die Belastungsgrenzen und Bedürfnisse des Pferdes zu achten. Damit der Klient neue und für ihn wichtige Erfahrungen machen kann, muss sie das Leistungsvermögen ihres Pferdes einschätzen können und ihm auch Herausforderungen und Belastungen, ohne Überlastungen, zumuten. Andererseits muss sie Klienten begrenzen, die durch ihr Verhalten zu einer Überlastung des Pferdes beitragen und vom Klienten einen Veränderungsbeitrag zum Wohle des Pferdes einfordern.

Fallbeispiele: **Wie schütze ich mein Pferd vor ungeschickten Bewegungen der Kinder?**
Im Rahmen einer Supervision stellte eine Kollegin ihr Anliegen vor, die Belastung ihres Pferdes im HPV mit motorisch auffälligen Kindern zu minimieren. Sie hatte ihr Pferd bis zur Dressur der Klasse S ausgebildet und eine sehr enge Beziehung aufgebaut. Auf dem Video sahen wir, dass das Pferd korrekt ausgerüstet war, in allen Gangarten gehorsam, gelassen und aufmerksam mitarbeitete. Sehen konnten wir auch, dass die Kinder unsanft aufknieten oder sich wieder hinsetzten. Dieses Verhalten der Kinder erlebte die Kollegin als Belastung für ihr Pferd und sie wünschte sich Ideen, wie sie die Kinder dazu anhalten könnte, ihre Bewegungen besser zu koordinieren. Das Pferd zeigte keinerlei Reaktionen auf das unsanfte Bewegungsangebot auf seinem Rücken und verspannte sich nicht. Die Kollegin bestätigte, dass auch beim Training unter dem Sattel keine größeren Verspannungen auftraten. Wir kamen zu dem Schluss, dass es unrealistisch ist, von motorisch auffälligen Kindern zu erwarten, dass sie keine unsanften Bewegungen ausführen. Diese Kinder bräuchten einen Raum für Bewegungserfahrungen, den ihr Pferd in optimaler Weise zur Verfügung stellt. Ihr Pferd zeigt keinerlei Symptome einer Überlastung. Die Belastung kann und muss sie ihm zumuten, wenn sie weiterhin mit dieser Zielgruppe arbeiten will.

Gewichtsgrenzen – Einfordern einer Veränderungsbereitschaft beim Klienten
Ein Bewohner eines Heims für Menschen mit Behinderungen wurde mit der Zielsetzung geschickt, seine erheblichen spastischen Symptome durch die Hippotherapie zu beeinflussen. Der Bewohner wog zu diesem Zeitpunkt 110 kg. Im Team trafen wir die Entscheidung, dass die Gewichtsbelastung für das Pferd zu hoch sei. Der Klient konnte diesen Sachverhalt nachvollziehen und war bereit, mit Unterstützung der Mitarbeiterinnen der Einrichtung an einer Reduzierung seines Gewichts zu arbeiten. Wir stellten ihm einen Platz in der Hippotherapie in Aussicht, wenn er sein Gewicht auf 95 kg reduziert. Bis dahin bestand für ihn die Möglichkeit, an einer Stallgruppe, in der die Versorgung und das Putzen der Pferde im Vordergrund stehen, teilzunehmen.

6.4 Kriterien für eine Überlastung des Pferdes

Damit die Fachkraft einschätzen kann, ob die Belastung des Pferdes angemessen ist, muss sie ihr Pferd gut kennen und die Rückmeldung des Pferdes einordnen und bewerten. Pferde reagieren auf Anforderungen und Haltungsbedingungen sehr individuell, sodass Anhaltspunkte, aber kein Standardrahmen festgelegt werden können. Jedes Pferd benötigt ein individuell auf seine physischen und psychischen Bedürfnisse und Anfälligkeiten abgestimmtes „Arbeits- und Freizeitprogramm".
Die Anzeichen für eine Überforderung des Pferdes lassen sich in den Bereich der psychischen und der physischen Belastung untergliedern. Eine Überlastung bezieht sich in der Regel nicht auf das gesamte Spektrum des Einsatzes, sondern auf Einzelaufgaben, wie beispielsweise die Putzsituation oder das Halten an der Rampe. Dabei kann schon eine negative Erfahrung beim

Transfer oder beim Satteln dazu führen, dass die Pferde Widerstand zeigen. Einige Pferde erledigen ihre Aufgaben zuverlässig und zeigen erst nach dem Einsatz, dass sie unter Stress stehen. Treten unerwünschte Verhaltensweisen immer häufiger oder durchgehend auf, spricht einiges dafür, dass das Pferd nicht mehr nur wie gewünscht auf den Klienten in der aktuellen Situation reagiert, sondern durch den Einsatz generell unter Stress gerät. Damit eine Entlastung des Pferdes erfolgt, muss die Stress auslösende Situation genau erfasst werden. Eine generelle „Schonung" des Pferdes ohne Veränderungen an der Stress auslösenden Situation wird keine langfristige Veränderung bringen. Es kommt jedoch auch vor, dass ein Pferd nach einigen Monaten oder Jahren „therapie- und menschenmüde" ist, obwohl es keinen zu hohen Belastungen ausgesetzt ist. Dann braucht es eine mehrwöchige Auszeit und ein attraktives Ausgleichsprogramm, z.B. durch das Reiten im Gelände. Die Sicherstellung einer angemessenen Belastung und das frühe Gegensteuern gegen eine negative Entwicklung sind daher komplexe und sich stetig wiederholende Fragen in der Alltagsgestaltung. Zu beachten ist zudem die Frage, ob wirklich eine Überlastung vorliegt oder ob das Pferd aufgrund der fehlenden Dominanz der Fachkraft beginnt, auszutesten und sich zu widersetzen.

Grundsätzlich weisen vier Eckpunkte darauf hin, dass sich eine negative Entwicklung eingeschlichen hat:

1. Das Pferd steigt aus der Kooperation aus und ignoriert die Hilfengebung.
2. Das Pferd entzieht sich dem Kontakt oder zeigt deutliches Abwehrverhalten.
3. Das Pferd schränkt sich in seinem artspezifischen Verhaltensspektrum ein, wenn es freie Zeit mit seinen Artgenossen hat, oder frisst schlecht.
4. Das Pferd zeigt vermehrt körperliche Verspannungen.

Hinweise für Stressanzeichen in diesen vier Bereichen lassen sich sowohl während des Einsatzes als auch für die Zeit nach dem Einsatz finden.

Zu den Stressanzeichen während des Einsatzes gehören:

- Das Pferd steht beim Putzen, insbesondere bei Gruppen, nicht gelassen. Es legt die Ohren an, schlägt mit dem Schweif oder stampft bei nicht sachgerechtem Putzen oder Berührungen mit dem Huf auf.
- Das Pferd lässt sich beim Putzen nicht umdrehen, hebt die Hufe nicht willig hoch und ignoriert die Hilfengebung.
- Das Pferd zeigt deutliches Abwehrverhalten beim Satteln und Trensen, z.B. Ausweichen, Hochheben des Kopfes, mit dem Hinterbein unter den Bauch schlagen, Ohren anlegen.
- Bei Laufspielen im Setting des Voltigierens verlangsamt oder steigert es sein Tempo und ignoriert die Hilfengebung der Longenführerin. Es legt die Ohren an, wenn die Kinder an ihm vorbeilaufen. Es kommt zur Longenführerin in die Mitte, um sich den Hilfen zu entziehen und Sicherheit zu finden.
- Das Pferd steht beim Aufsitzen oder beim Transfer nicht mehr ruhig. Es verweigert das Herantreten an die Rampe. Es weicht beim Aufsteigen aus oder schlägt mit dem Bein unter den Bauch.

- Das Pferd steigt beim Reiten (eventuell auch im Training) aus der Kooperation aus, verweigert das Vorwärts oder wird eilig. Es ignoriert die Hilfengebung zunehmend oder widersetzt sich den Hilfen der Reitanfänger. Das Pferd kommt zur Fachkraft in die Mitte. Es zeigt weniger Gelassenheit, wenn andere Pferde ihm zu nahe kommen oder der Abstand in der Abteilung enger wird. Insgesamt nimmt seine Gelassenheit ab.
- Das Pferd verliert beim Voltigieren das Vorwärts, fängt an zu eilen oder kommt zur Longenführerin in die Mitte. Es buckelt bei den Übungen der Klienten oder legt die Ohren an.
- Am Langzügel orientiert sich das Pferd an der Bande und lehnt sich daran an. Es verliert das Vorwärts und zeigt Schwierigkeiten in der Anlehnung.
- Das Pferd zeigt Verhaltensweisen, die auf eine innere Anspannung hinweisen: Wiehern, insbesondere wenn es ohne Artgenossen in der Halle ist, Unruhe, Kratzen mit den Vorderhufen, Schluckauf, Luft anhalten, Scheuen in bekannten Situationen, verspannte Nüsternregion.

Zu den Stressanzeichen außerhalb des Einsatzes gehören:

- Das Pferd entwickelt größere Verspannungen, die sich auch beim Korrekturreiten oder -longieren nur schwer lösen lassen.
- Es stumpft auch im Kontakt mit den Artgenossen ab und isoliert sich von der Herde, ohne dass eine organische Erkrankung vorliegt.
- Das Pferd geht auf Kontaktangebote des Menschen nicht ein und wendet sich ab oder droht, wenn der Mensch sich nicht zurückzieht.
- Das Pferd entwickelt Verhaltensauffälligkeiten wie Weben oder Koppen, die es vorher nicht gezeigt hat. Diese Auffälligkeiten sind in der Regel auf eine nicht artgerechte Haltung zurückzuführen.
- Das Pferd arbeitet im Training unter der Fachkraft oder einem erfahrenen Reiter nicht motiviert und kooperativ mit.

Fallbeispiel: **Smolja – in der Putzsituation unter Druck**

Smolja zeigt in der Putzsituation deutliche Anzeichen der Überforderung. Er steht nicht gelassen, legt die Ohren zurück und zeigt Abwehrverhalten beim Satteln. Putzt ein Klient alleine, gelassen und sparsam, kommt er zur Ruhe. Bei einer ganzen Gruppe und beim Beginnen des Aufsattelns oder Aufgurtens steigert sich seine Unruhe. In der Halle wirkt er im Setting des Voltigierens und Reitens entspannt und aufmerksam. Er bewegt sich gerne und fleißig vorwärts und kann den Galopp über lange Zeit ohne Aufwand halten. Smolja zeigt in diesen Situationen keine Stressanzeichen und reagiert kooperativ auf die Einwirkung der Klienten. Um der negativen Entwicklung in der Putzsituation entgegenzuwirken, wurden folgende Maßnahmen getroffen:

- Smolja wird nur Klienten zugeteilt, die in der Putzsituation ruhig agieren.
- Bei Gruppen wird er vom Personal geputzt, sodass die Gruppe nur die Hufe auskratzt.
- Das Aufsatteln und -gurten erledigt die Fachkraft ausschließlich selbst.
- Mit Smolja wird das „Aushalten" der Situation nicht geübt. Es wird respektiert, dass er besonders berührungsempfindlich ist.

Smolja zeigt beim Satteln deutliche Abwehrreaktionen. Durch gutes Zureden, Ruhe, festen Ablauf und das Füttern einer Möhre wird dem Pferd die Situation erleichtert.

Fallbeispiel: **Rodin – Galopp gelingt über kurze Strecken**

Beim Putzen und an der Rampe steht Rodin ruhig und gelassen da. Er stört sich nicht an der Unruhe der Klienten oder an unangemessenen Berührungen. Rodin arbeitet in allen Bereichen aufmerksam und kooperativ mit. In den Reitgruppen zeigt er keine Stressanzeichen, wenn der Klient missverständliche Hilfen gibt, sondern schließt sich an ein Vorderpferd an oder hält an. Unter Druck gerät er, wenn er lange Strecken beim Voltigieren oder Reiten galoppieren soll. Aufgrund seiner körperlichen Voraussetzungen fällt es ihm schwer, den Galopp ohne die reiterliche Unterstützung, insbesondere an der Longe, länger als eine Runde zu halten. Wird er aufgefordert, länger zu galoppieren, steigt er zunehmend aus der Kooperation aus. Er legt sich auf das Gebiss, geht über die Schulter nach außen und erhöht sein Tempo im Trab.

Maßnahmen, die dieser Entwicklung entgegenwirken sollen:

Rodin wird mit Klienten eingesetzt, die aufgrund ihres Leistungsstandes noch nicht galoppieren oder nur sehr kurze Strecken bewältigen und froh sind, wenn das Pferd von alleine anhält (Kindergartengruppen im Voltigieren, Anfänger im Setting des Reitens).

Mit Klienten, die sich Übungen im Galopp oder den Galopp unter dem Sattel erarbeiten wollen, wird er nicht eingesetzt. Er muss durch das Training nicht dazu gebracht werden, alles zu können.

Im Training unter der Fachkraft wird darauf geachtet, dass er durchgaloppiert und von hinten gut unterspringt. Es wird gezielt am Galopp gearbeitet, jedoch immer nur in kurzen Zeitfrequenzen, um seine Motivation in dieser Gangart zu erhalten und ihn körperlich nicht zu überfordern. Rodins Gehfreude im Galopp wird durch das Reiten im Gelände deutlich verstärkt.

Rodin wird von der Fachkraft im leichten Sitz mit tiefer Hand geritten, damit er sein Gleichgewicht finden kann und motiviert galoppiert. Anschließend erhält er eine Schrittpause.

Kennt die Fachkraft ihr Pferd gut, erkennt sie schon während der Einheit, ob das Pferd Spannungen aufbaut, die Motivation verliert oder es sich der Hilfengebung zu entziehen beginnt. Je früher sie dann beispielsweise durch das Korrekturreiten oder -longieren einer außerplanmäßigen freien Zeit in der Herde oder einer Ruhephase in der Box entgegenwirkt, desto geringer ist die Wahrscheinlichkeit, dass das Pferd unerwünschte Verhaltensweisen aufbaut.

6.5 Folgen der Unterforderung des Pferdes

Nicht nur die Überforderung, auch eine dauerhafte Unterforderung hat Auswirkungen auf die Leistung und Gesunderhaltung des Pferdes. Findet im Training des Pferdes keine ausreichende körperliche Belastung statt, baut das Pferd nur wenig Muskulatur, Rittigkeit und Kondition auf. Zudem lernt es erst durch ein gezieltes und herausforderndes Training, die Konzentration auf die Hilfengebung des Menschen zu halten. Das Pferd muss sich im Training anstrengen, wirklich warm werden und auch Herausforderungen gestellt bekommen. Erfolgt kein wirkliches Training, ist das Pferd einerseits deutlich unterfordert, oft auch gelangweilt, und andererseits im Einsatz überfordert, da es weder die körperlichen noch die psychischen Voraussetzungen aufbauen konnte. Viele Pferde bewegen sich zudem im freien Auslauf in der Herde hauptsächlich im Schritt. Ohne ein zusätzliches Training fehlen dann die durch die Belastung entstehende Belüftung und Reinigung der Atemwege und der Trainingsreiz für den Aufbau der Muskulatur. Im Einsatz erfährt das Pferd mit Ausnahme im Leistungssport des Reitens für Menschen mit Behinderungen kein wirkliches körperliches Training, sondern es erhält in der Regel eher ein Bewegungsangebot. Auf der psychischen Ebene sind Pferde oftmals unterfordert, wenn das Training oder der Einsatz zu einseitig gestaltet werden. Sie verlieren die Motivation, wenn immer nur die gleichen Aufgaben abgefragt werden. Insbesondere Pferde, die ausschließlich am Langzügel im Schritt eingesetzt werden und die ihre Bewegungen ruhig und kontrolliert halten müssen, brauchen einen Ausgleich, um im Kopf wach zu bleiben. Wird das Pferd nur unregelmäßig oder in großen Abständen eingesetzt, fehlt ihm die notwendige Routine, um die Aufgaben ohne Anspannung zu bewältigen. Pferde müssen sich an Situationen gewöhnen und regelmäßig erfahren, dass ihnen keine Gefahr droht, um gelassen bleiben zu können.

6.6 Zehn Bausteine einer ethisch verantwortlichen Nutzung des Pferdes im Therapeutischen Reiten

1. Das Pferd wird artgerecht gehalten und erhält ausreichend Freiraum für Bewegung und Sozialkontakte im Herdenverband.
2. In den einsatzfreien Zeiten kann sich das Pferd vom Menschenkontakt zurückziehen. Es wird nicht als Streichelobjekt zur Verfügung gestellt.
3. Das Pferd wird nur trainiert und eingesetzt, wenn es körperlich gesund und schmerzfrei ist. Der Einsatz des Pferdes erfolgt nur, wenn das Pferd psychisch stabil ist. Zur Beurteilung der Verfassung des Pferdes werden ein Tierarzt und eine erfahrene Fachkraft hinzugezogen.
4. Für ein Pferd, das die notwendigen Fähigkeiten für einen Einsatz im Verlauf des Trainings nicht aufbaut, wird nach einer angemessenen Alternative gesucht oder es wird nur in Teilbereichen eingesetzt.
5. Das Pferd wird erst eingesetzt, wenn es den Anforderungen gewachsen ist. Pferde unter sechs Jahren werden nicht eingesetzt. Ältere Pferde werden nur eingesetzt, wenn sie lahmfrei in allen Gangarten gehen, wobei eine Steifigkeit beim Einlaufen tolerierbar ist.
6. Die Rahmenbedingungen (Bodenverhältnisse, störungsfreier Arbeitsort) führen nicht zu einer zusätzlichen Belastung des Pferdes.
7. Die Fachkraft hat ausreichend Zeit zur Verfügung, auch das bereits ausgebildete Pferd zu trainieren und zu korrigieren.
8. Klienten werden in ihren Handlungen begrenzt, wenn die Bedürfnisse des Pferdes dauerhaft darunter leiden. Übergriffe auf das Pferd werden sofort gestoppt.
9. Der Arbeitsplan für das Pferd wird abwechslungsreich gestaltet. Es wechseln sich Phasen der Entspannung und der Herausforderung ab.
10. Nur wenn die Fachkraft gut für sich selber sorgt und ihre eigenen Belastungsgrenzen achtet, wird sie dauerhaft die Verantwortung eines ethisch vertretbaren Einsatzes des Pferdes tragen können.

7 Die Ausrüstung des Pferdes und der Einsatz von Hilfsmitteln

Bevor mit dem Training des Pferdes begonnen wird, passt die Fachkraft die Ausrüstung des Pferdes an seine körperlichen Voraussetzungen und individuellen Bedürfnisse an. Ein nicht passender oder gleichmäßig aufliegender Sattel oder eine nicht korrekt eingestellte Trense (z.B. Druck auf die Ohren durch einen zu engen Stirnriemen, zu tief sitzendes Reithalfter, scharfe Kanten am Gebiss) können zu erheblichen gesundheitlichen Beeinträchtigungen und negativen Einflüssen auf das Training führen. Die Muskulatur baut sich nicht wie gewünscht auf, das Pferd entwickelt Verspannungen, es kommt mit dem Gebiss im Maul nicht zur Ruhe oder steigt aufgrund schmerzender Druckstellen aus der Kooperation aus.

Für Menschen mit einer körperlichen Beeinträchtigung werden Spezialanfertigungen zur Kompensation der Behinderung eingesetzt. Insbesondere im Reitsport für Menschen mit Behinderungen ist eine individuelle Anpassung des Sattels oder der Zügel an die körperlichen Voraussetzungen der Reiterin erforderlich. Bei allen individuellen Möglichkeiten der Umgestaltung der Ausrüstung darf die Passung für das Pferd nicht vernachlässigt werden. Neben den Sonderanfertigungen, die auf den Klienten zugeschnitten sind, gibt es einige Umgestaltungsmöglichkeiten der Ausrüstung, die auch dem Pferd seine Aufgaben im Einsatz erleichtern.

Literaturempfehlungen zur Ausrüstung allgemein:
Deutsche Reiterliche Vereinigung e.V. 1999 und 2014a

Literaturempfehlungen zur speziellen Ausrüstung des Pferdes im Therapeutischen Reiten:
Tetzner 2011; von Dietze 2005

7.1 Die Zäumung

In der Regel reicht eine Trense mit einem kombinierten, hannoverschen oder englischen Reithalfter mit Wasser- oder Olivenkopfgebiss, das einfach oder doppelt gebrochen und normal dick ist, aus. Das Gebiss darf keinesfalls zu dünn (scharf) sein, da die Klienten die Einwirkung auf das Pferdemaul nicht immer angemessen dosieren können. Im Therapeutischen Reiten ist es unrealistisch, zu erwarten, dass der Klient die Handeinwirkung, wie in der Reitlehre vorgesehen, gestalten kann. Ein Ziehen am Zügel und große Unruhe in der Zügelführung muss die Fachkraft jedoch unterbinden. Die Mitbewegung der Hand, z.B. beim Leichttraben, kann das Pferd gut kompensieren, wenn der Klient die Zügel nicht zu kurz aufnimmt und das Gebiss nicht scharf ist. Eine gute Möglichkeit zur „Entschärfung" der Einwirkung ist gegeben, wenn die Zügel nicht nur in das Gebiss, sondern gleichzeitig in das hannoversche Reithalfter eingeschnallt werden. Bei Pferden, die die Hilfen nur bei einer „scharfen" Einwirkung annehmen, müssen die Ausbildung überprüft und die Durchlässigkeit des Pferdes verbessert werden. Das Reithalfter sowie der Sperrriemen werden nicht zu eng verschnallt. Die Verschnallung muss so leichtgängig sein, dass die Klienten diese Aufgabe ohne Mühe erledigen können. Für die Pferde entsteht Unruhe und eine psychische Belastung, wenn die Klienten lange am Kopf hantieren oder herumziehen, weil die Schnalle nicht auf- oder zugehen will. Mexikanische oder schwedische Reithalfter sind beispielsweise eine kaum zu bewältigende Herausforderung für die Klienten.

Avantes steht beim Auftrensen gelassen, sodass die Fachkraft und später auch die Klienten die Schnallen in Ruhe verschließen können.

TIPPS RUND UM DAS GEBISS

- Grundsätzlich muss das Gebiss immer an die individuellen anatomischen Voraussetzungen des Pferdes angepasst werden. So klemmt ein zu schmales Gebiss die Maulwinkel ein und ein zu breites Gebiss rutscht dem Pferd ständig im Maul hin und her.
- Anatomisch geformte Gebisse verteilen den Druck gleichmäßiger, verhindern eine Quetschung der Zunge und mindern den Druck auf den Unterkieferknochen (zum Beispiel doppelt gebrochenes Olivenkopfgebiss mit einem kurzen Mittelstück).
- Olivenkopfgebisse üben nach unserer Erfahrung in den Wendungen einen leichten seitlichen Druck aus und beeinflussen die seitliche Anlehnung positiv, insbesondere bei Pferden, die dazu neigen, über die Schulter auszuweichen.
- Um allergische Reaktionen zu verhindern, müssen Metall-, Gummi- und Kunststoffgebisse frei von Geschmacksstoffen sein und sollten keine wasserlöslichen Bestandteile in das Pferdemaul abgeben. Außerdem besteht die Gefahr, dass durch die reibende Wirkung Hautirritationen entstehen.

- Für die meisten Pferde reicht ein geruchs- und geschmacksneutrales rostfreies Edelstahlgebiss aus. Gebisse mit einer Kupferlegierung regen die Kautätigkeit an.
- Auf Spezialgebisse, die aufgrund der „Unrittigkeit" eines Pferdes Abhilfe versprechen, sollte verzichtet werden. Langfristig ist es zielführender, einen längeren Ausbildungsweg in Kauf zu nehmen und auf eine korrekte Trainingsplanung und -durchführung zu achten.

Zäumungen auf Kandare, mit schärferen Gebissen oder einer Einwirkung über das Nasenbein sind im Einsatz nicht angezeigt. Die Einwirkung über das Nasenbein scheint zunächst eine sanftere Form der Einflussnahme zu sein. In der Praxis zeigt sich jedoch, dass die Klienten schneller anfangen, am Pferd herumzuziehen, und sich die Disharmonien durch den Druck auf den empfindlichen Nasenrücken verstärken. Im Leistungssport des Reitens für Menschen mit Behinderungen kann eine Zäumung auf Kandare bei einem fortgeschrittenen Leistungsstand sinnvoll und angemessen sein.

Für die Ausbildung an der Longe kann ein Kappzaum verwendet werden. Damit er bei der Einwirkung der Hand nicht verrutscht und beispielsweise auf das Auge des Pferdes drückt, muss er sehr genau angepasst werden. Insbesondere gilt dies für junge Pferde, die dazu neigen, nach außen zu drängen oder sich zu widersetzen. Verrutscht bei diesen Aktionen der Kappzaum und löst Schmerzen aus, verhindert dies den Aufbau des Vertrauens, der Gelassenheit und des Gehorsams. Wird das Pferd im Therapeutischen Reiten in einem Setting an der Longe eingesetzt, sollte es so weit ausgebildet sein, dass das Longieren mit einer normalen Trense möglich ist. Auch im Setting am Langzügel empfiehlt sich der Einsatz einer normalen Trense.

7.2 Der Sattel

Der Sattel ist das Verbindungsstück zwischen Pferd und Reiterin und muss für ein optimales Training an die Rückenlinie und Muskulatur des Pferdes angepasst sein. Die Muskelkette darf durch einen drückenden, falsch aufliegenden oder zu engen Sattel an keiner Stelle unter Druck gesetzt werden. Bei einer falschen Belastung sieht die Fachkraft nach einigen Monaten mit bloßem Auge die zurückgebildete Muskulatur hinter dem Widerrist und entlang der Wirbelsäule. Nachvollziehbar ist, dass Pferde, deren Muskulatur derart unter Druck gesetzt wird, nicht bereit sind, den Rücken herzugeben, und in der Folge Schwierigkeiten in allen Bereichen der Skala der Ausbildung entwickeln.

Die Polster des Sattels sollten nicht zu straff gepolstert sein, sondern sich weich den Strukturen des Pferderückens anpassen und eine dämpfende Wirkung entfalten. Eine zu harte, feste Polsterung führt ebenfalls zu Druckstellen und Unwohlsein.

TIPPS RUND UM DEN SATTEL

- Es eignen sich unterschiedliche Sättel (Dressur- und Vielseitigkeitssättel, Westernsättel, Barocksättel etc.). Beim Kauf eines Sattels sollte zunächst ein Sattler gesucht werden, der den Kauf fachkundig begleitet und die Anpassung vornimmt.
- Altersbedingt und durch den Muskelaufbau im Training verändert sich die Rückenlinie des Pferdes, sodass eine regelmäßige Anpassung des Sattels (z.B. der Polsterung) erforderlich ist.
- Nicht immer kann ein Sattel für mehrere Pferde genutzt werden, ohne dass sich für eines der Pferde Veränderungen in der Druckverteilung ergeben.
- Im Reiten als Sport für Menschen mit Behinderungen benötigt das Pferd oftmals zwei Sättel. Einen Sattel, mit dem die Fachkraft das Pferd ausbildet, und einen Sattel, der auf die Bedürfnisse der Reiterin mit einer Behinderung angepasst ist.
- Pferde, vor allem jedoch Ponys mit einem wenig oder sehr stark ausgeprägten Widerrist, benötigen gegebenenfalls ein Vorderzeug oder einen Schweifriemen, damit der Sattel gut an der vorgesehenen Sattellage liegen bleibt.
- Verfügt das Pferd über eine gut ausgebildete, lockere Rückenmuskulatur, sind besondere Schutzmaßnahmen wie ein Gelkissen nicht notwendig. Sie erschweren dem Klienten das korrekte Satteln. Mit einer mit Lammfell unterlegten Satteldecke ist auch den Klienten das Satteln möglich und der Rücken ist geschützt.
- Fellsättel eignen sich insbesondere für ruhige Reiteinheiten im Schritt. Klienten, die eine weiche Sitzfläche benötigen und die Schwierigkeiten haben, durch den Sattel in eine vorgegebene Position gezwungen zu werden, fühlen sich in diesen Sätteln wohl. Es ist zu beachten, dass die Sättel leichter verrutschen, sodass unbedingt ein Kopfeisen eingearbeitet sein muss und der Sattel aus diesem Grund nicht mit einem Fellgurt kombiniert werden sollte. Außerdem werden die Bewegung und Anspannung des Klienten stärker auf die Wirbelsäule übertragen, sodass man das Pferd nicht mehrmals hintereinander mit dem Fellsattel einsetzen sollte. Zur Ausbildung des Pferdes eignet sich der Fellsattel nicht.
- Da ein „falsch" liegender Sattel enorme Auswirkungen auf die körperliche und psychische Zufriedenheit des Pferdes hat, kontrolliert die Fachkraft das korrekte Satteln in jedem Fall, auch bei fortgeschrittenen Reiterinnen.

7.3 Der Gurt für das Voltigieren

Zum Voltigieren wird ein stabiler Gurt aus Leder mit fest sitzenden Griffen und mindestens drei Ringen auf jeder Seite zum Verschnallen der Dreieckszügel oder Ausbinder verwendet. Gurte, die sehr weich sind und bei denen sich die Griffe stark gegeneinander verschieben lassen, sind für das Voltigieren nicht geeignet.

Damit der Voltigiergurt während der Übungen stabil auf dem Pferderücken liegt, sich das Gewicht gleichmäßig verteilt und sich das Material nicht verbiegt und dadurch einseitig auf die Muskulatur drückt, kann eine stabile Einlage (z.B. eine Plexiglasplatte) in den Gurt eingearbeitet werden. Dadurch wird der Gurt in sich stabiler.

Der Voltigiergurt muss dem Pferd ebenso angepasst werden wie der Sattel. Da durch Schaumstoffpolsterungen und unterschiedliche Zwischenstücke zum Gurten unterschiedliche anatomische Voraussetzungen ausgeglichen werden können, benötigt man jedoch nicht für jedes Pferd einen eigenen Gurt, häufig jedoch ein speziell angepasstes Pad oder einen Gurtschoner. Die Polsterkissen des Gurtes sollten nicht zu hart sein, da dann punktuelle Druckstellen in der Gurtlage und insbesondere an der Bemuskelung des Widerristes auftreten können. Je besser der Gurt insbesondere bei Schwungübungen den Druck gleichmäßig verteilt, desto geringer ist die Belastung des Pferderückens. Zur weiteren Schonung wird die gesamte Gurtauflagefläche inklusive des Verschlusses mit einem Schaumstoffschoner unterlegt und so gepolstert. Damit der Rücken und insbesondere die Nierengegend des Pferdes geschützt sind, wird ein dickes Voltigierpad genutzt.

TIPPS RUND UM DEN VOLTIGIERGURT

- Der Handel bietet Modelle an, bei denen die Griffe in unterschiedlichen Positionen angeschraubt werden können. Dies bietet die Möglichkeit, den Gurt auf Voltigiergruppen mit einem unterschiedlichen Leistungsstand anzupassen.
- Das Voltigierpad muss den gesamten Rücken (bis hinter die Nierenpartie) schützen. Neben den im Handel angebotenen Pads eignen sich aufgeschäumte Kunststoffe (z.B. Meterware für die Isolierung im Sanitärbereich), die selber auf die Proportionen des Pferdes zugeschnitten werden können. Filzdecken sind zwar etwas schwerer, dafür aber atmungsaktiv. Westernpads sind in der Regel zu kurz und nicht breit genug. Der Rücken des Pferdes ist dann nicht ausreichend geschützt und die Kinder bleiben mit den Beinen an der Decke hängen.
- Damit der Schaumstoffschoner nicht verrutscht, sollte er mit Riemen fest mit dem Gurt verbunden sein. Der gleiche Effekt wird durch zwei schmale Schaumstoffstreifen erreicht, die mit doppelseitigem Teppichklebeband an die Ränder des großen Schaumstoffs geklebt werden. Diese Möglichkeit der Befestigung hält eine ganze Weile und ist kostengünstig. Das Pad und der Schaumstoff sollten mit einem Frotteebezug überzogen werden. Der Frotteebezug saugt den Schweiß auf und erzeugt bei Reibung keine Hitze.

Um den Gurt, das Pad und den Gurtschoner in der richtigen Position aufzulegen und anzugurten, braucht es Erfahrung. Verrutschen die Unterlagen, sodass ständig neu gegurtet werden muss, oder wird der Gurt viele Male auf dem Pferderücken hin und her bewegt, bedeutet dies eine unnötige Belastung für das Pferd. Viele Pferde entwickeln aufgrund der entstehenden Unruhe und des „Ziehens" an ihrem Körper Abwehrverhalten beim Gurten und dann auch beim Satteln.

1. Der Voltigiergurt liegt eingebettet zwischen den Streifen und verrutscht kaum noch.

2. Voltigiergurte aus dem Leistungssport eignen sich für das Heilpädagogische Voltigieren. Bei diesem Gurt können die Griffformen gewechselt werden.

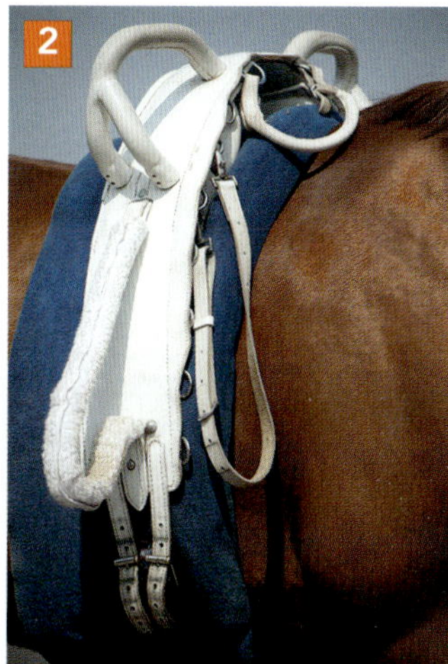

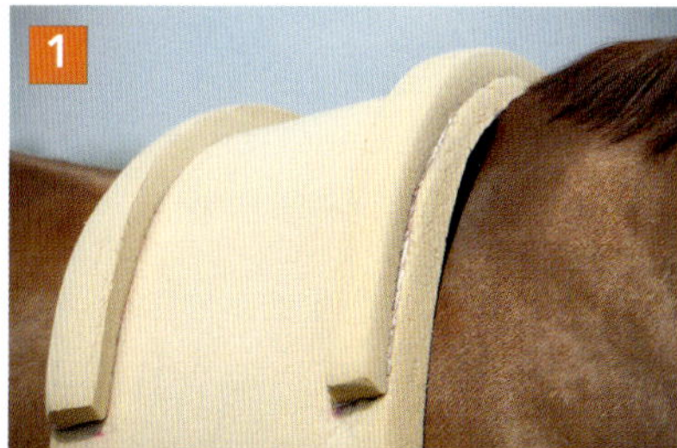

Die Fachkraft übernimmt das Aufgurten beim Voltigieren immer selbst und bindet die Klienten nur bei unproblematischen Handgriffen (z.B. Gurt anreichen) in diese Aufgabe ein.

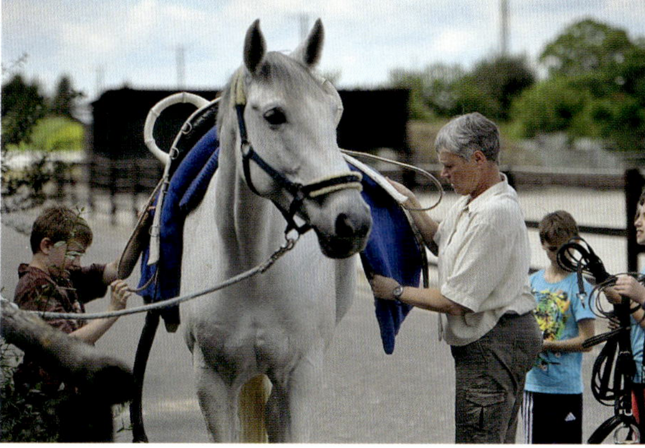

7.4 Der Gurt für das Einzelsetting am Langzügel

In allen Bereichen des Therapeutischen Reitens wird mit Klienten im Einzelsetting auf einem mit Gurt ausgerüsteten Pferd gearbeitet. Grundlegend ist dabei, dass für den Klienten eine optimale Sitzposition auf dem Pferderücken ermöglicht werden soll, um die Bewegungsübertragung in vollem Umfang zu nutzen. Der Gurt soll dem Klienten im Sitzen und bei kleinen Körperbewegungen Halt geben. Für diese Arbeitsform eignen sich leichtere und nicht so breite Gurte mit einem Gurtschoner und einem Pad (beispielsweise aus Filz oder Schafwolle) zum Schutz des Pferderückens. Schmale Gurte lassen sich nicht auf jedem Pferd rutschfest anlegen, sodass viel Polsterung notwendig ist. Ein dicker und breiter Gurtschoner kann jedoch dazu führen, dass der Patient nicht mehr an der idealen Position zum Sitzen kommt. Für diesen Fall ist es sinnvoller,

einen breiteren Gurt, der ohne viel Polsterung auf dem Pferd in einer stabilen Position liegt, zu verwenden. Außerdem muss bei sehr schmalen Gurten darauf geachtet werden, dass die Druckverteilung dennoch gewährleistet ist. Schwere Klienten benötigen häufig breitere und schwerere Gurte mit einer hohen Festigkeit, damit der Gurt z.B. durch die Zugkräfte beim Transfer nicht ins Rutschen kommt. Für einige Klienten (z.B. mit Spastiken oder bei kleinen Kindern) benötigt die Fachkraft speziell angefertigte Gurte, die beispielsweise statt zwei Griffen einen mittleren Griff (Eingriffgurte) haben. Die Klienten sollen durch den Gurt keine Druckstellen an den Beinen bekommen, sodass hier neben der Polsterung des Pferderückens und der Gurtlage oftmals auch eine Polsterung an den Gurtseiten nötig ist, um Scheuer- und Druckstellen beim Klienten zu vermeiden. Der Handel bietet für diesen Bereich mit Lammfell überzogene Gurte an. In der Hippo- und Ergotherapie sind diese Gurte für einige Klienten zu dick, sodass der Einsatz eines flachen Eingriffgurtes sinnvoller ist. Auch hier gilt, bei jeder Sonderanfertigung nicht nur auf die Bedürfnisse des Klienten zu achten, sondern die Passung zum Pferd im Auge zu behalten.

Der Langzügel verläuft vom Gebiss aus über einen Ring oder eine Schlaufe am Gurt in die Hand der Pferdeführerin. Dabei liegt der Langzügel unter dem Bein des Klienten, sodass die Bewegungen des Beins nicht auf den Langzügel übertragen werden. Damit der Langzügel nicht eingeklemmt wird, läuft er über eine tief liegende Schlaufe am Gurt.

Eingriffgurte und Gurte mit einer Fellummantelung kommen in den Einzelsettings insbesondere bei Klienten mit erheblichen Einschränkungen (z.B. Spastiken) zum Einsatz.

7.5 Die Longe und Doppellonge

Die Longe sollte aus leichtem, weichem Gurtmaterial bestehen, mindestens 10 m lang sein und am Ende einen Verschluss (Schnapper) zum Einklinken in den Gebissring haben. Ein Wirbel am Verschluss zum Ausdrehen der Longe erhöht das Gewicht der Longe und führt somit zu einer zusätzlichen Belastung im Pferdemaul. Außerdem verdreht sich die Longe mit einem Wirbelverschluss leichter. Beherrscht die Fachkraft das korrekte Aufnehmen der Longe, ist er überflüssig. Die Longe wird immer in den inneren Gebissring eingeklinkt. Beim Longieren, insbesondere von jungen Pferden, trägt die Fachkraft Handschuhe.

Literaturempfehlung:
Deutsche Reiterliche Vereinigung e.V. 1999

TIPPS RUND UM DIE LONGE

- Bei jungen Pferden kann die Longe zusätzlich mit in das hannoversche Reithalfter eingehakt werden, um so die Belastung für das Pferdemaul zu verringern, wenn das Pferd buckelt oder nach außen zieht. Insbesondere bei jungen Pferden eignet sich der Einsatz eines Kappzaums, in den die Longe eingehängt wird.
- Eine Longierbrille sollte nicht verwendet werden. Neben dem zusätzlichen Gewicht überträgt eine Longierbrille die Hilfen stark auf den äußeren Gebissring. Hinzu kommt, dass die Longierbrille sich bei den Bewegungen des Pferdes mitbewegt und so Impulse im Pferdemaul ankommen, die nicht erwünscht sind. Insbesondere bei einer stärkeren Einwirkung (z.B. beim Buckeln oder Wegspringen des Pferdes) entsteht durch das Nach-unten-Ziehen der beiden im Gebiss eingehängten Brillenteile ein Nussknacker-Effekt, der einen schmerzvollen Reiz auf den Unterkiefer und den Gaumen auslöst.
- Das Führen der Longe durch den inneren Gebissring in den äußeren Gebissring oder über das Genick des Pferdes verbietet sich im Einsatz von selbst und ist auch für die Korrektur des Pferdes nicht geeignet, da mit Druck (Schmerz) und nicht mit einer Sensibilisierung für die Hilfengebung gearbeitet wird.
- Für die Ausbildung des Pferdes kann mit der Doppellonge gearbeitet werden. Hierfür reicht eine normale Doppellonge aus. Im Ellenbogenbereich wird die Doppellonge durch einen Ring am Gurt geführt. Wichtig sind das fachlich korrekte Verschnallen und die sichere Handhabung.

7.6 Der Langzügel

Der Langzügel besteht aus leichtem, weichem, nicht zu dickem Gurtmaterial und ist in der Mitte mit einer Schnalle versehen, sodass der Langzügel geöffnet werden kann. Die Doppellonge eignet sich aufgrund ihrer Länge im Gegensatz zu Einspännergurtzügeln nicht. Für die Handhabung ist es hilfreich, wenn die Fachkraft nach Verschnallen des Langzügels ca. 2 m des Zügelmaterials in den Händen hält. Hat sie deutlich mehr Zügelmaterial in den Händen, werden die Handhabung und Hilfengebung erschwert. Bei weniger als 2 m Zügelmaterial besteht die Gefahr, dass sie beim Erschrecken des Pferdes am Zügel hängen bleibt, mitgezogen wird und das Pferd nicht weich durch das Nachgeben abfangen kann. Da der Handel wenig Langzügel anbietet, macht es Sinn, einen Sattler mit der Anfertigung in der zum Pferd passenden Länge zu beauftragen. Als Befestigung in den Trensenringen haben sich Lederschlaufen mit einer breiten Auflagefläche am Gebissring zur Übertragung der Hilfen bewährt. Hierbei muss jedoch beachtet werden, dass die Verschnallung sich schnell lösen lässt, sodass die Fachkraft zum Beispiel zügig ausschnallen kann, wenn das Pferd über den Langzügel getreten ist. Damit der Langzügel eine Orientierung auf seinem Weg zwischen Pferdemaul und Führhand erfährt und so die Einwirkung erleichtert wird, wird er über Ringe am Gurt geführt. Beim Einsatz des Langzügels sollte die Fachkraft, insbesondere bei jungen Pferden, Handschuhe tragen.

7.7 Sporen, Gerte und Longierpeitsche

Der Einsatz von Sporen und Gerte erfolgt im Rahmen der Ausbildung des Pferdes durch die Fachkraft dosiert. Bei einem ständigen Einsatz von Gerte und Sporen stumpft das Pferd ab und das Ziel, dass das Pferd von sich aus ein Grundtempo anbietet, wird nicht erreicht. Andererseits beginnt das Pferd die Hilfengebung zu ignorieren, wenn zur Unterstützung des Treibens kein klarer Impuls durch die Gerte oder die Sporen erfolgt. Für das Training sollte eine Gerte mit einer Länge von ca. 1,20 m genutzt werden, um das Pferd ohne größere Bewegungen in Schulter und Arm hinter dem Schenkel erreichen zu können. Die Gerte sollte elastisch, jedoch nicht zu weich sein, damit sie das Pferd nicht durch die reine Eigenbewegung unbeabsichtigt berührt. Im freien Reiten kommen einige Klienten besser zurecht, wenn sie mit einer kürzeren Gerte an der Schulter treiben. Das Touchieren des Pferdes hinter dem Schenkel ist oft mit einem unruhigen Sitz und einer unruhigen Handhaltung verbunden und stört das Pferd somit mehr, als dass es für ein vermehrtes Vorwärtsgehen sorgt. Damit das Pferd diese Form der Hilfengebung einordnen kann, übt die Fachkraft den Einsatz der Gerte an der Schulter im Training. Erfolgt der Einsatz der Gerte durch den Klienten hinter dem Schenkel kontrolliert, sollte die Gerte ca. 1,10 bis 1,20 m lang sein. Ist die Gerte zu kurz, wird der Klient bei ihrem Einsatz unruhig in der Hand und holt immer weiter aus, um das Pferd auch zu treffen. Die Fachkraft achtet darauf, dass die Länge der Gerte so gewählt ist, dass die Hand des Klienten beim Einsatz der Gerte möglichst ruhig bleibt. Die Klienten erhalten beim freien Reiten keine Sporen, um das Pferd vorwärtszutreiben, da sie in ihrem Sitz nicht ausbalanciert sind, um einen gezielten Einsatz der Sporen sicherzustellen. Im fortgeschrittenen Bereich des Reitsports für Menschen mit Behinderungen ist es in Abhängigkeit von der Art der Behinderung sinnvoll, auch Sporen zur Unterstützung einzusetzen. Für Anfänger ist in diesem Bereich der Einsatz von Sporen nicht angemessen.

Für das Longieren benötigt die Fachkraft eine Teleskoppeitsche mit einer Reichweite von 7 bis 8 m. Ist die Reichweite zu gering, kann sie das Pferd nicht touchieren, ohne ihren Platz in der Mitte zu verlassen oder den Zirkel zu verkleinern. Ein Zirkeldurchmesser unter 14 m belastet die Gelenke des Pferdes und führt aufgrund der über einen langen Zeitraum zu haltenden engen Wendung zu Reaktionen von Widerstand beim Pferd. Verlässt die Fachkraft ihren Platz in der Mitte und beginnt „hinter dem Pferd herzulaufen", entstehen Unruhe und eine Unklarheit in der Hilfengebung. Im Setting des Voltigierens kommt hinzu, dass die Kinder sich bei ihr in der Mitte aufhalten und die Fachkraft den Kindern ständig ausweichen müsste.

7.8 Bandagen und Gamaschen

Das Pferd ist im Therapeutischen Reiten keiner übermäßigen Belastung im Bereich der Sehnen und Gelenke ausgesetzt. Zudem haben Bandagen oder Gamaschen keine stützende oder entlastende Funktion. Trägt das Pferd Eisen oder neigt es dazu, sich zu streifen, sollten die Beine durch Gamaschen geschützt werden. Dabei achtet die Fachkraft auf die Auswahl der richtigen

Größe und darauf, dass sich kein Dreck an der Innenseite befindet. Hat der Klient das Pferd eigenständig vorbereitet, überprüft sie zudem die korrekte Position der Gamaschen. Ähnlich wie beim Sattel reichen schon kleine Druck- oder Scheuerstellen aus, um dem Pferd Schmerzen zu bereiten und ihm so die kooperative Mitarbeit zu erschweren.

7.9 Hilfszügel

Ziel der Ausbildung sind der Erhalt der artspezifischen Eigenschaften und eine Reduzierung von Hilfszügeln auf das Notwendigste während des Einsatzes des Pferdes. Hilfszügel werden nur dosiert und zielgerichtet und nicht zur Kompensation einer fehlenden Ausbildungsleistung eingesetzt. Nicht zielführend ist es, das Pferd über äußere Maßnahmen unter Missachtung eines soliden Ausbildungswegs in eine bestimmte Form (z.B. Kopfhaltung) zu zwingen. Beim Ausbilden des Pferdes unter dem Sattel sollte die Fachkraft ohne den Einsatz von Hilfszügeln auskommen. So verbietet sich beispielsweise der Einsatz von Schlaufzügeln von selbst. Zudem wird dem Ziel des Therapeutischen Reitens Rechnung getragen, dass die Klienten das Pferd nicht in Anlehnung reiten sollen, sondern dass die Hilfszügel eingesetzt werden, um dem Pferd die Aufgaben zu erleichtern.

TIPPS FÜR DEN EINSATZ VON HILFSZÜGELN IM FREIEN REITEN

- Einige Hilfsmittel blockieren das Pferd in seiner Bewegung, Verhindern das Finden des Gleichgewichts, Unterbinden die Entfaltung der artspezifischen Eigenschaften und führen durch das Zwingen in eine starre Haltung zu Verspannungen und dem Aufbau von Widerstand; Stoßzügel werden nicht eingesetzt, da sie das Pferd in die Tiefe ziehen und das Pferd sich dann nicht mehr selber trägt. In der Regel bildet das Pferd als Folge eine Unterhalsmuskulatur aus und arbeitet nicht mehr über den Rücken mit. Hierdurch wird nicht nur das Halten des Gleichgewichts deutlich erschwert, sondern es können sich auch gefährliche Situationen ergeben.
- Ausbinder werden im Anfängerunterricht leider immer noch unreflektiert eingesetzt, obwohl ihr Nutzen oftmals fraglich ist und sich Folgeprobleme ergeben. Stellt die Fachkraft die Ausbinder optimal für den Schritt ein, findet das Pferd in den höheren Gangarten keine Anlehnungsunterstützung und beginnt mit dem Kopf zu schlagen. Ist der Ausbinder auf den Trab und Galopp eingestellt, kann das Pferd im Schritt (der gerade im Anfängerbereich überwiegt) nicht ausreichend die Nickbewegung ausführen und frei schreiten. Zudem fixiert der Ausbinder die Pferde im Halsbereich, sodass sie sich und den Klienten nicht so gut ausbalancieren können. Gerade mit motorisch ungeschickten Klienten ist eine gute Eigenbalance des Pferdes jedoch unerlässlich. Pferde mit viel Vorwärtsdrang neigen dazu, infolge des starren und engen Eingrenzens durch die Ausbinder, Spannungen aufzubauen. Dies verunsichert die Klienten und führt schnell dazu, dass sich die Spannung verstärkt und ein Kontrollverlust eintritt. Pferde mit wenig Vorwärtsdrang schalten oftmals ab und hängen sich

in die Ausbilder, da der treibende Impuls der Klienten noch nicht ausreicht, um das Pferd zu motivieren, sich selber zu tragen. Im HPR, im freien Reiten in der Ergotherapeutischen Behandlung und der Psychotherapie mit dem Pferd geht es nicht darum, das Pferd in Anlehnung zu reiten. Die Möglichkeit des Pferdes, einen Impuls des Klienten zu beantworten, steht im Vordergrund. Dies ist nur möglich, wenn das Pferd durch einen Ausbinder nicht zu stark eingeschränkt wird und mit einer natürlichen Kopfhaltung gehen darf. Ist das Pferd gut ausgebildet und wird regelmäßig Korrektur geritten, finden einige Pferde in korrekt verschnallten Ausbindern jedoch eine sinnvolle Unterstützung. Auch im Bereich des Reitens als Sport für Menschen mit Behinderungen kann durch korrekt verschnallte Ausbinder für Reitanfänger das Reiten in Anlehnung erleichtert werden. Die Wirkung des Einsatzes der Ausbinder muss die Fachkraft regelmäßig überprüfen.

- Geeigneter als der einfache Ausbindezügel ist der Dreieckszügel, da er dem Pferd eine höhere Flexibilität in der Vorwärts-abwärts-Dehnung erlaubt. Ist der Dreieckszügel ausreichend lang verschnallt, stellt er sich zudem besser auf die unterschiedlichen Gangarten ein und lässt die Nickbewegung im Schritt eher zu. Da die Klienten und die Reitanfänger nicht die korrekte Anlehnung des Pferdes erarbeiten sollen und oftmals nur schwache treibende Impulse einbringen können, besteht auch hier die Gefahr, dass sich das Pferd in die Dreieckszügel hängt.
- Auf die Schrittbewegung eingestellte Laufferzügel unterstützen das Pferd, sich vorwärts-abwärts zu dehnen, und begrenzen das Pferd seitlich, ohne starr auf die Bewegungsfreiheit Einfluss zu nehmen. Diese Hilfszügel sind für das Heranführen des Pferdes an die Aufgabe mit Klienten gut geeignet. Ist das Pferd korrekt ausgebildet und hat Erfahrungen im Einsatz gesammelt, kann in der Regel auch auf dieses Hilfsmittel verzichtet werden.
- Der Einsatz eines Martingals ist eine Möglichkeit, das Pferd in der Kopfbewegung nach oben zu begrenzen und es so in seiner natürlichen Haltung zu unterstützen. Die Klienten haben dann nicht das Gefühl, den Kopf des Pferdes durch das Ziehen am Zügel nach unten bekommen zu müssen, und wirken angemessener mit den Zügelhilfen ein. Gleichzeitig fixiert das Martingal das Pferd nicht in einer starren Kopfhaltung und ermöglicht ihm das Hinschauen. Insbesondere im Gelände bewährt sich der Einsatz des Martingals.

TIPPS FÜR DEN EINSATZ VON HILFSZÜGELN AN DER LONGE

- Auch hier eignen sich Laufferzügel besser als starre Ausbindesysteme. Sie helfen dem Pferd an der Longe, sich vorwärts-abwärts zu dehnen, und geben ihm eine angemessene seitliche Begrenzung, ohne seine Bewegungsfreiheit zu den Seiten zu stark einzuschränken. Bei der Verwendung des Dreieckszügels ist zu beachten, dass dem Pferd wenig seitliche Begrenzung angeboten wird.
- Bei Gruppen mit sehr unterschiedlichem Leistungsniveau muss der Laufferzügel so eingestellt werden, dass das Pferd genügend Freiheit für den Schritt hat und gleichzeitig eine ruhige Galoppade möglich ist. Eine ständige neue optimale Einstellung auf die neue Gangart ist aufgrund des Zeitaufwandes und der vielen Themen der Klienten im Setting des Voltigierens kaum möglich, sodass ein Kompromiss eingegangen werden muss. Damit der Schritt sich entfalten kann, werden Abstriche in der Qualität des Galopps hingenommen.

- Der Einsatz des einfachen Ausbinderzügels macht Sinn, wenn das Pferd aufgrund seiner Ausbildung versammelt galoppieren kann und mit Gruppen, die viel galoppieren, eingesetzt wird. Hier wird der Ausbinder zusätzlich zu den Dreiecks- oder Laufferzügeln eingeschnallt, wenn der Galopp ansteht. Der Ausbinder kann dann in den Schrittphasen ohne viel Aufwand ausgeschnallt werden, sodass das Pferd frei schreiten kann. Für das Pferd ist der zusätzlich angebrachte Ausbinder eher zu tolerieren als das ständige Verschnallen und die dadurch entstehende Unruhe bei der Klientel.
- Im Setting des Voltigierens ist es hilfreich, die Dreiecks- oder Laufferzügel durch eine Schnalle, die sich verschieben lässt, verstellen zu können. Farbliche Markierungen dienen dabei als Orientierungshilfe, wie lang die Hilfszügel für das Pferd eingestellt werden müssen. Die Fachkraft muss dann nicht aufwendig Löcher zählen oder Schnallen öffnen und schließen.

Zwei Varianten eines Dreieckzügels, die sich schnell und unkompliziert verschnallen lassen.

TIPPS FÜR DEN EINSATZ VON HILFSZÜGELN AM LANGZÜGEL

- Bei Pferden zu Beginn der Ausbildung am Langzügel ist für die Entwicklung der Anlehnung der Einsatz eines Lauffer- oder Dreieckszügels hilfreich. Sobald das Pferd die treibenden Hilfen und das damit verbundene Vorwärtsgehen annimmt, benötigt das Pferd diese Unterstützung nicht mehr.
- Bei Pferden, die mit dem Kopf schlagen, kann der Einsatz eines Lauffer- oder Dreieckszügels ebenfalls sinnvoll sein. Dauerhaft muss die Fachkraft jedoch die Ursache erkennen und durch ein gezieltes Training daran arbeiten, dass das Pferd sich ohne Widerstand ruhig an die Hand anlehnt und dies auch auf die Hilfengebung am Langzügel überträgt.
- Der Einsatz von Ausbindern muss auch in diesem Setting wohlüberlegt sein, da die Pferde sich entweder hinter der Senkrechten verkriechen oder aber sich auf die Ausbinder legen. Das Ziel ist, ohne Hilfszügel am Langzügel zu arbeiten, da der Hilfszügel die notwendige sensible Einwirkungsmöglichkeit über den Langzügel begrenzt.

8 Die Bedeutung der Skala der Ausbildung für das Pferd im Therapeutischen Reiten

Die sechs Punkte der Skala der Ausbildung sind auch für die Ausbildung von Pferden für das Therapeutische Reiten grundlegend, da sie alle Eigenschaften abbilden, die das Pferd mitbringen sollte. Im Reitsport legt die Skala der Ausbildung die Grundlage dafür, dass die Reiterin mit minimalen Hilfen in den einzelnen Lektionen oder beim Anreiten eines Hindernisses einen hohen Perfektionsgrad erreicht. Dabei werden die einzelnen Punkte nicht nacheinander, sondern integrierend erarbeitet. Für das Pferd im Therapeutischen Reiten ist der Ausbildungsstand auf dem Niveau einer A-L Dressur handlungsleitend. Die Ausbildung des Pferdes verläuft dann erfolgreich, wenn seine Rittigkeit unter dem Einfluss des Klienten erhalten bleibt. Unter Rittigkeit verstehen wir im Rahmen des Therapeutischen Reitens, dass das Pferd kooperativ mitarbeitet und die Grundlagen des Takts, der Losgelassenheit, der Anlehnung, der Geraderichtung und das Vorwärtsgehen anbietet. Im Mittelpunkt steht seine Bereitschaft, trotz störender oder asymmetrischer Einwirkung oder fehlender und unklarer Hilfengebung in einer kooperaa-

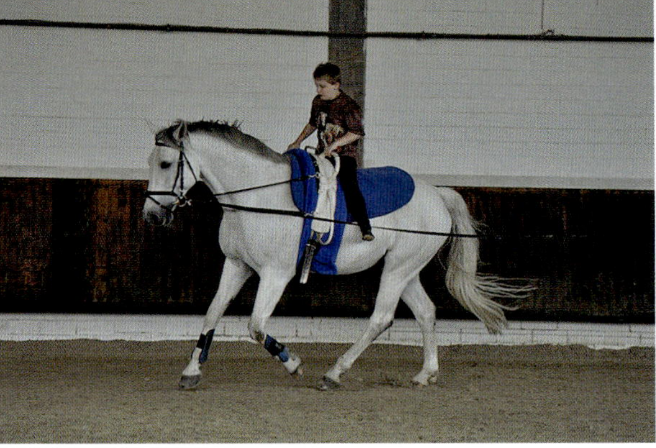

Heinzel wird durch die Übung des Kindes irritiert, verliert den Takt, die Anlehnung und seine Losgelassenheit. Das Pferd findet nach kurzer Zeit sein Gleichgewicht wieder und geht losgelassen, taktrein und in Anlehnung.

tiven Haltung gegenüber dem Klienten zu bleiben, eine „einfache" Aufgabe auch ohne die korrekte Unterstützung auszuführen und störende Einflüsse zu kompensieren.

Im Unterschied zum Reit- und Voltigiersport geht es im Therapeutischen Reiten nicht darum, dass der Klient durch seine Hilfengebung mit dem Pferd auf der Grundlage der Skala der Ausbildung arbeitet. So ist das Erreichen einer korrekten Anlehnung nicht Ziel einer heilpädagogischen Reitstunde. Und auch das taktreine und geradegerichtete Reiten einer Volte ist nicht handlungsleitend. Hier geht es beispielsweise vielmehr um das Einüben von Frustrationstoleranz, sich überhaupt zu trauen, einzuwirken und das Pferd abzuwenden oder sich auf den Bewegungsdialog einzulassen. Das Pferd dient dem Klienten aufgrund der in der Ausbildung aufgebauten Fähigkeiten dazu, an seinen individuellen körperlichen, geistigen, psychischen oder kognitiven Themen zu arbeiten. Auch Reitanfänger im Regelsport müssen sich zunächst einmal mit den Bewegungen des Pferdes, seinen artspezifischen Eigenschaften, der Koordination ihrer Bewegungen und der Umsetzung kognitiven Wissens in Handlung befassen, bevor sie in der Lage sind, ein Pferd im Sinne der Skala der Ausbildung zu arbeiten. Im Reiten als Sport für Menschen mit Behinderungen, insbesondere bei fortgeschrittenen Reiterinnen, steht dann sehr wohl die Arbeit mit dem Pferd auf der Grundlage der Skala der Ausbildung im Vordergrund. Hier unterscheiden sich der Einsatz und die Arbeit mit dem Pferd nicht vom Regelsport für fortgeschrittene Reiterinnen.

Da mit dem Pferd während des Einsatzes eben nicht an den sechs Punkten der Skala der Ausbildung gearbeitet wird, sondern die Unterstützung des Klienten und nicht die Förderung des Pferdes im Vordergrund steht, ist es umso wichtiger, dass die Fachkraft die Ausbildungs- und Korrekturarbeit an den Inhalten der Skala der Ausbildung orientiert. Den sich im Einsatz einschleichenden „Rückentwicklungen" in einzelnen Punkten wirkt sie gezielt entgegen, sodass das Pferd die oben beschriebene Rittigkeit beibehält.

8.1 Takt

„Als Takt bezeichnet man das Gleichmaß aller Schritte, Tritte und Galoppsprünge des Pferdes."
(Deutsche Reiterliche Vereinigung e.V. 2014a)

Taktreine Bewegungen sind dem Pferd von Natur aus gegeben. In seiner Ausbildung steht das Ziel im Vordergrund, den Takt in allen Grundgangarten sowohl in den Lektionen, der Versammlung und den Tempiverstärkungen zu erhalten. Für den Einsatz im Therapeutischen Reiten lernt das Pferd, den Takt in seinem Grundtempo, in den Übergängen, auf großen gebogenen Linien und unter der störenden Einwirkung durch die Klienten zu halten. Die Klienten sind darauf angewiesen, dass das Pferd sein Grundtempo und den Takt ohne ihre Hilfengebung und auch bei falscher Belastung selbstständig anbietet. Die taktsicheren, rhythmischen Bewegungen des Pferdes dienen dem Klienten als Orientierung für die Entwicklung der eigenen Bewegungskoordination und Balance. Verliert das Pferd seinen Takt, fällt dieser Orientierungspunkt für den Klienten weg. In der Regel sind die Klienten im Vergleich zu erfahrenen Reitern auch im freien Reiten nicht in der Lage, durch ihre Einwirkung den Takt und das Grundtempo wiederherzustellen, wenn das Pferd taktreine Bewegungen nicht von sich aus anbietet.

Im Training wählt die Fachkraft das Tempo sowohl unter dem Sattel als auch an der Longe und am Langzügel so, dass das Pferd zunächst die Chance hat, seine Bewegungen gut zu koordinieren. Jedes Pferd benötigt dafür ein individuell abgestimmtes Grundtempo. Ein sinnvoll gewähltes Grundtempo zeigt sich nicht in einem brav schleichenden oder eilig gehenden Pferd, sondern darin, dass das Pferd aktiv aus der Hinterhand und über den Rücken arbeitet und ein Tempo findet, in dem es sich wohlfühlt und das es über einen längeren Zeitraum eigenständig halten kann. Erst wenn es eine harmonische Bewegungskoordination im Rahmen von Losgelassenheit und stabiler Anlehnung aufgebaut hat, kann es den Takt bei einer fehlerhaften Einwirkung selbstständig halten.

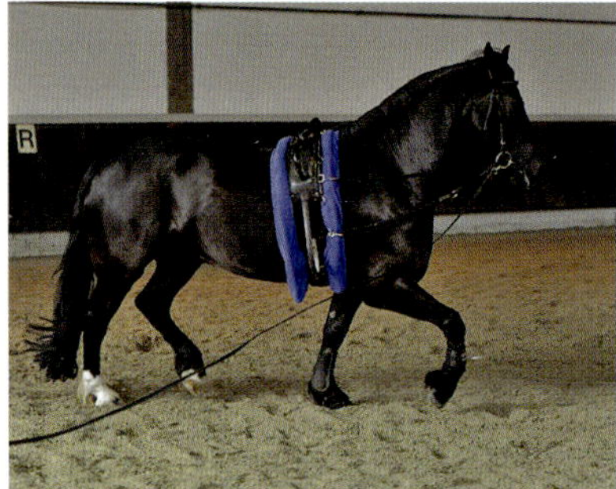

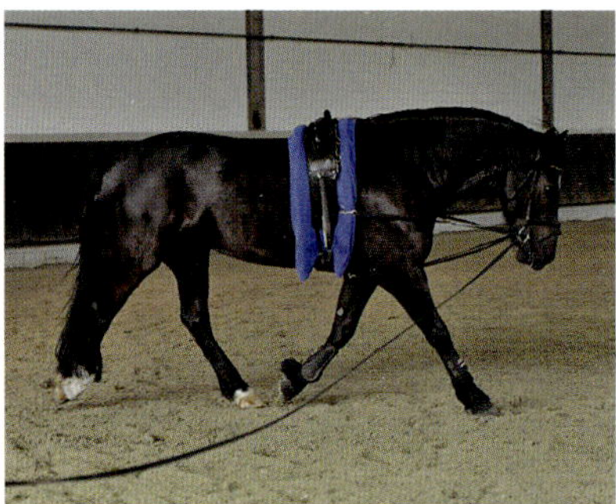

Earl Grey hat deutliche Schwierigkeiten, sich auszubalancieren und den Takt zu halten. Das Pferd kommt nach innen und die Fachkraft hat dadurch bedingt hier Schwierigkeiten (Longe hängt durch!), die Hilfengebung sofort wieder über eine angenommene Longe sicher zu stellen. Im Verlauf der Ausbildung lernt Earl Grey auch an der Longe, sich auszubalancieren, den Takt zu halten und in Anlehnung zu gehen.

Werden Takt und Grundtempo im Training vernachlässigt, können sich folgende Schwierigkeiten während des Einsatzes entwickeln:

- Pferde finden nicht ihr Gleichgewicht und gleichen entweder über ein höheres Tempo oder durch den Ausfall in die niedrigere Gangart aus.
- Sie bieten dem Klienten keinen gleichbleibenden Rhythmus an, sodass der Bewegungsdialog zwischen dem Klienten und dem Pferd gestört ist.
- Andere Punkte der Skala der Ausbildung werden ebenfalls beeinträchtigt und es entwickeln sich in erster Linie Störungen in der Anlehnung und der Losgelassenheit.
- Pferde, die das Grundtempo und den Takt unter den Klienten nicht halten können, haben die Muskulatur nicht angemessen aufgebaut, verspannen sich leichter und lassen in der Kondition und Elastizität nach.
- Pferde, die ständig unter Tempo geritten werden, werden triebig, belasten die Vorhand und arbeiten nicht mehr motiviert und konzentriert mit.

- Pferde, die von sich aus wenig Vorwärtsdrang mitbringen, steigern das Verweigern des Vorwärts bei einem fehlenden Impuls und bleiben beim Klienten stehen.
- Pferde, die über Tempo geritten werden, werden hektisch, unruhig, unkonzentriert und lassen sich nur schwer durchparieren.
- Pferde, die viel Vorwärtsdrang mitbringen, bauen Spannungen auf, wenn sie unter ihrem Grundtempo geritten werden. Dies führt zu gefährlichen Situationen, wenn das Pferd die Spannungen im Ungehorsam abbaut.

8.2 Losgelassenheit

„Die Losgelassenheit ist gekennzeichnet durch regelmäßiges An- und Entspannen der Muskulatur, setzt Zwanglosigkeit voraus und beinhaltet innere Gelassenheit." (Deutsche Reiterliche Vereinigung e.V. 2014a)

Die Losgelassenheit eines Pferdes lässt sich in allen drei Gangarten und in den Lektionen anhand folgender Kriterien überprüfen:

- Das Pferd zeigt jederzeit die Bereitschaft, der nachgebenden Reiterhand durch das Vorwärts-abwärts-Dehnen des Halses zu folgen, und lässt sich beim Annehmen des Zügels ohne Widerstand aufnehmen.
- Das Pferd lässt die Bewegungen harmonisch durch den gesamten Körper laufen und schwingt im Rücken mit.
- Das Pferd wartet auf die treibenden, verwahrenden und seitwärtsweisenden Hilfen der Reiterin und beantwortet diese kooperativ und gelassen.
- Takt, Losgelassenheit und Anlehnung bedingen sich wechselseitig und werden gleichzeitig entwickelt. Erst durch die Losgelassenheit werden eine korrekte Anlehnung und Taktsicherheit ermöglicht.

Hinsichtlich der Losgelassenheit und der damit verbundenen Gelassenheit des Pferdes gilt es, zwischen einer muskulären und einer psychischen Losgelassenheit zu unterscheiden. Beide Formen bedingen sich wechselseitig und werden erheblich durch die Losgelassenheit der Reiterin beeinflusst. Ein junges oder unerfahrenes Pferd entwickelt eine nach außen sichtbare Losgelassenheit dann, wenn die Reiterin für ein ruhiges Umfeld sorgt, gelassene Reaktionen in schwierigen Situationen zeigt und ihre Hilfen auf den Rhythmus des Pferdes abgestimmt und dosiert einsetzt. Losgelassenheit darf nicht mit einem gelangweilten und müde dahinschleichenden Pferd verwechselt werden. Erst wenn das Pferd über einen Wechsel von Anspannung und Entspannung der Muskulatur eine positive Grundspannung aufbaut und im psychischen Bereich Kooperations- und Leistungsbereitschaft zeigt, geht ein Pferd losgelassen.
Die Klienten bringen sowohl auf der psychischen wie auch auf der physischen Ebene „Besonderheiten" in den Kontakt ein, die auf das Pferd irritierend wirken. Sowohl die Passivität oder

Avantes geht losgelassen und aufmerksam vorwärts. Er reagiert auf kleinste Hilfen seiner Reiterin.

ein zu hohes Maß an Aktivität eines Klienten als auch seine emotionalen Spannungen beeinflussen die Bereitschaft des Pferdes, sich loszulassen, erheblich. Nur ein Pferd, das seine Losgelassenheit in solchen Situationen erhalten kann, lädt den Klienten ein, sich emotional zu regulieren und muskulär zu entspannen. Während des Einsatzes kommen daher Kriterien hinzu, anhand derer die Losgelassenheit überprüft wird:

- Das Pferd kompensiert die fehlende physische und psychische Losgelassenheit des Klienten möglichst so, dass seine eigene Losgelassenheit muskulär und psychisch grundsätzlich erhalten bleibt.
- Das Pferd reagiert auf fehlende oder überdosierte Impulse eher mit Entspannung (z.B. Tempo verlangsamen, Anhalten, leichte Tempoerhöhung über eine kurze Zeitspanne, Verweigern des Wendens) und steigert sich keinesfalls in eine Verspannung hinein.
- Das Pferd geht in die Führung, wenn die Hilfengebung des Klienten fehlt, und orientiert sich an Impulsen von außen (Signale des Vorderpferdes beim Reiten, Signale der Fachkraft vom Boden aus, Routineaufgaben innerhalb des Stundenablaufs).

Es wird deutlich, dass junge und nicht ausreichend ausgebildete Pferde aus ethischen Gründen und zur Gefahrenminimierung nicht eingesetzt werden dürfen. Erst wenn das Pferd die eigene Losgelassenheit „automatisiert" hat und nach einer Anspannung wieder selbstständig in die Entspannung findet, wird es vermehrt mit störenden Einflüssen durch die Klienten konfrontiert. Die Fachkraft unterstützt das Pferd beim Aufbau der Losgelassenheit, indem sie Phasen der Anspannung und Phasen der Entspannung aktiv und individuell angepasst in die Arbeit einbaut. So lernt das Pferd beispielsweise, bestimmte Impulse wie z.B. das Zügel-aus-der-Hand-kauen-Lassen, Überstreichen am Hals oder eine Beruhigung mit der Stimme ganz selbstverständlich mit Entspannung zu beantworten. Während des Einsatzes kann die Fachkraft so viele angespannte Situationen dadurch beruhigen, dass sie den Klienten auffordert, den Zügel lang zu lassen und das Pferd am Hals zu loben.

Der junge Rubbedidupp wird über den leichten Sitz und eine tief geführte Hand im Galopp in die Entspannung eingeladen. Stellt sich Entspannung ein, sitzt die Fachkraft vermehrt ein und fordert das Pferd auf, im Hinterbein zu arbeiten.

Es ist selbstverständlich, dass sie darauf verzichtet, das Pferd mit viel Druck, Kraft und über konfrontative Impulse auszubilden. Das Pferd würde so eine Verhaltensbereitschaft aufbauen, die der Klient nicht beantworten könnte. Klienten können oftmals nur wenig Kraft einsetzen, Impulse nicht klar vermitteln oder angstfrei Auseinandersetzungen mit dem Pferd bewältigen. Sie brauchen Pferde, die sich durch kleine Impulse in die Zusammenarbeit einladen lassen und die Kooperation mit dem Menschen als Belohnung erleben.

Für den Aufbau und Erhalt der muskulären Losgelassenheit reicht die körperliche Belastung während des Einsatzes auch für ein gut ausgebildetes Pferd nicht aus. Nur ein regelmäßiges und körperlich forderndes Korrekturreiten stellt den Muskelaufbau und die Lockerheit sicher. Verspannt sich das Pferd während des Einsatzes häufig und wird die Muskulatur anschließend nicht gelockert, kann es seine Leistungs- und Kooperationsbereitschaft dauerhaft nicht aufrechterhalten. Gut geeignet ist hier das Longieren am Kappzaum ohne Hilfszügel nach dem Einsatz, sodass sich das Pferd frei bewegen und entspannen kann. Es ist für den Aufbau der inneren Losgelassenheit und Verlässlichkeit des Pferdes unerlässlich, dass eine klare Abgrenzung zwischen freier Bewegung und dem Arbeitskontext besteht.

8.3 Anlehnung

„Anlehnung wird definiert als stete, weich federnde Verbindung zwischen Reiterhand und Pferdemaul." (Deutsche Reiterliche Vereinigung e.V. 2014a)

Durch das Zusammenspiel zwischen treibenden Hilfen und der Einwirkung der Hand lernt das Pferd, sich weich an die Reiterhand anzulehnen und sich dennoch selbst zu tragen.

Während des Einsatzes im Therapeutischen Reiten ist es außer im Bereich des Reitens als Sport für Menschen mit Behinderungen (Fortgeschrittene) nicht realistisch, eine Anlehnung zu erreichen, bei der das Pferd korrekt durch das Genick geht und sich mit der Stirn-Nasen-Linie etwas vor oder an der Senkrechten befindet.

- Am Langzügel fehlen die treibenden Schenkelhilfen. Der Einsatz von Gerte und Stimme kann diesen treibenden Impuls insbesondere über die Dauer des Einsatzes und unter der Einwirkung des Klienten nur schwer kompensieren. Zudem stehen der Fachkraft am Langzügel anders als beim Reiten weniger Rückmeldungen des Pferdes zur Verfügung, sodass eine gute Koordination der Hilfen erschwert ist. Darf das Pferd mit offenem Genick in Dehnungshaltung gehen, ohne dabei über den Zügel zu kommen, bietet es eine höhere Bereitschaft an, taktrein und fleißig vorwärtszugehen.
- Beim Reiten sind die Klienten in der Regel nicht in der Lage (außer im fortgeschrittenen Bereich des Reitens für Menschen mit Behinderungen) ihre Hilfen ausreichend zu koordinieren und dosiert mit der Hand einzuwirken, um das Pferd in Anlehnung zu reiten. Wirkt der Klient stark mit der Hand ein, verschlechtert sich die Verbindung zum Pferdemaul und der Widerstand des Pferdes nimmt zu. Pferde, die in einer natürlichen Haltung gehen dürfen, nicht den störenden Einflüssen einer nicht angemessenen Handeinwirkung ausgesetzt sind oder über einen zu kurz verschnallten Hilfszügel durch das Genick gestellt werden, arbeiten in der Regel über lange Zeiträume kooperativ und motiviert mit. Setzt die Fachkraft Hilfszügel ein, muss sie sicherstellen, dass es dem Pferd dennoch möglich ist, auf den Klienten zu reagieren. Die Reaktion des Pferdes und nicht die Anlehnung steht hier im Vordergrund.
- Beim Reiten an der Longe und beim Voltigieren müssten aufgrund des ständigen Wechsels der Gangart die Hilfszügel immer wieder neu verschnallt werden, um dem Pferd die angemessene Länge für eine korrekte Anlehnung anzubieten. Da dies nicht immer handhabbar ist, wird eine Verschnallung gewählt, die das Pferd einlädt, dauerhaft motiviert mitzuarbeiten. Dies ist eher der Fall, wenn die Fachkraft das Pferd so ausbindet, dass es in einer natürlichen Haltung gehen darf. Wird zwischendurch viel galoppiert, können zusätzlich zum Dreieckszügel Ausbinder eingeschnallt werden, die dem Pferd mehr Anlehnung anbieten.

Das Pferd lernt unter dem Klienten im Rahmen einer natürlichen Kopf- und Halshaltung, die Verbindung zur Hand zu suchen und auf Signale zum Wenden zu reagieren. Diese Form der Verbindung erlaubt es dem Pferd eher, störende Einflüsse zu kompensieren. Insbesondere beim Reiten lädt ein Pferd mit einer ruhigen Kopf- und Halshaltung die Hand des Klienten ein, zur Ruhe

zu kommen und wenig zu agieren. Zudem erlaubt diese Körperhaltung dem Pferd, seine Sinnesleistungen zu nutzen, hinzuschauen und so Ruhe zu bewahren. Pferde, die durch nicht fachgerecht verschnallte Hilfszügel durch das „Genick gezwungen werden", bauen Spannungen auf, verlieren ihre Losgelassenheit und es entstehen Gefahrensituationen.
Durch die Unsicherheiten und Einschränkungen der Klienten braucht das Pferd seinen Hals zudem sehr viel mehr als Balancierstange als bei geübten Reiterinnen. Es fällt dem Pferd leichter, seine Balance zu finden, wenn es Bewegungsfreiheit im Halsbereich hat. Durch die vermehrte Einschränkung durch zu kurz eingestellte Hilfszügel entsteht also nicht etwa mehr Sicherheit für den Klienten. Im Gegenteil, das Pferd baut so früher und intensiver Anspannung auf. Darf das Pferd in einer natürlichen Selbsthaltung gehen, verhält es sich im Kontakt mit den Klienten verlässlicher, berechenbarer und aufmerksamer. Einige Pferde kommen in der Verbindung zur Hand des Klienten eher zur Ruhe, wenn sie mit einem Hilfszügel korrekt (an oder vor der Senkrechten) ausgebunden werden und die Zügel über ein in die Trense eingeschnalltes Sidepull (gebisslose Zäumung aus dem Westernreiten) laufen.

Ziel der Ausbildung und der Korrekturarbeit ist dennoch die Erarbeitung einer korrekten, sicheren Anlehnung unter der Fachkraft. Diese Anforderung an den Ausbildungsstand des Pferdes ist aus folgenden Gründen unverzichtbar:

- Durch eine korrekte Anlehnung im Zusammenwirken von Takt und Losgelassenheit wird erreicht, dass die Hinterhand aktiv untertritt und das Pferd über den Rücken arbeitet. Das Pferd baut auf der Grundlage einer korrekten Anlehnung seine Muskulatur so auf, dass es sich im Einsatz ohne unterstützende Hilfen immer besser selber tragen kann, da es mehr Last mit der Hinterhand aufnimmt. Das Pferd entwickelt dabei eine Tragkraft, die ausreicht, um sich selbst und den Klienten zu tragen und keine gesundheitlichen Probleme zu entwickeln.
- Durch eine weiche und stetige Anlehnung lernen die Pferde, dass sie durch die Vorwärts-abwärts-Dehnung an die Hand und nicht durch das Versteifen des Halses nach oben, losgelassen und zufrieden gehen können. Ist ihnen diese Form der Anlehnung vertraut, zeigen sie im Einsatz geringe Tendenzen, klar über dem Zügel zu gehen, sich einzurollen oder mit dem Kopf zu schlagen. Dieses unerwünschte Verhalten tritt in der Regel dann auf, wenn sie durch eine harte Hand oder durch nicht korrekt eingestellte Hilfszügel in die Anlehnung gezwungen wurden.

Die Fachkraft lässt dem Pferd in der Ausbildung Zeit, in kleinen Schritten Vertrauen in ihre Handeinwirkung zu entwickeln. Außerdem koordiniert sie ihre treibenden Hilfen und die Einwirkung der Hand so, dass das Pferd die einzelnen Impulse klar voneinander abgrenzen und somit verstehen kann. Besondere Beachtung schenkt sie den Impulsen des Pferdes, sich die Verbindung zur Hand selber zu suchen und beispielsweise beim Wenden „mitzudenken", da das Pferd diese Form des aktiven Wendens ohne Unterstützung in seinem Einsatzfeld brauchen wird. Reagiert das Pferd auf minimale Hilfen zum Abwenden und Anhalten, kann der Klient beim freien Reiten ohne viel Aufwand und Angst vor Kontrollverlust auf das Pferd einwirken.

Charles geht beim HPR in einer natürlichen Selbsthaltung und kann auf dieser Grundlage die geringen Impulse des Klienten verarbeiten, sodass das Abwenden ohne Widerstand gelingt.

8.4 Schwung

„Der Schwung wird definiert als die Übertragung des energischen Impulses aus der Hinterhand über den schwingenden Rücken auf die Gesamt-Vorwärtsbewegung des Pferdes." (Deutsche Reiterliche Vereinigung e.V. 2014a)

Durch das Fließen der Bewegung durch den gesamten Körper und das Zusammenspiel zwischen treibenden und verwahrenden Hilfen koordinieren sich die Bewegungen harmonisch und wirken dynamischer und ausdrucksstärker. Die Entwicklung von Schwung ist eine der Grundvoraussetzungen für den Aufbau der Tragkraft.

Schwungentfaltung ist jedoch nicht nur mit einem körperlichen Aspekt verbunden. Pferde zeigen schwungvolle, dynamische Bewegungen ohne eine hohe Einwirkungsfrequenz der Reiterin nur dann, wenn sich das Ausschöpfen ihres Bewegungspotenzials positiv auf ihr Wohlbefinden auswirkt und sie dadurch Bewegungsmotivation entwickeln.

Bei der Entwicklung von Schwung achtet die Fachkraft auf ein aktives Hinterbein, einen mitschwingenden Rücken und eine sensible Einwirkung der Hand. Sie erlaubt die Bewegungsfreude des Pferdes und nimmt das Pferd durch weiche Paraden auf. Wird ein Pferd aus Sorge vor einem Ungehorsam ständig an der Entfaltung des Schwungs gehindert, baut es Spannungen auf oder verliert seine Bewegungsmotivation. Nicht zu unterschätzen ist der Einfluss der Motivation der Fachkraft, sich mit dem Pferd auseinanderzusetzen. Reitet sie das Pferd ungern oder kommt sie selber nicht „in Schwung", wird sich dies negativ auf die Motivation des Pferdes auswirken. Erst nach ca. zwei Jahren Ausbildung ist das Pferd in der Lage, ohne Impulse der Reiterin die Aktivität der Hinterhand selbstständig und unter störenden Einflüssen aufrechtzuerhalten.

Heinzel zeigt unter dem Klienten keinen Schwung im Sinne der Skala der Ausbildung, wohl aber eine hohe Motivation, sich zu bewegen und in der Hinterhand aktiv zu bleiben. Er geht unter dem Klienten vorwärts, gerät nicht zu sehr auf die Vorhand, nimmt Gewicht auf und hält vor allem beim Voltigieren den Galopp.

Um die oftmals geringe Bewegungsmotivation der Klienten oder die nicht harmonisch umgesetzte Bewegungsfreude zu kompensieren, sollte das Pferd eine hohe Bewegungsmotivation mitbringen. Ein Pferd, das sich wenig motiviert bewegt, wird dauerhaft das Vorwärtsgehen verweigern und kann vom Klienten insbesondere beim Reiten nicht „in Schwung gebracht" werden. Zeigt das Pferd auch ohne die Einwirkung des Klienten eine hohe, aber nicht übereifrige Bewegungsbereitschaft, wird der Klient eingeladen, eine intrinsische Bewegungsmotivation zu entwickeln.

8.5 Geraderichtung

„Die Geraderichtung wird definiert als Prozess, der darauf ausgerichtet ist, sowohl auf gerader als auch auf gebogener Linie die Anpassung der Körperlängsachse des Pferdes und der Fußung der Vorder- und Hinterhufe auf einer Hufschlaglinie zu erreichen. Dieser Prozess führt zur Entwicklung einer beidseitig gleichmäßigen Muskulatur." (DEUTSCHE REITERLICHE VEREINIGUNG E.V. 2014A)

Nur über die Erarbeitung der Geraderichtung kann die natürliche Schiefe des Pferdes ausgeglichen und so eine ungleiche Belastung vermieden werden. Durch gymnastizierende Übungen lernt das Pferd, sich zu stellen und zu biegen und die Fußung der Vorder- und Hinterhufe auf einer Hufschlaglinie zu erreichen. Im Therapeutischen Reiten benötigt das Pferd die Geraderichtung vor allem, um das Gewicht des Klienten auszubalancieren, dessen Asymmetrien auszugleichen und gleichzeitig selber gerade zu bleiben. Nur wenn es klar unter seinen Körperschwerpunkt tritt, wird die Bewegung in der gewünschten Weise auf das Becken des Klienten übertragen.

Heinzel geht unter der Fachkraft im Training in allen drei Gangarten auf geraden und gebogenen Linien geradegerichtet. Charles geht am Langzügel auch unter dem Klienten geradegerichtet. Dornröschen hat nach wenigen Wochen Ausbildung noch deutliche Schwierigkeiten, unter der Fachkraft geradegerichtet zu gehen.

Zudem entwickelt das Pferd Verspannungen und eine nicht seitengleiche Bemuskelung, wenn es nicht geradegerichtet ist. Dies führt zu einem stärkeren körperlichen Verschleiß und in der Regel auch zu einer Abnahme der Leistungsbereitschaft durch die Situation der Überforderung. Daher arbeitet die Fachkraft sehr gezielt durch korrektes Wenden, Biegen und Stellen an der Geraderichtung. Insbesondere für das Longieren und Voltigieren wird vorbereitend unter dem Sattel die Geraderichtung erarbeitet. Da das Pferd an der Longe weniger Unterstützung erfährt, tendiert es sonst leicht dazu, über die äußere Schulter oder mit der Hinterhand auszuweichen, das Tempo zu erhöhen, um das Gleichgewicht zu finden, oder es kann den Galopp nicht halten. Korrigiert die Fachkraft diese Entwicklung nicht, wird das Pferd insgesamt schief und verwirft sich im Genick, sodass Anlehnung, Takt und Losgelassenheit ebenfalls leiden.

Außer im fortgeschrittenen Bereich des Reitens für Menschen mit Behinderungen erarbeiten sich die Klienten im freien Reiten in der Regel nur die Fähigkeit, das Pferd zu wenden. Ihm Stellung und Biegung zu geben liegt nicht in ihren Möglichkeiten. Da das Pferd jedoch von der Fachkraft immer wieder in Stellung und Biegung geritten wird, kann das Pferd in großen Wendungen auch unter dem Klienten ohne viel Aufwand die Vorhand auf die Hinterhand ausrichten. Nur wenn sich das Pferd unter der Fachkraft ohne Aufwand wenden, stellen und biegen lässt, haben die Klienten eine Chance, das Abwenden ohne Schwierigkeiten zu reiten.

8.6 Versammlung

„Von Versammlung spricht man, wenn ein Pferd sich mit näher herangeschlossener Hinterhand und stärker angewinkelten Gelenken der Hinterbeine ausbalancieren kann, sich leichtfüßig und energisch bewegt und sich daraus in Selbsthaltung erhabener trägt." (Deutsche Reiterliche Vereinigung e.V. 2014a)

Für die Ausbildung eines Pferdes im Therapeutischen Reiten muss der Versammlungsgrad so weit erarbeitet werden, dass das Pferd sein Tempo zurückführen kann, ohne dabei zu sehr auf der Vorhand zu gehen oder auszufallen. Dadurch lernt es, während des Einsatzes ruhig und langsam zu gehen, ohne in der Hinterhand inaktiv zu werden. Gerade im Reiten für Menschen mit Behinderungen eignen sich Pferde mit einer hohen Versammlungsbereitschaft und weichen Übergängen vom Schritt in den Galopp, um Reiterinnen mit einem Handicap an diese Aufgaben heranzuführen.

Le Noir geht unter seiner Reiterin Uta Gräf in einem hohen Maß versammelt.

Heinzel trägt sich unter der Fachkraft im Galopp selbst.

Unter der Klientin kann Heinzel in einer natürlichen Selbsthaltung sein Grundtempo halten.

Literaturempfehlungen:
Deutsche Reiterliche Vereinigung e.V. 2001 und 2014a; Lehmann 2012; Putz 2012; Schöffmann 2006; Zettl 2003

9 Die Ausbildung des Pferdes für den Einsatz im Therapeutischen Reiten

Die Ausbildung des Pferdes wird durch eine langfristige und individuelle Trainingsplanung unter geeigneten Rahmenbedingungen sichergestellt. Die Ausbildungszeit des Pferdes gliedert sich in die Phase der Eingewöhnung, die Grundausbildung (wiederrum unterteilt in einzelne Phasen) und die Gewöhnung an die speziellen Aufgaben in seinem Einsatzgebiet. Die Dauer, bis das Ziel einer Phase erreicht ist, hängt vom individuellen Lernverhalten des Pferdes, seinen Voraussetzungen sowie der Erfahrung der Fachkraft ab. Generell gilt, dass die Ausbildung nur dann zum Erfolg führt, wenn sehr regelmäßig und konzentriert mit dem Pferd gearbeitet wird. Um Kondition und Muskelaufbau sicherzustellen, ist ein regelmäßiges Training des Pferdes erforderlich. So sollte das Pferd in der Ausbildungsphase vier- bis fünfmal pro Woche gearbeitet werden. Außerdem treten gerade bei jungen Pferden zu Beginn „Kinderkrankheiten" wie Husten, der Verlust von Hufeisen oder kleine Verletzungen durch das Spielen mit den Artgenossen (z.B. Bisswunde in der Sattellage) auf, die das Training unterbrechen. Steht keine Halle oder ein winterfester Außenplatz zur Verfügung, kann das Training im Winter nicht in vollem Umfang durchgeführt werden. Ohne eine zielgerichtete Planung und Reflexion des Trainings kann die Fachkraft den Ausbildungsprozess nicht steuern. Es treten dann leicht Situationen der Über- oder Unterforderung des Pferdes auf und die Fachkraft steuert negativen Entwicklungen nicht zeitnah entgegen. Hinzu kommt, dass sie bei jedem Ausbildungsschritt überprüft, ob das Pferd den Anforderungen im Einsatz gewachsen sein wird. Stellt sich nach einem Jahr heraus, dass sich z.B. die Anlehnungsprobleme des Pferdes nicht lösen lassen, ist es sinnvoller, sich von dem Pferd zu trennen und keine weitere Zeit zu investieren.

Literaturempfehlungen:
Neben den in Kapitel 3 aufgeführten Literaturempfehlungen eignen sich für die Ausbildung des Pferdes: Deutsche Reiterliche Vereinigung e.V. 2013a; Heuschmann 2014; Hlauscheck 2014; Karl 2009; Klimke 2009; Leiser 2012; Rieder 2002; Rieskamp 2011; Zettl 2013

9.1 Die Eingewöhnungsphase

Gleich nach Ankunft des neuen Pferdes auf der Anlage beginnt die Gewöhnung an die neue Umgebung und an seinen zukünftigen Arbeitsbereich. In dieser Phase stehen drei Aufgaben im Mittelpunkt:

- Gewöhnung an die Stallanlagen mit seinen bestehenden Strukturen und Zeitabläufen
- Eingewöhnung in die Herde
- Überprüfung des IST-Standes der bisherigen Ausbildung

Die ersten zwei bis vier Wochen der Eingewöhnungsphase dienen nicht dazu, mit der gezielten Ausbildung zu beginnen oder Anforderungen an das Pferd zu stellen. Es geht in den ersten Wochen darum, herauszufinden, wie das Pferd auf fremde Situationen reagiert, welches Lernverhalten es zeigt, wie es den Kontakt zum Menschen gestaltet und welche Kooperationsbereitschaft und Gelassenheit es in der Arbeit mitbringt. Erst auf der Basis des Aufbaus eines grundlegenden Vertrauens in die Umgebung, zu den Artgenossen und den Menschen wird mit der eigentlichen Ausbildung begonnen. Diese Zeit wird genutzt, um die Ausrüstungsgegenstände, insbesondere die Trense und den Sattel, anzupassen. Wird das Pferd zu Beginn mit einem nicht passenden Sattel trainiert, entwickelt es gleich am Anfang muskuläre Verspannungen oder bekommt Druckstellen, die die weitere Ausbildung erschweren. Der Schmied überprüft den Zustand der Hufe und es wird entschieden, ob das Pferd barfuß laufen kann oder ein Beschlag notwendig ist. Sinnvoll ist es ebenso, dass ein Tierarzt nochmals eine gründliche Überprüfung des Gesundheitszustandes, insbesondere der Zähne, vornimmt.

Im Zentrum für Therapeutisches Reiten e.V. hat es sich aufgrund der großen Anzahl der Pferde und Mitarbeiterinnen bewährt, ein Bezugssystem für jedes Pferd zu schaffen. Die betreffende Fachkraft erhält somit die Gesamtverantwortung für das neue Pferd und ist die verlässliche Kontaktperson. Auch wenn Pferde personenunabhängiger reagieren als beispielsweise Hunde, haben wir die Erfahrung gemacht, dass der Vertrauensaufbau durch eine feste Bezugsperson im Training erleichtert wird. Bis dem Pferd alle Abläufe vertraut sind und es den Tagesablauf mit allen seinen Aufgaben aufmerksam und gelassen bewältigt, dauert es in der Regel bis zu drei Monate. Einige Pferde benötigen hierfür deutlich länger, insbesondere dann, wenn sie zu Beginn überfordert oder mit inkonsequentem und nicht pferdegerechtem Umgang durch den Menschen konfrontiert wurden und somit wenig Orientierung finden. Das Alter und die Erfahrung des Pferdes spielen in der Eingewöhnungsphase eine Rolle, sind jedoch nicht immer ein sicherer Hinweis für den Verlauf der Eingewöhnung.

Fallbeispiele:

Heinzel – ein erfahrenes Turnierpferd tut sich schwer

Heinzel erwarben wir neunjährig. Er war bis dahin erfolgreich in Springprüfungen der Klasse S vorgestellt worden. Wir erwarteten bei einem Pferd mit viel Turniererfahrung einen stressfreien Stallwechsel und eine unkomplizierte Eingewöhnung. Im Training trafen unsere Erwartungen in vollem Umfang zu. Für viele Abläufe im Stall brauchte er sehr lange, um eine Orientierung zu finden. So brachte es ihn noch monatelang in Unruhe, wenn seine Boxennachbarn den Stall verließen. Er entwickelte erst langsam Vertrauen darin, dass er zu bestimmten Zeiten verlässlich in den Auslauf konnte. Im Herdenverband fand er erst nach neun Monaten einen sicheren Platz, der es ihm ermöglichte, sich ruhig und gelassen auf der Weide oder auf dem Auslauf zu wälzen.

Dornröschen – Sicherheit mit einer „großen" Freundin

Die dreijährige Reitponystute Dornröschen kam mit wenig Erfahrung im Umgang mit dem Menschen aus einer kleinen Herde direkt vom Züchter zu uns. Sie schloss sich nach kürzester Zeit unserer erfahrenen Stute Finja an und ließ sich bei allen neuen und sie verunsichernden Aufgaben von ihr begleiten. Die kleine Stute lebte sich schnell ein, legte sich auch tagsüber hin und zeigte in fast allen Situationen ein ruhiges, aufmerksames und gelassenes Verhalten.

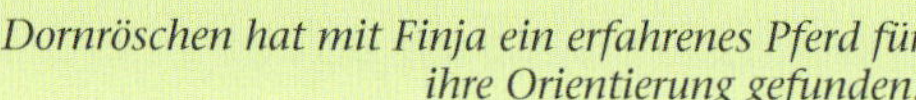

Dornröschen hat mit Finja ein erfahrenes Pferd für ihre Orientierung gefunden.

9.1.1 Die Gewöhnung an die bestehenden Strukturen der Stallanlage

Ein gutes, professionell gestaltetes Stallklima zeichnet sich dadurch aus, dass es geregelte Zeiten zum Füttern, Misten und freien Auslauf gibt. Die Mitarbeiterinnen haben sich auf einen einheitlichen Umgang mit den Pferden geeinigt. Sie verhalten sich im Kontakt mit dem Pferd ruhig, gelassen, konsequent und aufmerksam. Schwierige Situationen im Umgang mit dem Pferd, wie z.B. das Herausstürmen aus der Box, das Losreißen beim Führen auf die Koppel oder Angstreaktionen beim Führen in die Waschbox, werden umgehend miteinander besprochen und es wird eine gemeinsame Vorgehensweise zur Lösung des Problems vereinbart. Wählt jede Mitarbeiterin ihren eigenen Lösungsweg, erfährt das Pferd keine klare Orientierung, und die Wahrscheinlichkeit erhöht sich, dass es an seinen unerwünschten Verhaltensweisen festhält. Hektische Situationen werden vermieden und es wird dafür gesorgt, dass die Anlage aufgeräumt und für das Pferd nicht reizüberflutend ist. Steht das Pferd in einer Box, wird darauf geachtet, dass der Boxennachbar ruhig im Umgang ist, freundlich auf das neue Pferd reagiert und gelassen bleibt, wenn der neue Kollege Unruhe zeigt. So entwickelt das Pferd schnell Vertrauen in die neue Umgebung und erlebt die Box als sicheren Ort. Damit das Pferd seine Box ohne Einschränkungen als Ruheort erlebt, wird das Misten erledigt, wenn das Pferd im Training oder in der Freilaufzeit ist. So wird es in seiner Box nicht von einer Ecke in die andere geschickt, kann die offene Tür nicht zum Entweichen nutzen oder sich z.B. an der Mistkarre verletzen.

Steht das Pferd nicht auf der eigenen Anlage, sondern ist es auf einer Reitanlage eingestellt, sind diese Grundbedingungen nicht immer sicherzustellen, da die Fachkraft gegenüber dem Stallpersonal nicht weisungsbefugt ist. Die Fachkraft muss die sich daraus ergebenden störenden Einflüsse bei der Planung der Eingewöhnung berücksichtigen und dem Pferd gegebenenfalls mehr Zeit einräumen.

9.1.2 Die Bedeutung des Putzens

Das Putzen und Führen des Pferdes dient als erster Indikator für die Kontakt- und Kooperationsbereitschaft des Pferdes und ist der erste Ansatzpunkt für eine konsequente Erziehung. In den ersten Wochen wird darauf geachtet, dass sich die gewünschten Abläufe einspielen. Das Pferd soll auf Ansprache reagieren, Ruhe und Gelassenheit entwickeln, aufmerksam für den Menschen werden und ihm folgen. Hier wird bereits mit dem Pferd die Form der Belohnung über Beziehung und verbales Loben und nicht über die Gabe von Futter eingeübt. Diese Aufgaben kann die Fachkraft keinesfalls delegieren, da sie absolut grundlegend für die Gestaltung der Arbeitsbeziehung zwischen ihr und dem Pferd sind. Sie muss sich für diese Aufgaben Zeit nehmen und dem individuellen Entwicklungstempo des Pferdes Rechnung tragen.

Um das gewünschte Maß an Aufmerksamkeit vom Pferd einfordern zu können, wählt die Fachkraft für das Putzen einen ruhigen Ort aus, an dem kein Trubel durch Klienten oder andere Nutzer der Anlage entstehen kann. Gerade junge Pferde sind bei einer hohen optischen und akustischen Reizflut überfordert und lassen sich nicht mehr auf den Kontakt zum Menschen ein. Sie beginnen zunehmend hin und her zu wandern, am Strick zu knabbern oder mit den Vorderhufen zu scharren. Darüber hinaus wird das Pferd beim Putzen immer so angebunden, dass es keine Möglichkeit der Kontaktaufnahme mit einem anderen Pferd hat, das durch den Kontakt unter Stress und in Unruhe geraten kann. Hierbei wird die Lösung nicht darin gesucht, das Pferd kurz anzubinden, da sich das Pferd dann nicht mehr orientieren kann. Der Ort des Putzens muss für das Pferd zu einem sicheren, konfliktfreien Ort werden, damit es sich auf das Kontaktangebot des Menschen und später auf seine Aufgabe mit den Klienten einlassen kann. Es ist oftmals zu beobachten, dass der sonst freundliche Boxennachbar oder der eng angeschlossene Kollege aus dem Herdenverband droht, wenn ein Pferd an seiner Box angebunden wird. Dieser Stress wird durch eine bewusste Gestaltung der Putzsituation und großzügige Putzplätze ausgeschlossen. Die Fachkraft sorgt nicht nur für eine ruhige Umgebung, sondern auch dafür, dass sie während des Putzvorgangs nicht gestört wird oder andere Aufgaben erledigen muss. Das Putzen des jungen Pferdes darf nicht zu lange dauern, da die Aufmerksamkeitsspanne des Pferdes noch sehr klein und das Stehen an einem Ort, den es nicht frei wählen kann, ungewohnt ist. Leichter fällt es dem Pferd in der Regel, wenn es vorher im Freilauf seinem Bewegungs- und Kontaktbedürfnis nachgehen konnte. Es ist sinnvoll, kurz vor dem Nachlassen der Aufmerksamkeit mit dem Putzen aufzuhören und dem Pferd über das Führen oder den Beginn der Trainingsarbeit eine Abwechslung und insbesondere ein Bewegungsangebot zu machen. Die Putzzeit kann dann individuell angepasst langsam verlängert werden. Gerade junge Pferde drehen sich beim Putzen den Reizquellen immer wieder zu, um sich zu orientieren. Diese Orientierungsleistung erwarten wir später von einem ausgebildeten Pferd ebenfalls, damit es seine Gelassenheit bewahren lernt. Daher sollte das sich Hin- und Herdrehen nicht unterbunden werden, sondern es sollten eher Maßnahmen ergriffen werden, die das Pferd einladen, mit dem Menschen trotz der Reizquelle in Kontakt zu bleiben. Wichtig ist hierbei auch, das Pferd zunächst nur sehr kurze Zeit alleine zu lassen, damit es sich nicht angewöhnt, sich aus Langeweile hin und her zu drehen oder am Strick zu spielen. Wird es später im Therapeutischen Reiten eingesetzt, werden sich immer mal wieder Situationen ergeben, in denen es ruhig und gelassen angebunden stehen muss. In den Weiterbildungslehrgängen erleben wir es immer wieder, dass die Pferde sehr eng angebunden werden und zum Teil kaum mehr als 20 cm Bewegungsfreiheit durch den Anbindestrick erhalten. Dass diese Pferde keinen Kontakt mit dem Menschen aufnehmen können, versteht sich von selbst, wird aber erstaunlicherweise nicht wahrgenommen. Die Neugier der Pferde wird unterbunden und stumpft mit der Zeit ab. Die Pferde können dem Menschen weder ein Interesse noch eine Reaktion entgegenbringen und somit keine Rückmeldung beim Putzen geben. Die Fachkraft achtet auch darauf, dass das Pferd nicht zu lang angebunden ist, sodass es sich nicht mit dem Kopf unter dem Strick verfangen kann oder mit den Beinen darüber tritt. Dass beim Anbinden ein Sicherheitsknoten angewendet wird, der auch den Klienten beigebracht wird, versteht sich von selbst.

Heinzel genießt das Putzen in Ruhe sichtlich.

Aber auch ältere Pferde zeigen Auffälligkeiten beim Putzen. Sie knabbern am Strick, drehen sich hin und her, drängen den Menschen zur Seite, betteln nach Futter oder lecken an den Wänden. Viele Pferde entwickeln diese unerwünschten Verhaltensweisen dadurch, dass der Mensch nicht auf ein beständiges, futterunabhängiges Kontaktangebot achtet. Steht das Pferd beispielsweise längere Zeit angebunden alleine, entwickelt es Langeweile und Untugenden. Wird es beim Putzen mit Leckerli belohnt, wird es sich auf die Gabe des Futters und nicht mehr auf den Kontakt zum Menschen konzentrieren. Strafen hilft wenig, um diese Untugenden zu unterbinden, und führt eher zu einem Machtkampf und einer Verstärkung der Problematik. Sinnvoller ist es, die Putzsituation für das Pferd angenehm zu gestalten und so seine Aufmerksamkeit zu binden. Als hilfreich hat sich auch erwiesen, das Pferd für kurze Zeit anzubinden, ohne es zu putzen, wenn es sich ausreichend bewegt hat und satt ist, um diese Situation zu üben.

Fallbeispiel: **Heinzel – beim Putzen geht es nicht um mich.**

Der neunjährige Heinzel stand beim Putzen zwar relativ ruhig an seinem Platz, knabberte aber häufig am Strick oder nagte am Holz der Box. Das Putzen ließ er über sich ergehen und zeigte wenige Reaktionen auf die Berührungen. Zeitweise kräuselte er die Oberlippe und stampfte mit dem Vorderhuf auf. Den Menschen, der ihn putzte, ignorierte er weitgehend. Er ging nicht in den Kontakt.

Mit der Zeit fanden wir heraus, dass er sich beim Bürsten des Kopfes zuwandte. Vor allem das Kämmen des Schopfes genoss er sichtlich. Immer wenn er beim Putzen der anderen Körperteile aus dem Kontakt ging und wie „abgeschaltet" wirkte, bauten wir das Bürsten des Schopfes ein, um wieder seine Aufmerksamkeit zu gewinnen. Nach und nach blieb er beim kräftigen Bürsten des Halses mit dem Gummistriegel gut in Kontakt und zeigte deutlich, dass er diese Berührung als angenehm erlebte. Somit bauten wir auch diesen Bereich vermehrt in das Putzen ein. Allmählich genoss er das Putzen und den Kontakt mit dem Menschen immer stärker. Unsere Vermutung ist, dass er bisher sehr schnell geputzt wurde und das Putzen lediglich zum Säubern, jedoch nicht zur Kontaktgestaltung genutzt wurde. Seine Übersprungshandlungen sind mittlerweile verschwunden. Heinzel lässt sich von Klienten und auch von Gruppen gerne und ausgiebig putzen. Wenn ein Klient nicht ganz bei der Sache ist und aus dem Kontakt geht, fordert er die Aufmerksamkeit durch Schubsen wieder ein.

Ein konzentriertes und auf den Kontakt ausgerichtetes Putzen ist eine gute Vorbereitung auf die Pflichttermine beim Tierarzt oder Hufschmied. Gerade bei jungen Pferden oder Pferden mit negativen Vorerfahrungen bedeutet der Besuch des Tierarztes oder des Schmieds ebenfalls eine stressauslösende Situation. Hier kann ein ruhiges Begleitpferd neben das unruhige Pferd gestellt werden. Die Bezugsfachkraft begleitet die Situation und fordert einen ruhigen und gelassenen Umgang mit dem unruhigen Pferd ein.

9.1.3 Die Bedeutung der Bewegungsangebote

Das neue Pferd benötigt von Beginn an ausreichend Freilaufzeiten, um seinen Bedürfnissen nach Bewegung nachkommen zu können und Stress abzubauen. Mindestens einmal am Tag sollte das neue Pferd gezielt unter Beobachtung der Fachkraft bewegt werden. Dieses Bewegungsangebot kann beim sehr jungen Pferd das Laufenlassen in der Halle, das Longieren am Kappzaum ohne Hilfszügel sein oder für das bereits trainierte Pferd das lockere Bewegungsangebot unter dem Sattel. Dabei sollte das Angebot ausgewählt werden, bei dem sich das Pferd am wohlsten fühlt und am ehesten entspannen kann. Erhält die Fachkraft vom Vorbesitzer Informationen über den bisherigen Tages- und Trainingsablauf, kann sie daran anknüpfen und dem Pferd so den Übergang in die neuen Arbeitsstrukturen erleichtern.

Es gibt leider immer wieder Pferde, die wenig Erfahrung mit freien Bewegungsangeboten haben und vor allem im Winter beim Laufenlassen in der Halle explodieren. Zur Schonung der Sehnen und Gelenke und auch zur Sicherstellung des Gehorsams ist es daher wichtig, diese Pferde vor dem Laufenlassen ausgiebig zu führen, bei einer schon vorhandenen Ausbildung zu reiten oder zu longieren. Die Spiegel in der Halle sollten abgedeckt werden, da einige Pferde durch ihr Spiegelbild ebenfalls zum unangemessenen Toben animiert werden oder sogar versuchen, in den Spiegel zu springen. Das Führen und Laufenlassen in der Halle oder auf dem Außenplatz ist ebenfalls eine vertrauensbildende Maßnahme und von Beginn an eine Übung zur Entwicklung des Gehorsams. Das Laufenlassen muss ruhig und gelassen ablaufen und darf keinesfalls dazu genutzt werden, das Pferd zu scheuchen oder zu jagen. Das Pferd würde dadurch unnötigerweise ohne einen sicheren Kontakt zum Menschen in Unruhe gebracht und zum Ungehorsam aufgefordert. Es ist in der ersten Zeit hilfreich, wenn in einer 20-x-40-m-Halle drei Personen verteilt stehen und dem Pferd durch die Position der Peitsche in ruhiger Form den Weg vorgeben.

Die Grundlagen des Führens werden in den ersten Wochen überprüft. In diesem Bereich steigt die Fachkraft bereits sehr früh in die Ausbildung und Schulung der gewünschten Fähigkeiten ein. Es ist noch nicht erforderlich, dass das Pferd mit unterschiedlichen Führtechniken vertraut gemacht wird. Es sollte sich vom Menschen führen und nicht an ihm herumziehen oder sich hinterherschleifen lassen. Ziel ist ein aufmerksames Pferd, das am lockeren Strick dem Menschen willig folgt und anhält, wenn der Mensch anhält. Es knabbert dabei nicht am Strick oder an den Zügeln, lässt sich problemlos aufhalftern und wartet beim Führen auf die Weide, bis es umgedreht wurde, bevor es losgeht. In den ersten Wochen wird das Pferd immer wieder über die gesamte Anlage geführt und erhält dabei die Gelegenheit, sich alles genau anzuschauen. Bei ängstlichen Pferden ist es ratsam, ein erfahrenes Pferd zur Begleitung hinzuzunehmen. Auch viele ältere Pferde kennen keine Aufstiegshilfe oder die Materialien und Hilfsmittel einer Therapieeinrichtung. Manche Dinge wie beispielsweise die große Rampe für die Hippotherapie wirken auf die Pferde schon ohne Bewegung bedrohlich. Bewegt sich das Holzpferd dann von Menschenhand, ist es bei vielen Pferden mit der Gelassenheit erst einmal vorbei. In Begleitung einer gelassenen Fachperson und eines erfahrenen Pferdes legt sich die Aufregung in der Regel schnell.

Insbesondere für das Führen ist es wichtig, klare Absprachen mit dem gesamten Stallpersonal zu treffen und einen einheitlichen Umgang festzulegen. Stürmt das Pferd beispielsweise aus der Box, ist es wenig Erfolg versprechend, wenn die Fachkraft an einer Veränderung arbeitet und zeitgleich das Stallpersonal das Pferd ohne konsequentes Eingreifen auf die Weide stürmen lässt.

9.1.4 Die Eingewöhnung in die Herde

Die Eingewöhnung in den Gruppen- oder Herdenverband stellt immer ein Verletzungsrisiko dar und muss daher intensiv begleitet werden. Bei der Integration in die Herde ist einerseits zu berücksichtigen, ob es sich nur um wenige Pferde und somit um eine Gruppe oder wirklich um eine Herde (ab zehn Pferden) handelt, in der die Pferde sich in Untergruppen organisieren. Bei einer geschlechtsspezifisch gemischten Herde muss berücksichtigt werden, dass insbesondere in der Rossezeit vermehrt Unruhe im Herdenverband entsteht.
Im Zentrum für Therapeutisches Reiten e.V. integrieren wir das neue Pferd zunächst in eine Kleingruppe, bevor es mit der gesamten Herde von ca. 25 Pferden konfrontiert wird. Dabei besteht die Kleingruppe bei der Integration einer Stute nur aus Stuten und bei einem Wallach nur aus Wallachen.

Gimly und Floric nehmen den jungen Rubbedidupp zum ersten Mal mit auf die Koppel. Schon nach kurzer Zeit kommt die Herde zur Ruhe und grast friedlich. Die Pferde können sich in der Freilaufzeit und auf der Weide frei bewegen und interagieren.

Die erste Zeit in der Kleingruppe hat den Vorteil, dass Pferde ausgewählt werden können, die sehr gefestigt in ihrer Rangposition sind, ruhig und gelassen auf Neuankömmlinge reagieren und auf den Spieltrieb insbesondere von Wallachen eingehen, ohne sich von deren Imponiergehabe in Kämpfe einladen zu lassen. Die Fachkraft kennt die Pferde gut, sodass sie eine optimale „Mischung" zusammenstellen kann. In der Regel gehören der Boxennachbar sowie ein bis zwei ältere Pferde sowie ein jüngeres Pferd, das sich zum Spielen anbietet, dazu. Dabei wird darauf geachtet, dass eine gerade Anzahl von Pferden zusammengestellt wird, damit sich gegebenenfalls Zweierpaarungen zur Kontaktaufnahme finden können. Der Nachteil der Eingewöhnung in eine solche kleine Gruppe besteht darin, dass die Auswahl an Kontaktpartnern begrenzt ist und sich keine Untergruppen bilden können. Die Flexibilität ist somit eingeschränkt und nicht immer findet sich ein Pferd darunter, an das sich das neue Pferd anschließen mag.

Wird das Pferd dann in die gesamte Herde integriert, kennt es schon einige Artgenossen und ihre Reaktionen. Im Zentrum werden alle Pferde über den Außenplatz selbstständig auf die Weide geschickt und auch wieder vom Außenplatz hereingeholt. Das neue Pferd wird in den ersten Tagen vor den anderen Pferden mit seiner Kleingruppe auf die Weide gebracht. Somit hat es ausreichend Platz zum Ausweichen, wenn die gesamte Herde dazukommt. Damit auch beim Reinholen über den Außenplatz keine gefährlichen Situationen entstehen, wird das neue Pferd in den ersten zwei bis drei Wochen vor den anderen Pferden von der Weide geholt. Diese Vorsichtsmaßnahme ist erforderlich, weil das neue Pferd Angriffen auf dem für so viele Pferde doch kleinen Außenplatz (20 x 60 m) nicht ausreichend ausweichen und es beim Hereinholen der Pferde zu engen Situationen kommen kann. Ein optimaler Eingewöhnungszeitpunkt in die große Herde ist der Frühling, wenn alle Pferde eine hohe Motivation zum Grasen entwickeln. Außerdem sollte man, wenn es möglich ist, das Pferd insbesondere hinten unbeschlagen in die Herde integrieren.

Fallbeispiel: **Kasimir – Orientierungssuche im Kontakt mit den Artgenossen**

Als wir Kasimir zehnjährig kauften, war er seit Jahren keine Gruppenhaltung gewöhnt. Er wurde im Sommer einige Stunden alleine auf eine Weide mit Paddockmaßen gestellt. Kasimir bezog eine Box und verbrachte seine Freilaufzeiten in den ersten Tagen gemeinsam mit einem älteren, rangniedrigen, freundlichen Wallach. Dieser ignorierte Kasimirs distanzloses Verhalten weitgehend und ließ sich nicht auf wilde Spielereien ein. Nach einiger Zeit gab Kasimir seine Bemühungen auf und graste friedlich. Als er in eine kleine Gruppe von Wallachen integriert wurde, kam er schnell zur Ruhe und konnte seinen Spieltrieb und das Grasen angemessen gestalten. Als er im Frühling mit der gesamten Herde auf die große Koppel kam, schien er mit der „großen Freiheit" zunächst überfordert. Er setzte mit riesigen Galoppsprüngen über die Weide und rannte einige Minuten hin und her. Die Herde von 24 Pferden geriet zu Beginn in Unruhe und galoppierte mit ihm über die Weide. Schon nach kurzer Zeit begannen die anderen Pferde zu grasen und schauten Kasimir bei seinem Galoppieren über die Koppel nur noch zu. Nachdem Kasimir sich ausgetobt hatte und durch die Ruhe der Herde eine klare Orientierung bekam, konnte er sich beruhigen und begann am Rande der Herde zu grasen. Heute, mit seinen 24 Jahren eignet er sich gut, um neue Pferde zu integrieren.

Wird das Pferd nicht nur in der Freilaufzeit in die Herde integriert, sondern für den gesamten Tagesablauf in den Offenstall, entsteht in den ersten Wochen Stress für das Pferd. Anders als in der Box findet es keine Ruhephasen, sondern muss sich die gesamte Zeit, auch in der Nacht, mit der Positionierung in der Gruppe auseinandersetzen. Gerade Pferde, die diese Haltungsform bisher nicht kannten, sind in den ersten Wochen herausgefordert, ihren Platz zu finden und sich artspezifische Verhaltensweisen wieder anzueignen. Als sinnvoll hat sich herausgestellt, einen kleinen Bereich mit einer getrennten Liegefläche für das Pferd abzuzäunen. Es kann dann zunächst eine Zusammenführung am Tag stattfinden und über Nacht wird für das Pferd im abgetrennten Bereich eine Ruhezone geschaffen. Ist der Offenstall zudem mit einer Kraft- und Raufutteranlage ausgestattet, muss die Gewöhnung an die Anlage ebenfalls eingerechnet und begleitet werden. Hat das Pferd noch keinen Platz in der Rangordnung gefunden oder wird es als rangniedriges Tier von der Anlage verdrängt, entsteht zusätzlicher Stress durch den aufkommenden Kampf um die Nahrungsaufnahme. Viele Pferde sind mit diesen Herausforderungen in den ersten Tagen bis Wochen so beschäftigt, dass sie sich nicht auf eine Zusammenarbeit mit dem Menschen konzentrieren können, sondern der Kontakt mit dem Menschen als Ruhephase dienen muss. Hier kann es sinnvoll sein, dass Pferd in den ersten zwei bis drei Wochen nur zu putzen, in der Halle zu führen oder an der Hand grasen zu lassen.

Die Integration in die Herde ist dann gelungen und abgeschlossen, wenn das Pferd seine Position in der Rangordnung gefunden hat und zur Ruhe kommt. Es weiß, wie es sich in der Gruppe bewegen muss, wird nicht mehr ständig von den anderen Pferden vertrieben, wälzt sich und folgt sowohl seinem Bedürfnis der Kontaktaufnahme im Spiel und der Fellpflege sowie auch bei der Nahrungsaufnahme ohne Stressanzeichen.

9.1.5 Die Überprüfung des IST-Standes der bisherigen Ausbildung

Die Fachkraft nutzt die Phase der Eingewöhnung, um sich einen Überblick über die Fähigkeiten und Schwachpunkte des Pferdes sowohl im Umgang als auch unter dem Sattel zu verschaffen. Verfügt sie über wenig Erfahrung in der Ausbildung von Pferden, ist es ratsam, dass sie diese Checkliste schriftlich fixiert und sich mit Kolleginnen über ihre Beobachtung austauscht. Sind mehrere Personen in die Ausbildung des Pferdes involviert, sollte ein Ordner angelegt werden, in dem jede Fachkraft einträgt, was sie mit dem Pferd erarbeitet hat, welche Schwierigkeiten sich ergaben und was schon gut gefestigt werden konnte. Auf der Basis der Erhebung des IST-Standes erfolgt dann die Erstellung des Trainingsplans, der für jede Woche in kleine, aufeinander aufbauende Schritte untergliedert wird. In der Eingewöhnungsphase ist die Verführung groß, bereits in die eigentliche Ausbildung einzusteigen, ohne eine konkrete Vorstellung davon zu haben, welchen Ausbildungsstand das Pferd mitbringt. Die Planung der Ausbildung kann erst beginnen, wenn die Fachkraft sich ein genaues Bild vom Pferd gemacht hat. Dies bedeutet nicht, dass die Fachkraft sich „alles vom Pferd gefallen lässt" und unerwünschte Verhaltensweisen insbesondere im Umgang duldet. Es wird von Beginn an konsequent gehandelt, jedoch noch nicht im Sinne eines geplanten Trainings an der Entwicklung von Fähigkeiten gearbeitet. Wurde das Pferd für einen bestimmten Bereich im Therapeutischen Reiten eingeplant, werden die dafür notwendigen Fähigkeiten schon beim Erstellen der Checkliste berücksichtigt.

Fallbeispiel: **Earl Grey – Erstellen einer Checkliste nach vier Wochen**

Earl Grey hat sich insgesamt problemlos an die Abläufe im Stall gewöhnt. Er verträgt sich gut mit seinem Boxennachbarn, kommt in seiner Box zur Ruhe und hat sich in den Freilaufzeiten auf dem Außenplatz oder der Weide einer kleinen Gruppe Wallachen angeschlossen. Er bewegt sich und spielt ausgiebig und gelassen. In der gesamten Herde von ca. 25 Pferden geht er ranghöheren Pferden aus dem Weg und verhält sich eher vorsichtig. Verlässt das Nachbarpferd die Box, wird er unruhig und möchte mit. Öffnet man die Box, strebt er sofort heraus und achtet dabei nicht auf den Menschen. Ähnlich verhält er sich im Umgang und beim Führen, wenn er beispielsweise einen Eimer mit Futter sieht. Er ignoriert die Signale des Menschen und verhält sich respektlos. Insgesamt ist er sehr auf die Futteraufnahme fixiert. Aufgrund seines zu hohen Gewichts wurde ihm eine Diät verordnet, die erste Erfolge zeigt.

Earl Grey lässt sich am gesamten Körper berühren, er ist wenig empfindlich und wendet sich dem Menschen bei der körperlichen Kontaktaufnahme freundlich zu. Er scheint die Berührungen und den Kontakt durch den Menschen zu genießen. Beim Putzen lässt er sich schnell ablenken und es fällt ihm schwer, sich auf den Kontakt

zum Menschen über längere Zeit zu konzentrieren. Er dreht sich bei Geräuschen oder optischen Reizen um und achtet auch dabei nicht auf den Menschen. Die Hufe hebt er nur ungern.
Er lässt sich über die gesamte Anlage führen und bleibt bei neuen Eindrücken gelassen. So ist beispielsweise das Betreten der Waschbox kein Problem. Earl Grey zeigt sich als ein neugieriges, wenig ängstliches Pferd, das nicht zu Panikreaktionen neigt. Beim Satteln bleibt er ruhig und gelassen stehen. Beim Schließen des Gurtes zeigt er keine Abwehrreaktionen. Beim Anlegen der Trense versucht er sich zu entziehen. In der Halle und auf dem Außenreitplatz wirkt er gelassen und aufmerksam. Auch hier fällt auf, dass er sich schnell von äußeren Reizen ablenken lässt und dann nicht mehr auf die Hilfengebung der Reiterin achtet. Er lässt sich sowohl alleine als auch mit mehreren Pferden gut arbeiten. Stark abgelenkt ist er insbesondere dann, wenn ein neues Pferd in die Halle kommt.
Obwohl er schon einige Zeit trainiert wurde, ist er mit seinen fünf Jahren ein Pferd ohne Grundausbildung. Unter dem Sattel zeigen sich viele Ausbildungsdefizite. Earl Grey ist wenig im Gleichgewicht, es fällt ihm schwer, seinen Takt zu finden und zu halten, er entwickelt keine ausreichende Losgelassenheit und es liegen größere Schwierigkeiten in der Anlehnung vor. Aufgrund seines auch rassetypisch (Friesen-Haflinger-Mix) ausgeprägten Unterhalses dehnt er sich ungern vorwärts-abwärts an die Hand, sondern versucht entweder deutlich über der Senkrechten zu gehen oder aber sich einzurollen. An der Longe zeigt er dieselben Schwierigkeiten. Als ein Vorteil erweist sich, dass er kaum Erfahrungen an der Longe hat und somit keine unerwünschten Verhaltensweisen antrainiert wurden. In der Arbeit braucht Earl Grey klare Signale und ein sofortiges, ruhiges Reagieren, da er sonst aus dem Kontakt aussteigt. Er zeigt dann eine hohe Lernbereitschaft und arbeitet trotz der bestehenden Schwierigkeiten willig mit. Earl Grey wird noch einige Zeit an Ausbildung benötigen, bis er seinen Schwerpunkteinsatz in der Hippotherapie zufriedenstellend leisten kann. Seine Ruhe und Gelassenheit, seine anatomischen Voraussetzungen als Gewichtsträger sowie seine hohe Lernbereitschaft bestätigen uns nach den ersten vier Wochen in unserer Auffassung, dass Earl Grey ein geeignetes Pferd ist, das zunächst eine Grundausbildung braucht.

Ist-Stand Earl Grey zur Ausarbeitung eines Trainingsplans

Earl Grey	Ist-Zustand	Trainingsplan
Gesundheitszustand	Deutlich übergewichtig	Diät
Interieur	Gelassenes, neugieriges Pferd; neigt nicht zur Panik; hohe Lernbereitschaft; steigt bei Unruhe aus dem Kontakt aus.	Auf die Konzentration und Ruhe in der Arbeit achten; zunächst eher kurze Trainingseinheiten.
Exterieur	Starke Unterhalsmuskulatur	Vorwärts-abwärts arbeiten
Trainingszustand	Wenig trainiertes Pferd; fehlende Muskulatur	Intervalltraining mit vielen Schrittpausen
Eingewöhnung in die Abläufe im Stall	Zeigt bei den Abläufen keine Unruhe.	
Kontakt zum Boxennachbarn	Kommt in der Box zur Ruhe; gute Verträglichkeit; Unruhe beim Weggehen des anderen Pferdes.	Einüben des Alleinseins in der Box über kurze Zeitspannen
Integration in die Herde	Guter Anschluss an eine Kleingruppe; bewegt sich und spielt gelassen; in der großen Herde respektiert er ranghöhere Pferde.	

Earl Grey	Ist-Zustand	Trainingsplan
Umgang	Drängelt aus der Box heraus; ignoriert den Menschen, z.B. wenn ein Futtereimer neben ihm steht.	Auf die Einhaltung der Rangordnung beim Herausholen aus der Box und dem Führen achten. Gezieltes Führtraining zweimal pro Woche
Kontaktaufnahme	Lässt sich überall berühren, am Kontakt interessiert, freundlich.	
Putzen	Lässt sich überall putzen; ist schnell abgelenkt; hebt die Hufe ungern.	Ruhige Atmosphäre, kurze Putzzeiten, Einfordern des Kontaktes; Einüben des Hufhebens
Satteln	Bleibt ruhig stehen, keine Abwehrreaktionen; entzieht sich beim Auftrensen.	Beim Auftrensen darauf achten, dass er sich nicht entzieht.
Verhalten unter dem Sattel	Ruhig und gelassen; schnell abgelenkt; achtet nicht auf die Hilfengebung; Taktschwierigkeiten, erhebliche Anlehnungsprobleme, wenig losgelassen und ausbalanciert	Dreimal pro Woche Arbeit unter dem Sattel; Beginn mit Phase II; auf konzentriertes Arbeiten achten
Verhalten an der Longe	Ähnliche Probleme wie unter dem Sattel; zeigt keine Widersetzlichkeiten.	Einmal pro Woche Arbeit an der Longe; Ausbinden mit Dreieckszügeln (lang verschnallt)

9.2 Die Trainingsbausteine

9.2.1 Freiarbeit

Die Freiarbeit (Join up) erleichtert die Ausbildung von jungen Pferden oder das Korrigieren von Pferden, die aus der Kooperation aussteigen. Steht kein Round Pen zur Verfügung, kann die Fachkraft sich ein ca. 20 x 20 m großes Viereck mit einer dicken Elektrolitze, die mit Schraubösen an der Bande befestigt ist, abteilen. Das Pferd wird einige Male an der Absperrung vorbeigeführt, bevor die Arbeit beginnt. Auch hier ist entscheidend, dass eine Arbeitsatmosphäre aufgebaut wird und kein Platz für Toben oder Ungehorsam zur Verfügung gestellt wird. Das Pferd wird ausschließlich mit der Körpersprache (Positionen wurden in Kapitel 3 beschrieben) angesprochen und lernt so auf die Fachkraft zu reagieren, ohne dass ein Zug an der Longe möglich ist. Die Fachkraft kann durch ihre Körperposition die Einwirkung verstärken und sich immer mehr auf die normale Position des Longierens in der Mitte zurückziehen, wenn das Pferd gelernt hat, auf kleine Zeichen zu reagieren. Beim Join up wird das natürliche Bedürfnis des Pferdes genutzt, sich anzuschließen. Die Fachkraft fordert das Pferd zunächst auf, sich zu entfernen, und regt es durch gezielte treibende Hilfen (nicht durch das Wedeln und Scheuchen mit den Armen) an, zu traben und zu galoppieren. Senkt das Pferd den Kopf ab, beginnt es zu kauen oder schleckt mit der Zunge, zeigt es unterwürfiges Verhalten und somit die Bereitschaft, sich anzuschließen. Die Fachkraft dreht sich entspannt mit ihrer Körperseite dem Pferd zu und wartet, bis es mit ihr Kontakt aufnimmt. Sobald das Pferd den Anschluss gesucht hat, lobt sie das Pferd durch eine Berührung an der Stirn oder an einer anderen Stelle, die dem Pferd angenehm ist. Durch diese Übung werden das Folgen, die Unterordnung und das Lob eingeübt. Hat das Pferd diese grundlegenden Elemente erlernt, können die Kommunikation und das Vertrauen durch die folgenden Trainingsbausteine stabilisiert werden und die Freiarbeit wird nur noch selten eingebunden.

Dornröschen baut in der Freiarbeit erstes Vertrauen zur Fachkraft auf und lernt, auf ihre Signale zu reagieren und zu folgen.

9.2.2 Führtraining und Bodenarbeit

Damit das Pferd dem Menschen willig folgt, gehorsam bleibt und ihm vertraut, basieren alle Handlungen mit und am Pferd auf den in Kapitel 3 aufgeführten Kriterien des Führtrainings. Dies ist für die im Therapeutischen Reiten eingesetzten Pferde besonders wichtig, da sie im Kontakt mit den Klienten oftmals mit wenig Führung auskommen müssen. Ziel des Trainings ist ein taktsicheres, losgelassenes und im Tempo kontrollierbares Schreiten oder Traben auf einer vorgegebenen Linie. Das Pferd sollte sich dabei mit durchhängendem Führstrick dem Tempo des Menschen anpassen, sich aber auch zurücknehmen sowie vorwärtstreiben lassen und auf jeden Fall anhalten, wenn der Mensch anhält. Das Führen wird von beiden Seiten eingeübt, da die Klienten oftmals auch von rechts führen.

Das Pferd lässt sich auch vom Klienten gehorsam und gelassen führen. Gibt die Klientin keine eindeutigen Signale, darf das Pferd dies spiegeln, indem es stehen bleibt und nicht folgt.

Sind die ersten Grundlagen im Führtraining gelegt worden, wird durch den Einsatz von Materialien dazu übergegangen, die gezielte Gymnastizierung einzubinden. Hierdurch werden das Körpergefühl, das Gleichgewicht und die Konzentration geschult. Außerdem lernt das Pferd, dem Menschen weiterhin zu folgen, wenn eine neue Aufgabe hinzukommt. Ein Training der Kondition oder der Aufbau von Muskulatur findet nur in sehr geringem Umfang statt. Die Einheiten werden auf 15 bis 20 Minuten beschränkt, damit das Pferd aufmerksam mitarbeitet und nicht abschaltet. Oft kommt die Biegung zu kurz und das Pferd wird lediglich herumgezogen. Wir gehen davon aus, dass das Pferd eine grundlegende Ausbildung unter dem Sattel (Phase II) braucht, um die Übungen sinnvoll absolvieren zu können. Dafür ist es wichtig, auch hier Überforderungssignale, die nicht einfach zu erkennen sind, zu beachten. Oftmals ist das Pferd mit zu vielen, zu engen Stangen oder Toren überfordert und verliert den Takt und die Losgelassenheit und stolpert mehr über die Hindernisse, als dass es lernt, seine Beine bewusster zu setzen. Der Einsatz von drei Stangen reicht zu Beginn des Trainings aus.

Fallbeispiel: **Rubbedidupp – der Strick ist interessanter**

Rubbedidupp kam vierjährig im Sommer 2013 zu uns in die Einrichtung. Er war angeritten worden und verfügte ansonsten noch über keinerlei Grundausbildung. Beim ersten Führen in der Halle zeigte er sich aufgeregt und neugierig für die Umgebung. Er war eilig, hatte eine Menge aufgestauter Energie und achtete wenig auf die Signale der Fachkraft. Als die erste Aufregung verflogen war, vergrößerte sich seine Aufmerksamkeit für den Menschen nicht. Rubbedidupp fing an, nach dem Strick zu schnappen und darauf herumzukauen. In den ersten Tagen ging es uns darum, ihn in die Herde zu integrieren und ihn mit der Umgebung vertraut zu machen, sodass wir auf dieses Verhalten noch nicht gezielt im Sinne eines Trainings eingingen. Als er mit einigen Wallachen regelmäßig auf die Weide oder den Auslauf konnte, hatte er eine Möglichkeit, seinem Bewegungs- und Spieldrang vor dem Training nachzukommen. Auf dieser Grundlage konnten wir neben der Arbeit im Round Pen damit beginnen, vor dem Training unter dem Sattel und an der Longe Führübungen einzubauen. Rubbedidupp lernte schnell auf die Signale zu reagieren, er ging willig mit und hielt an, wenn die Fachkraft ihn parierte. Den Strick nahm er weiterhin bei jeder Gelegenheit ins Maul. Dabei legte er eine erstaunliche Geschicklichkeit an den Tag, und selbst bei äußerster Konzentration vonseiten der Fachkraft gelang ihm dies immer wieder. Hatte er den Strick oder Zügel im Maul, entspannte er sich augenblicklich, genoss sichtlich das Kauen und arbeitete kooperativ weiter mit. Er kaute auch beim Putzen an seinem Strick herum und suchte in den Freilaufzeiten alte Pylonen, Besen oder Spielbälle, um auf ihnen zu kauen.

Rubbedidupp ist beim Putzen damit beschäftigt, auf dem Strick zu kauen. Bei der Bodenarbeit vor Beginn des Trainings unter dem Sattel konzentriert er sich immer selbstverständlicher und das Kauen an den Zügeln verliert an Bedeutung.

Rubbedidupp zeigt das Kauen auf dem Strick weniger zu Beginn der Arbeit und nach der Arbeit unter dem Sattel, sodass diese Phasen für Trainingseinheiten im Führen von ca. fünf Minuten genutzt werden. Beim Üben des Haltens kam es am häufigsten vor, sodass wir diese Übung zunächst im Trainingsplan auf das absolut Notwendige reduziert haben. Außerdem konzentriert er sich in der Bodenarbeit deutlich besser auf die Fachkraft, sodass wir in das Führtraining viel Stangen- oder Pylonenarbeit eingebaut haben. Auch hier musste er die Materialien erst mit dem Maul und den Hufen gründlich untersuchen. Im Gelassenheitstraining tritt das Kauen auf dem Strick am seltensten auf, da er dort in seiner Konzentration voll gefordert ist. Rubbedidupp wird noch einige Monate brauchen, bis er auch beim ruhigen Stehen nicht mehr am Strick kaut.

Viele junge Pferde, insbesondere Wallache, zeigen dieses unerwünschte Verhalten. Ein ständiges Herausziehen oder -zerren des Stricks ist keine Lösung, da dadurch viel Unruhe entsteht. Ein Klaps auf die Nase ist eine noch weniger geeignete Lösung, da die Pferde dies als Strafe erleben, kopfscheu werden und das Vertrauen so gestört wird. Bewährt hat sich, davon auszugehen, dass dieses Verhalten abnehmen wird, wenn das Pferd mit zunehmendem Alter und Erfahrung innerlich mehr zur Ruhe kommt. Die Fachkraft versucht daher, die Situationen so gut, wie es geht, zu vermeiden, greift aber nicht ständig hart durch, wenn das Pferd den Strick wieder mal erwischt hat. Sie plant den Verlust einiger Stricke und alter Zügel ein, bis sich diese „Kinderkrankheit" gelegt hat. Da die Pferde im Therapeutischen Reiten nicht immer ein abwechslungsreiches Programm erleben, muss er lernen, auch in Situationen, in denen nichts los ist, ohne das Kauen auf Strick oder Zügel gelassen zu bleiben.

9.2.3 Reiten

Die Arbeit des Pferdes unter dem Sattel ist der zentrale Baustein in der Ausbildung, da hierdurch alle Fähigkeiten, die das Pferd benötigt, gleichzeitig und flexibel trainiert werden. In der Trainingsplanung nimmt das Reiten daher sowohl für das junge wie auch für das erfahrene Pferd den größten Raum ein. Die anderen Trainingsbausteine treten mit Fortschreiten der Ausbildung etwas in den Hintergrund, da hier das aufgebaute Leistungsniveau ohne weiteres Training leichter gehalten werden kann. (z.B. Langzügel, Gelassenheitstraining). Wie bereits in Kapitel 3 beschrieben, hat die Fachkraft beim Reiten den direkten Kontakt zum Pferd und bekommt die deutlichste Rückmeldung über seine physische Befindlichkeit und Leistungsbereitschaft. Das Reiten kann sehr abwechslungsreich gestaltet (z.B. Gymnastikspringen, Gelände, Ovalbahn, dressurmäßige Arbeit) und mit wenig Aufwand in den Alltag integriert werden. Das Training unter dem Sattel muss nicht immer über eine ganze Stunde erfolgen. Bei jungen Pferden und Pferden mit einem grundsätzlich guten Ausbildungsstand reichen oftmals 30 Minuten dressurmäßiges Training aus. Kombiniert mit zehn Minuten Bodenarbeit oder Gelassenheitstraining kann auch so eine abwechslungsreiche Trainingseinheit gestaltet werden. Das Einbinden von Reitbeteiligungen kann insbesondere für das Reiten im Gelände eine sinnvolle Ergänzung des Trainings durch die Fachkraft darstellen. Es hat sich als günstig herausgestellt, wenn das Pferd einer Fachkraft fest zugeordnet ist. Sie hat dann den Vergleich zum Vortag, erarbeitet einen roten Faden in der Ausbildung und ist mit den Reaktionen des Pferdes vertrauter. Die Lektionen, die mit dem Pferd eingeübt werden, müssen hinsichtlich des späteren Einsatzes genau abgewogen werden. So ist beispielsweise das Rückwärtsrichten eine Übung, die dazu führen kann, dass das Pferd sich rückwärtsbewegt, wenn der Klient im freien Reiten nach vorne fällt und am Zügel zieht. Da diese Situation im Anfängerbereich sehr häufig vorkommt, sollte das Pferd diese Signale nicht mit dem Rückwärtstreten verbinden. Nicht selten verweigern die Pferde dann das Vorwärtsgehen und werden unsicher. Das häufige Reiten von Seitengängen kann zunächst dazu führen, dass das Pferd den Impuls des schief sitzenden Klienten als Einleitung für die Seitengänge versteht und nicht versucht, die Schiefe auszugleichen. Im Laufe der Zeit lernt das Pferd zwischen der Hilfengebung für die Seitengänge und dem asymmetrischen Sitzen des Klienten zu unterscheiden. Beim Einüben der Seitengänge für die Geraderichtung des Pferdes ist darauf zu achten, dass das Vorwärtsgehen nicht verloren geht. Für das freie Reiten ist es hilfreich, wenn das Pferd sich in der Abteilung an jeder Position, unabhängig davon, ob das Vorderpferd weitergeht, durchparieren lässt. Dies gilt insbesondere zur Gefahrenminimierung bei Ausritten. Trainiert die Fachkraft das Parieren von hinten nach vorne in der Abteilung von Beginn an mit dem Pferd, wird es für das Pferd schnell zur Selbstverständlichkeit, und auch schwache Klienten können ohne Aufwand Einfluss auf das Tempo des Pferdes nehmen.

Earl Grey zeigte zu Beginn der Ausbildung Schwierigkeiten in der Bewegungskoordination und der Anlehnung. Er ließ sich nur schwer sitzen und regulieren. Mittlerweile kommt er im Training nur noch selten hinter die Senkrechte und kann immer besser in Anlehnung sein Gleichgewicht finden und halten.

Phase I:
Anreiten des Pferdes im Alter von vier Jahren

(Für das Erreichen der Ziele dieser Phase werden bei konstanter Arbeit zwei bis sechs Monate benötigt. Vorbereitend werden das Führtraining sowie die Phase I des Longierens erarbeitet.)

Folgende Trainingserfolge kennzeichnen den Abschluss dieser Phase:

- Das Pferd steht beim Aufsitzen über die Aufstiegshilfe ruhig und gelassen.
- Das Pferd bleibt beim Nachgurten ruhig und gelassen.
- Das Pferd geht in allen drei Grundgangarten auf geraden und großen gebogenen Linien gehorsam und gelassen.
- Das Pferd hält konditionell und in Bezug auf seine Konzentration zwischen 30 und 40 Minuten im Intervalltraining durch. Begonnen wird mit kürzeren Trainingseinheiten, die langsam ausgeweitet werden. Viele Schrittpausen sorgen für das Erlernen des Wechsels von Entspannung und Leistungsbereitschaft.

- Die Ausbilderin kann die Gerte mitnehmen und in der Hand wechseln, ohne dass das Pferd unruhig wird.
- Das Pferd nimmt treibende und aufnehmende Impulse an. Diese beiden Elemente gehören bereits zu den ersten Lernschritten im Rahmen der Skala der Ausbildung und bilden die Basis für alle weiteren Trainingsziele.
- Das Pferd geht zu Beginn zum Aufwärmen im ruhigen Schritt, stürmt nicht los und geht am Ende der Stunde gelassen am hingegebenen Zügel im Schritt.
- Das Pferd lässt sich sowohl alleine als auch mit anderen Pferden in der Halle oder auf dem Außenplatz arbeiten.
- Das Pferd toleriert Handhabungen wie das Ausziehen der Jacke oder das Ablegen der Jacke auf der Bande.

Phase II:

Nach der Phase des Anreitens werden Takt, Losgelassenheit, Anlehnung stabilisiert und verfeinert.

(Ist die Phase I abgeschlossen, braucht es anschließend ca. sechs bis zwölf Monate, bis die Ziele der zweiten Phase erarbeitet sind.)

Folgende Trainingserfolge kennzeichnen den Abschluss dieser Phase:

- Für das Pferd ist das taktreine, losgelassene Gehen in Anlehnung zur Selbstverständlichkeit geworden. Die Fachkraft kann diese Qualitäten verlässlich abrufen, ohne dafür viel Aufwand betreiben zu müssen. Das Pferd verhält sich durchgehend kooperativ und leistungsbereit.
- Bei einem Wechsel der Reiterin (andere erfahrene Fachkraft) hält das Pferd die erarbeiteten Punkte aufrecht.
- Das Pferd zeigt das Erreichte auch in fremder Umgebung (Gelände, fremde Halle) oder wenn am Stall beispielsweise mehr Unruhe herrscht.
- Das Pferd geht in einer HPR-Einheit unter der Fachkraft mit und zeigt sich weiterhin losgelassen, taktrein und in Anlehnung.
- Das Pferd bringt diese Eigenschaften auch ein, wenn es in der Abteilung hinter den anderen Pferden herlaufen muss oder am Anfang geht.
- Das Pferd verliert unter der Fachkraft in der Abteilung seine Gelassenheit nicht und lässt sich auch an der hintersten Position problemlos durchparieren.

Phase III:

Schwung, Geraderichten, Versammlung

(Stabilisieren sich die Zielsetzungen in Phase II zunehmend, beginnt parallel dazu Phase III. Die Zielsetzungen in dieser Phase sind jedoch später erreicht als die Ziele in Phase II. Das Pferd wird nach Abschluss der Phase I ca. 15 bis 18 Monate benötigen, um die Ziele dieser Phase sicher abrufen zu können.)

Folgende Trainingserfolge kennzeichnen den Abschluss dieser Phase:

- Das Erreichen der Phase III wird nicht anhand von Lektionen überprüft, sondern eher daran, ob das Pferd sich geradegerichtet selber trägt und sein Grundtempo hält.

- Die Übergänge werden flüssiger und sind auch vom Schritt in den Galopp oder vom Galopp in den Schritt sowie zum Halten sicher abrufbar.
- Das Pferd bleibt auch in kleinen Wendungen im Gleichgewicht. Es lässt sich selbstverständlich wenden und biegen.
- Der Trab und der Galopp werden selbstverständlich vom Pferd über mehrere Runden ohne großen reiterlichen Aufwand in einem ruhigen Grundtempo gehalten.
- Das Pferd ist konditionell und von der Konzentration her in der Lage, eine volle Stunde mit kleineren Schrittpausen mitzuarbeiten.
- Das Pferd reagiert durchgehend kooperativ auf den Wechsel von Entspannung (z.B. Reiten am hingegebenen Zügel) und Anspannung (dressurmäßiges Arbeiten).
- Das Pferd kann in seinem Tempo variabel verstärkt und zurückgeführt werden, die Übergänge gestalten sich fließend.
- Das Pferd geht eine lange und eine kurze Seite im Außengalopp, ohne aus dem Takt zu geraten oder auszufallen.

Phase IV:
Einsatz unter einem leistungsschwächeren, aber erfahrenen Klienten

(Sind die ersten drei Phasen erfolgreich abgeschlossen, benötigt es ca. zwei bis vier Monate, bis die Ziele der Phase IV erreicht werden.)

Folgende Trainingserfolge kennzeichnen den Abschluss dieser Phase:

- Beim Reiten können fortgeschrittene Reiter in den HPR-Stunden oder im Reiten als Sport für Menschen mit Behinderungen das Pferd übernehmen.
- Wurden im Training die Grundlagen an der Longe und am Langzügel gelegt, kann jetzt damit begonnen werden, das Pferd mit erfahrenen Voltigieren einzuvoltigieren. (Das Pferd hat zwei Jahre Ausbildung hinter sich und ist ca. sechs bis sieben Jahr alt.) Am Langzügel können Klienten, die sich sicher halten können und keine gravierenden Auffälligkeiten zeigen, das Pferd nutzen.
- Der Einsatz erfolgt zunächst dosiert, und erst wenn die Fachkraft sicher ist, dass das Pferd seinen Leistungsstand unter den veränderten Bedingungen gut halten kann, wird der Einsatz nach und nach ausgeweitet.
- Diese Phase muss weiterhin intensiv vom Beritt begleitet werden, da das Pferd sonst die Qualitäten nicht halten kann. Zudem erfährt die Fachkraft durch das eigene Reiten, wie das Pferd den Einsatz verkraftet hat.

Phase V:
Einsatz des Pferdes unter schwächerer Klientel

(Hat das Pferd alle vorherigen Phasen erfolgreich durchlaufen, kann nach ca. zwei bis zweieinhalb Jahren Ausbildungszeit damit begonnen werden, es einzusetzen.)

Folgende Trainingserfolge kennzeichnen den Abschluss dieser Phase:

- Verkraftete das Pferd den Einsatz unter einem Klienten, der schon länger reitet, gut, kann damit begonnen werden, das Pferd im Anfängerbereich einzusetzen.

- Auch in dieser Phase ist der regelmäßige Beritt des Pferdes wichtig, um den Leistungsstand zu halten.
- Einige Pferde verweigern unter schwächeren Klienten die Kooperation zunehmend, insbesondere das Vorwärtsgehen und Sich-wenden-Lassen im Durcheinanderreiten. Auch durch einen konstanten Beritt kann hier nicht immer gegengewirkt werden. Diese Pferde sollten im Anfängerbereich nicht eingesetzt werden, damit sich diese Verhaltensweisen nicht stabilisieren.

Ein erfahrenes Pferd zeichnet beim Einsatz im Setting des Reitens aus:

- Das Pferd bleibt beim Wechsel zwischen Abteilungsreiten und Durcheinanderreiten in der Kooperation.
- Das Pferd kommt mit der Korrekturarbeit/Ausgleichsarbeit zweimal pro Woche gut aus.
- Der Leistungsstand kann beim Korrekturreiten schnell wieder abgerufen werden (Konzentration, Losgelassenheit, Durchlässigkeit, Anlehnung etc.).
- Das Pferd löst sich auch unter dem schwächeren Klienten in allen Einsatzbereichen.
- Das Pferd kompensiert die Fähigkeiten, die der Klient noch nicht einbringen kann. Wenn es nicht mehr weiß, was von ihm verlangt wird, wird es langsamer oder hält an.
- Das Pferd bringt sich mit seinen artspezifischen Eigenschaften ein und kann sich gleichzeitig in seinem Verhalten zurücknehmen, sodass keine gefährlichen Situationen entstehen und es nicht grundsätzlich aus der Kooperation aussteigt.
- Das Pferd übersetzt die unvollständigen oder falschen Signale des Klienten so, dass eine Aufgabe trotz „fehlerhafter" Kommunikation möglich wird und keine Gefahrensituationen entstehen.
- Das Pferd toleriert „Störungen", ohne dabei abzustumpfen.

Ein gut ausgebildetes Pferd geht im Setting des Reitens sowohl im Hintereinander- wie auch im Durcheinanderreiten kooperativ vorwärts.

Fallbeispiel: **Rubbedidupp – erste Trainingswochen**

Damit der verspielte und übermütige vierjährige Wallach seine Kraft und Energie nicht beim Reiten austesten muss, kommt er vor dem Training mit seinen Kollegen zum Toben auf den Auslauf. Beim anschließenden Reiten zeigt er daher außer kleinen Sprüngen zur Seite oder einem Kopfschütteln keine Widersetzlichkeiten. Nach ca. zehn Minuten Intervalltraining ist er müde und muss deutlich aufgefordert werden, weiter mitzuarbeiten. Nach weiteren drei Minuten wird das Training beendet. Dadurch, dass die Frage des Sich-Austobens gar nicht erst auftritt, lernt er von Beginn an, unter dem Sattel „brav" zu sein. Da er noch drei Minuten weiterarbeiten muss, obwohl er deutlich anzeigt, dass er müde ist, lernt er seine Konzentrationsspanne zu erweitern und der Reiterin zu folgen, auch wenn es ihm unangenehm ist. In den nächsten Wochen kann er nach der Spielzeit vor dem Training eine Pause in der Box einlegen, damit er mehr Energie in die Arbeit einbringen kann. Er bleibt weiterhin gehorsam und baut seine Konzentrations- und Leistungsbereitschaft problemlos aus.

Fallbeispiel: **Avantes – ein seltener Glücksfall**

Avantes zeigte sich in seinem früheren Einsatzgebiet als Springpferd zuverlässig und motiviert. Er verfügt über ein sehr gutes Sprungvermögen, es fehlt ihm jedoch die nötige Schnelligkeit, um im Leistungssport Platzierungen zu erreichen. Aus diesem Grund legte sein Vorbesitzer großen Wert darauf, die Reaktionen und Bewegungsabläufe des Pferdes schneller zu machen. In der Eingewöhnungsphase zeigte sich, dass wir es mit einem gut gymnastizierten Pferd zu tun hatten, an dessen Rittigkeit es nichts zu beanstanden gab. In der Arbeit unter dem Sattel wurde jedoch deutlich, dass er durch das erlernte Verhalten, bei Impulsen schnell reagieren zu müssen, den Hilfen der Fachkraft vorgriff und sich nicht wirklich innerlich losließ.

In seinem Trainingsplan stand die Erarbeitung der inneren Losgelassenheit im Vordergrund. Er wurde fünfmal in der Woche von einer Fachkraft ca. eine Dreiviertelstunde lang in allen drei Grundgangarten in Dehnungshaltung gearbeitet. Zwischendurch wurden immer wieder Pausen am langen Zügel eingebaut. Es wurden weder fliegende Galoppwechsel noch Seitengänge abgerufen, obwohl es sehr reizte, sie auf diesem gut ausgebildeten Pferd zu reiten. Im Verlauf der ersten beiden Wochen wurde deutlich, dass er auf dem Außenplatz trotz vieler Außenreize besser zur Losgelassenheit kam als in der Halle. Daraufhin wurde die Arbeit schwerpunktmäßig auf den Außenplatz verlegt. Nach vier Wochen zeigten sich die ersten positiven Ergebnisse, er schnaubte beim Reiten ab, das Ohrenspiel wurde lebendiger und er reagierte zunehmend auf die Fachkraft, ohne vorauseilend aktiv zu werden. Setzte die Fachkraft ihre Hilfen aus, fiel er in die nächstniedrige Gangart und darauf in den Schritt. Nach weiteren vier Wochen, in denen wir außer einmal in der Woche zu longieren, nichts weiter veränderten, zeigte sich Avantes als ein rittiges, arbeitswilliges, losgelassenes und zuverlässiges Pferd.

Nachdem der Ausbildungsstand von einer Kollegin überprüft wurde, wurde er von der ihm vertrauten Fachkraft in einer HPR-Gruppe geritten. Im Rahmen des Korrekturreitens testeten wir sein Verhalten in der Abteilung an den unterschiedlichen Positionen aus. Seine gute Grundausbildung und die im Training gezeigten Qualitäten ließen einen Einsatz im Heilpädagogischen Reiten mit fortgeschrittenen Klienten zweimal pro Woche nach zehn Wochen zu. Avantes lief in der 12. Woche bei einer Theateraufführung mit Bühnenbild, Lichttechnik und Musik in einer Quadrille unter einer fortgeschrittenen Klientin im HPR mit. Auch diese Aufgabe bewältigte er mit einer beeindruckenden Gelassenheit.

Ein Pferd mit solchen Qualitäten verführt dazu, es öfter und schneller in allen Bereichen einzusetzen. Wir beließen es im ersten halben Jahr bei maximal drei Einsätzen pro Woche (zwei Einsätze im Fortgeschrittenenbereich und ein Einsatz im Anfängerbereich) im HPR, daneben wurde er engmaschig Korrektur gearbeitet,

um seine Rittigkeit zu erhalten und die Auswirkungen des Einsatzes zu überprüfen. Erst nach einem Dreivierteljahr begannen wir mit der Ausbildung zum Voltigierpferd.
Avantes wird bis auf den Langzügelbereich (aufgrund seiner Größe) in allen Bereichen eingesetzt. Er braucht mindestens einmal die Woche Ausgleichsarbeit und Korrektur unter einer Fachkraft, da er sonst an Durchlässigkeit verliert und gerne beim Voltigieren oder Reiten im Galopp auf der linken Hand falsch anspringt. Mit Anfängern läuft er zuverlässig in der Abteilung mit. Den Fortgeschrittenen verlangt er mittlerweile eindeutigere Hilfen ab. Werden die Signale nur halbherzig gegeben oder ihm unterschiedliche Botschaften mitgeteilt, reagiert er, indem er einem Pferd seiner Wahl folgt oder zur Fachkraft in die Mitte kommt. Besonders gut bekommen ihm die Ausgleichsarbeit im Gelände, die Bodenarbeit und das Gelassenheitstraining sowie das ausgiebige Putzen durch eine vertraute Person.

Avantes arbeitet unter der Fachkraft konzentriert und gelassen mit.

9.2.4 Longieren und Voltigieren

Das Longieren an der einfachen Longe ist als eher starres System nicht dazu geeignet, als Schwerpunkt in der Ausbildung eingesetzt zu werden. An der Doppellonge können Wendungen eingebunden werden und das Pferd ist in seiner Kopf- und Halshaltung nicht fixiert, sodass sich hier deutlich positivere Effekte ergeben. Da das Pferd an der Longe die Kommunikation mit der Fachkraft über eine größere Distanz halten muss, empfiehlt es sich, die Grundlagen hierfür im Führtraining zu legen. Fehlen diese Grundlagen des Gehorsams und der Kooperationsbereitschaft, artet das Longieren in Toben aus und die Fachkraft wird nicht selten durch die Halle gezogen. Das Pferd erlernt dann den Ungehorsam und der Einsatz mit Klienten wird zum Sicherheitsrisiko. Ähnlich verhält es sich mit der Erarbeitung der Punkte der Skala der Ausbildung. Sind diese Punkte bereits unter dem Sattel grundlegend erarbeitet worden, fällt es dem Pferd an der Longe deutlich leichter, die gewünschten Aufgaben mit der geringeren direkten Unterstützung auszuführen und die sechs Lernziele abzurufen. Dies gilt insbesondere für die Entwicklung des Galopps. Hat das Pferd unter dem Sattel auf dem Platz und im Gelände gelernt, sein Gleichgewicht und sein Grundtempo zu halten, wird ihm das Galoppieren an der Longe deutlich leichter fallen. Wird auf zu engem Raum oder rutschigem, wenig elastischem Boden longiert, verliert es sein Gleichgewicht, wird zunehmend unruhiger und steigt aus der Kooperation aus.

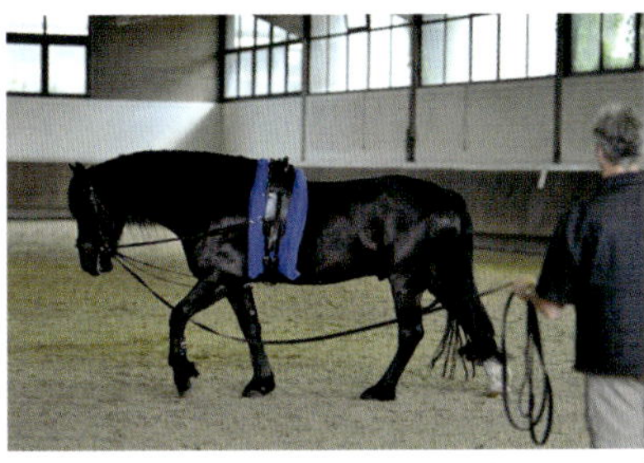
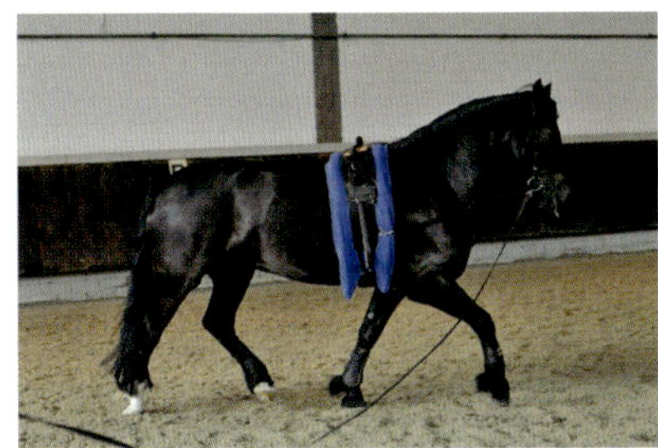
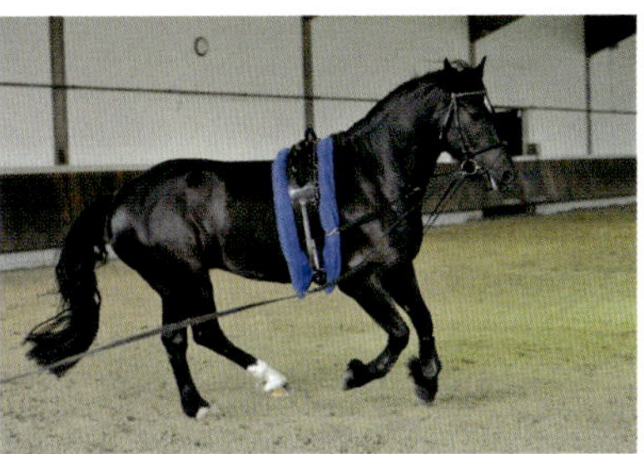

Die Anlehnung hat sich bei Earl Grey auch an der Longe deutlich verbessert. Aufgrund seiner Gleichgewichtsprobleme neigt er noch dazu, in die Mitte zu kommen. Dadurch hängt für einen Moment die Longe durch. Beim Angaloppieren bleibt er noch nicht ausreichend losgelassen.

Bereits bei der Auswahl des Pferdes wurde die Eignung für das Voltigieren überprüft. Mit dem Training des Voltigierens mit erfahrenen Leistungsvoltigierern wird erst begonnen, wenn das Pferd im Reiten die Phase IV erreicht hat und sich beim Longieren keine Schwierigkeiten mehr ergeben. Durch den Aufbau von Kondition sowie Kraft und Losgelassenheit im Rücken und im gesamten Rumpf kann es bei Beginn des Voltigiertrainings zunächst so sein, dass das Pferd deutlich mehr Widerstand zeigt, als beim Ausprobieren. Bei einem dosierten Training in kleinen Schritten verschwindet diese Problematik in der Regel schnell wieder. Das Aussteigen aus der Kooperation beim Voltigieren ist in der Regel ein Zeichen für eine nicht ausreichende Kräftigung und Mobilisierung der Muskulatur oder eine psychische Überforderung, weil die Fachkraft zu schnell zu viel will. Befindet sich das Pferd bereits im Einsatz und geht mehrmals die Woche im Setting an der Longe oder im HPV, wird das Longieren in der weiteren Trainingsarbeit nur selten und mit einem konkreten Trainingsziel eingebunden.

Eine erfahrene Voltigiererin übernimmt das Einvoltigieren von Klaus. Sie übt mit ihm das Anlaufen, unruhige Situationen am Rand und zunächst einfache statische und dynamische Übungen.

Phase I:

Anlongieren des vierjährigen Pferdes

(Diese Phase dauert ca. drei bis vier Wochen und wird dem Anreiten des Pferdes vorgeschaltet.)

Folgende Trainingserfolge kennzeichnen den Abschluss dieser Phase:

- Bei einem gänzlich unerfahrenen Pferd wird vorbereitend im Round Pen frei gearbeitet. Das Pferd lernt dadurch die Körpersprache und den Peitscheneinsatz verstehen. Die Gefahr des Ziehens an der Longe besteht nicht. Auch hier wird das Pferd nicht gescheucht, über Tempo getrieben oder zum Ungehorsam aufgefordert.
- Bewegt sich das Pferd ruhig und gelassen, hält es die Kreislinie im Round Pen ein, und achtet es auf die Signale der Fachkraft, kann mit dem Anlongieren begonnen werden. Das Pferd wird lang ausgebunden (Dreieckszügel) und ein Assistent unterstützt z.B. durch das begleitende Mitgehen in den ersten Runden. Die Longe und die Peitsche bleiben immer in der Hand der longierenden Fachkraft.
- Läuft das Pferd im Schritt und Trab geregelt an der Longe und kann es die Kreislinie einhalten, beginnt die Ausbildung unter dem Sattel.

Phase II:

Begleitendes Longieren zur Phase II beim Reiten

(Die Dauer dieser Phase hängt davon ab, wie lange das Pferd unter dem Sattel benötigt, Takt, Losgelassenheit und Anlehnung aufzubauen.)

Folgende Trainingserfolge kennzeichnen den Abschluss dieser Phase:

- Das Pferd geht ohne Reitergewicht vorwärts und zeigt sich in allen Gangarten gehorsam. Das Pferd geht über den Rücken und ist aktiv in der Hinterhand.
- Das Pferd hält die Zirkellinie in allen Grundgangarten ein. Es reagiert auf die Hilfengebung der Fachkraft und steht beim Verschnallen ruhig.
- Das Pferd setzt die Hilfengebung beim Handwechsel sicher um.

Phase III:

Übertragen der Ausbildungsschritte der Phase II und III in der Ausbildung unter dem Sattel auf die Longenarbeit

(Das Longieren wird hinsichtlich der Vorbereitung auf den späteren Einsatz in Settings an der Longe oder dem Voltigieren erst fest in den Ausbildungsplan eingebunden, wenn das Pferd die Ziele der Phase II und III unter dem Sattel erreicht hat.)

Folgende Trainingserfolge kennzeichnen den Abschluss dieser Phase:

- Die Fähigkeiten, die das Pferd unter dem Sattel erreicht hat, werden beim Longieren unter den veränderten Bedingungen (die Fachkraft ist nicht mehr im direkten Körperkontakt und wirkt mit den Hilfen anders ein) aufgebaut.
- Das Pferd geht geradegerichtet, zieht nicht an der Longe, drängt nicht über die Schulter nach außen und kommt nicht zur Fachkraft in die Mitte.

- Nach der Lösungsphase können die Ausbinder/Hilfszügel so verschnallt werden, dass das Pferd den unter dem Sattel erarbeiteten Stand im Bereich der Schwungentfaltung, Aufrichtung und Versammlung auch an der Longe abrufen kann. (Versammlung, Schwungentfaltung und Geraderichtung können an der einfachen Longe und das auch nie im vollen Umfang nur abgerufen werden, wenn sie unter dem Sattel reell erarbeitet wurden.)
- Übergänge vom Schritt in den Galopp und umgekehrt sind möglich. Je nach späterem Einsatzgebiet wird an diesen intensiver geübt.
- Das Pferd wird parallel zu einer heilpädagogischen Voltigiergruppe longiert. Es bleibt an den Hilfen und sieht sich das Geschehen gelassen an.
- Das Pferd wird mit Sattel und einem erfahrenen Reiter longiert. Der Reiter testet die Reaktionen des Pferdes aus, wenn er sich bewegt, falsch einwirkt, aus dem Gleichgewicht gerät, schief sitzt, klemmt oder mit den Armen rudert.

Phase IV:
Einsatz unter erfahrenen Voltigierern aus dem Leistungssport

(Nach ca. zwei Jahren Ausbildungszeit unter dem Sattel und an der Longe kann damit begonnen werden, das Pferd an das Voltigieren heranzuführen.)

Folgende Trainingserfolge kennzeichnen den Abschluss dieser Phase:

- Das Pferd toleriert Laufspiele und hält seine Zirkellinie, wenn die Voltigierer mitlaufen.
- Das Pferd toleriert die einzelnen Voltigierübungen im Schritt, Trab und Galopp sowie einfache Partnerübungen. Begonnen wird mit den statischen Übungen im Schritt, dann im Trab und Galopp. Anschließend erfolgt das Training der dynamischen Übungen wieder zunächst im Schritt, dann im Trab und Galopp.
- Die Durchlässigkeit und die Punkte der Skala der Ausbildung bleiben erhalten.
- Für das Reiten an der Longe kann mit reiterfahrenen Klienten begonnen werden, in diesem Setting zu arbeiten (z.B. Sitzschulung).

Phase V:
Einsatz mit Klienten an der Longe (Reiten an der Longe) und im Voltigieren

(Hat das Pferd die in Phase IV beschriebenen Ziele erreicht, kann es nach einer Ausbildungszeit von ca. zweieinhalb bis drei Jahren unter Klienten eingesetzt werden.)

Folgende Trainingserfolge kennzeichnen den Abschluss dieser Phase:

- Beim Reiten an der Longe gerät das Pferd nicht aus dem Gleichgewicht und bleibt gelassen, wenn die Klienten klemmen, schief sitzen oder nicht rhythmisch leichttraben.
- Im Setting des Voltigierens wird das Pferd zunächst mit einer Gruppe eingesetzt, in der die Klienten sich noch gut steuern können und auch auf die Anweisungen der Fachkraft kooperativ reagieren. Die Kinder können Schritt, Trab und Galopp über längeren Zeitraum leisten und bekommen keine Angst, wenn das Pferd nicht sofort durchpariert oder etwas schneller wird.
- Mit der Zeit kann das Pferd dann auch mit der Klientel eingesetzt werden, die deutlich mehr Unruhe und Einschränkungen einbringt.

- Überprüfen muss die Fachkraft immer wieder die Belastungsgrenzen und die Reaktionen des Pferdes in der Korrektur- und Ausgleichsarbeit.
- Das Pferd stellt sich gelassen auf den Wechsel von Schritt- und Galoppphasen ein. Es steht beim Auf- und Absteigen ruhig. Bei den Laufspielen bremst das Pferd, wenn die Kinder zu nahe kommen, oder weicht aus.
- Das Pferd sucht nach den Signalen der Fachkraft, auch wenn es sehr unruhig zugeht. Es hat gelernt, sich zu konzentrieren.
- Die Fachkraft kann trotz einer nicht optimalen Ausbindung die Leistung des Pferdes im Galopp abrufen, da ein ständiges Verstellen der Hilfszügel aufgrund der Einschränkungen der Klientel und die sich daraus ergebende Notwendigkeit zur intensiven Begleitung und Präsenz nicht möglich sind.

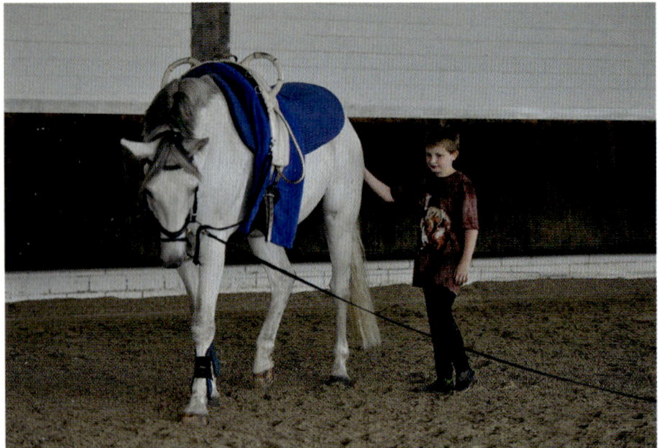

Heinzel toleriert die Kinder im heilpädagogischen Voltigieren, wenn sie bei den Laufspielen den Körperkontakt suchen.

Cimba wird sowohl im heilpädagogischen Voltigieren als auch mit einer Leistungsgruppe im Turniersport eingesetzt.

Fallbeispiel: **Cimba** erwarben wir fünfjährig von einem befreundeten Züchter. Sie kam angeritten und anlongiert zu uns. Die großrahmige Stute sollte später im HPV mit erwachsenen Menschen mit einer geistigen Behinderung sowie im HPR mit Jugendlichen und Erwachsenen eingesetzt werden. Nach eineinhalbjähriger Ausbildung konnten wir die Phase III beim Reiten und III beim Longieren abschließen. Cimba wurde dosiert im HPR mit fortgeschrittenen Klienten eingesetzt und wir begannen mit dem Voltigiertraining an einem Tag in der Woche. Auffallend war, dass sie das Putzen von mehreren Personen gleichzeitig unangenehm fand und unruhig wurde, obwohl sie bisher beim Putzen durch die Fachkraft kein Abwehrverhalten gezeigt hatte. Wir reduzierten die Personenanzahl beim Putzen auf zwei Voltigierer. Heute duldet Cimba das gleichzeitige Putzen von mehreren Klienten, wenn die Fachkraft in ihrer Nähe und aufmerksam für ihr Verhalten ist. Ihr ist die „Prozedur" jedoch noch immer unangenehm, sodass wir weiterhin darauf achten, dass diese Situation nicht zu häufig in ihrem Einsatzplan enthalten ist.

Damit Cimba ausreichend gucken konnte, was um sie herum passierte, banden wir sie mit einem Dreieckszügel so lang aus, dass sie deutlich mit der Stirn-Nasen-Linie vor der Senkrechten stand. Das Mitlaufen übten wir mit ihr zunächst mit nur einer Person und integrierten diese Übung in das normale Longiertraining, wann immer eine Praktikantin zum Mitlaufen zur Verfügung stand. Cimba zeigte das normale Verhalten junger Pferde. Sie blieb stehen, wenn jemand auf den Gurt zulief, oder versuchte, die Person, die außen an ihr vorbeilief, einzuholen. Erst als sie nach ca. sechs Wochen gelassen blieb, wurden mehrere Personen einbezogen und Laufspiele geübt. Nach kurzer Zeit blieb sie gelassen und aufmerksam für die Longenführerin. Die statischen Übungen im Schritt und dann im Trab und Galopp ließ sie zu. Im Rücken schien sie unempfindlich und es traten kaum Verspannungen auf. Sie blieb zu Beginn irritiert stehen und ließ sich durch treibende Hilfen wieder auf das Vorwärtsgehen ein. Wie alle jungen Pferde hatte auch sie Schwierigkeiten, das Tempo und Gleichgewicht zu halten. So ging sie zu Beginn deutlich über Tempo, blieb jedoch ruhig und gelassen. Die dynamischen Übungen brachten sie ebenfalls wenig aus dem Konzept, da die Voltigierer sich weich und geschmeidig an ihre Bewegungen anpassten. Nach der Lösungsphase dauerte das Voltigiertraining in den ersten Wochen nie länger als 20 bis 30 Minuten. Es gab Tage, an denen sie sich nicht gut konzentrieren konnte und sie schon das Aufwärmen der Voltigierer ablenkte. Sie drängelte in die Mitte oder versuchte über die Schulter nach außen auszuweichen. Dann stand das Longieren im Vordergrund und das Voltigiertraining wurde nur eingeschränkt oder gar nicht durchgeführt. Schwierig erwiesen sich für Cimba die Aufgänge. Beim Aufgang im Halten kam sie in die Mitte und beim Aufgang im Schritt biss sie in die Ausbinder und wurde unruhig. Wir setzten einen Assistenten ein, der sie bei den Aufgängen begleitete, dafür sorgte, dass sie nicht in die Mitte kommen konnte, und ihr über den Hals strich, während ein Voltigierer mit Hilfe aufstieg. Diese Form der Unterstützung brauchte sie noch über einen Zeitraum von neun Monaten. Erst dann konnte sie ihre Aufgabe beim Aufsteigen ohne Unterstützung leisten. Erst als Cimba sechseinhalbjährig war, wurde die Voltigiereinheit auf das übliche Zeitmaß von eineinhalb Stunden inklusive Putzen und Ausklang der Stunde ausgebaut. Sie wurde zunächst mit einer leistungsorientierten Gruppe, die aus Jugendlichen bestand, die vorher am HPV teilgenommen hatten, eingesetzt. Der Vorteil für das junge Pferd liegt darin, dass diese Gruppen in der Lage sind, die Arbeitsphasen klar in Schritt-, Trab- und Galoppübungsphasen einzuteilen, und somit die Ausbinder optimal eingestellt werden können, da ein ständiger Wechsel der Gangart entfällt. Es zeigte sich, dass Cimba gerne trabte und galoppierte, auch über mehrere Runden, und viele Schrittphasen ihr eher Mühe machten. Zur Entspannung am Ende der Stunde trug das Longieren ohne Voltigierer im Trab in Dehnungshaltung über einige Runden bei. Cimbas erste Einsätze im HPV leistete sie mit siebeneinhalb Jahren mit einer Gruppe von jugendlichen und erwachsenen Menschen mit einer geistigen Behinderung. Die Gruppe verfügte schon über viel Erfahrung und konnte sich gut auf Cimba und ihre Besonderheiten einstellen. Heute ist Cimba eine routinierte erfahrene Stute im HPV. Im Voltigieren geht sie sowohl mit Gruppen mit schwacher Klientel ruhig und gelassen als auch mit Leistungsgruppen, die mit ihr erfolgreich auf Turnieren starten. Im HPR wird sie aufgrund ihrer Größe und der Tatsache, dass sie eine deutliche Hilfengebung braucht, um zu kooperieren, mit fortgeschrittenen Jugendlichen und Erwachsenen eingesetzt.

9.2.5 Langzügel

Mit der Arbeit am Langzügel wird begonnen, wenn die Grundausbildung so weit abgeschlossen ist, dass das Pferd unter dem Sattel taktrein, losgelassen, in Anlehnung und geradegerichtet geht. Die Arbeit an der Doppellonge ist in hohem Maße als vorbereitende Übung geeignet. Am Langzügel können die Punkte der Skala der Ausbildung nicht erarbeitet werden. Es muss ein Transfer vom Sattel an den Langzügel erfolgen. Außerdem hat das Pferd im Führtraining, in der Bodenarbeit und im Gelassenheitstraining gelernt, sich auf die Fachkraft und ihre Signalgebung vom Boden aus zu konzentrieren. Vorbereitend kann die Fachkraft nach dem Longieren, wenn das Pferd sich ausreichend bewegt hat und mit ihr in einem guten Kontakt steht, die Longe erst auf die Kruppe legen und sie dann um die Hinterhand herumführen, wobei sie nicht hinter, sondern neben dem Pferd steht. Eine Assistentin unterstützt das Pferd am Kopf und führt das Pferd an, wobei die Fachkraft mit der Gerte treibend auf der Kruppe des Pferdes einwirkt. In dieser Konstellation werden einige Runden im Schritt gearbeitet, um das Pferd an die Leinen und die Gerte zu gewöhnen. Zeigt das Pferd keine Irritationen, kann die Fachkraft ihre Position hinter das Pferd verlagern. Dabei geht sie zunächst in einem so großen Abstand mit, dass das Pferd sie beim Ausschlagen nicht erreichen kann. Das eigentliche Training am Langzügel beginnt erst, wenn das Pferd die Leinenführung toleriert und auf die Signalgebung der Gerte reagiert.

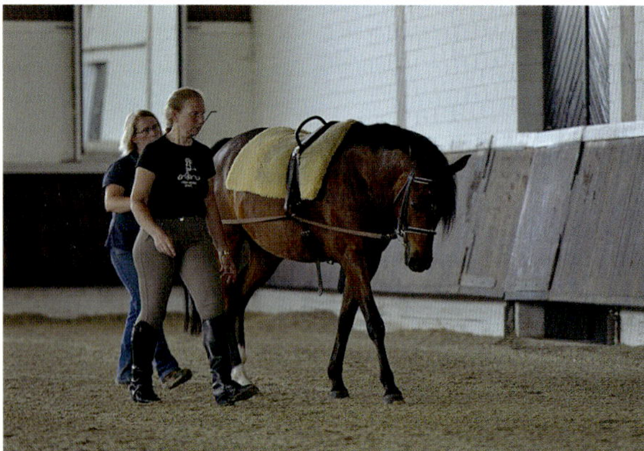

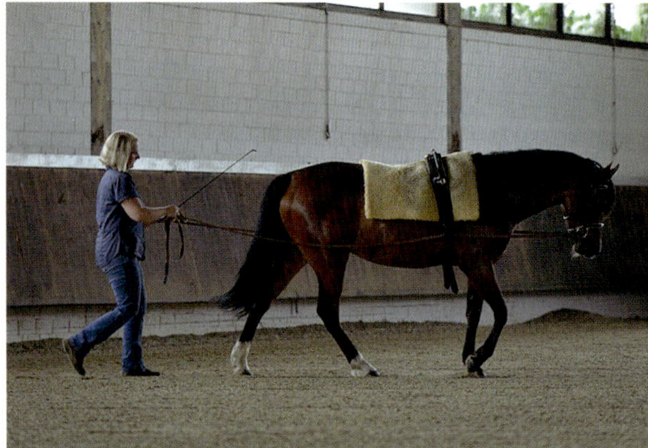

Dornröschen wird durch die ersten kurzen Trainingseinheiten an den Langzügel gewöhnt.

Tiffy hat bereits gelernt, beim Transfer geduldig stehen zu bleiben und auf die Signale der Pferdeführerin zu warten.

Phase I:

Gewöhnung an den Langzügel

(Mit der Arbeit am Langzügel kann begonnen werden, wenn das Pferd die Ziele in Phase II unter dem Sattel erreicht hat. Die Ausbildung am Langzügel gestaltet sich in der Anfangszeit problemlos, wenn das Pferd vorbereitend an der Doppellonge gearbeitet wurde.)

Folgende Trainingserfolge kennzeichnen den Abschluss dieser Phase:

- Die Fachkraft kann in einem Abstand von 0,5 m hinter dem Pferd gehen und das Pferd benötigt keine Unterstützung am Kopf.
- Es reagiert nicht auf die Signale der neben ihm gehenden Person. Das Pferd konzentriert sich am Langzügel auf die Hilfengebung der Fachkraft.
- Das Pferd reagiert zuverlässig auf die Hilfengebung der Gerte, die Einwirkung der Langzügel und die verbale Ansprache.
- Nur in Ausnahmefällen wird während der Ausbildung und später im Einsatz ein Hilfszügel eingesetzt. Bei Pferden, die beim Vorwärtsgehen dazu neigen, zu schwanken, kann der Einsatz eines Dreieckzügels hilfreich sein. Der Hilfszügel darf die Nickbewegung des Pferdes keinesfalls einschränken, da dies negative Auswirkungen auf die Mobilisierung der Rumpf- und Rückenmuskulatur hat.

Phase II:

Übertragen der Punkte der Skala der Ausbildung (Takt, Losgelassenheit, Anlehnung, Geraderichten) in dieses Setting

(Diese Phase benötigt nach Abschluss der Phase I Langzügelarbeit ca. sechs Monate.)

Folgende Trainingserfolge kennzeichnen den Abschluss dieser Phase:

- Das Pferd zeigt fließende Übergänge auch im „Stop-and-go“, ruhiges und geschlossenes Halten, engere Wendungen (Volten) und Seitengänge.
- Beim Halten tritt das Pferd an das Gebiss heran und stellt die Hinterbeine nicht zurück.
- Es lässt sich im Tempo variieren.
- Das Pferd steht über längere Phasen still und hält ein gleichmäßiges Tempo ohne ständige Einwirkung des Pferdeführers.

Phase III:

Transfer des Klienten auf das Pferd einüben

(Diese Phase beginnt erst, wenn die Ziele in Phase II erreicht sind. Für die Phase III braucht das Pferd dann ca. drei bis vier Monate Zeit.)

Folgende Trainingserfolge kennzeichnen den Abschluss dieser Phase:

- Das Pferd lässt sich an der Rampe oder dem Lifter ohne Widerstand gerade und ruhig einparken. Die Fachkraft kann es in der Körperposition in kleinen Schritten korrigieren und das Pferd bleibt anschließend ruhig stehen. Das Pferd toleriert den Transfer mit einem geübten Reiter problemlos.
- Die in Phase II erreichten Ziele bleiben erhalten, wenn ein geübter Reiter Symptome eines Patienten simuliert.
- Das Pferd wird parallel zu einem Setting am Langzügel mit Klienten gearbeitet und bleibt bei den Reizen gelassen.

Phase IV:
Das Pferd wird unter Klienten eingesetzt.

(Das Pferd kann nach einer Gesamtausbildungszeit von ca. zweieinhalb Jahren unter den Klienten eingesetzt werden.)

Folgende Trainingserfolge kennzeichnen den Abschluss dieser Phase:

- Zunächst wird das Pferd mit Klienten eingesetzt, die beim Transfer wenig Schwierigkeiten haben und kleine Gangunregelmäßigkeiten ausgleichen können.
- Mit der Zeit kann das Pferd unter Klienten eingesetzt werden, die deutliche motorische Schwierigkeiten mitbringen.
- Die Fachkraft achtet in der Trainingsarbeit unter dem Sattel darauf, wie das Pferd auf den Einsatz reagiert.

Fallbeispiel: **Lotta**

Auf der Suche nach einem Pferd für die Hippotherapie und die Frühförderung an der Longe im Setting des Voltigierens fanden wir die damals siebenjährige Stute Lotta. Mit ihren 1,60 m und dem kompakten Körperbau schien sie uns durchaus geeignet. Wir erhielten sie drei Tage zur Probe und konnten in der IST-Analyse nach der Probezeit feststellen, dass sie sich aufgrund ihres kompakten Körperbaus, der Größe von 1,60 m und ihrer hohen Bereitschaft, Kontakt aufzunehmen und zu kooperieren, trotz einer nicht vorhandenen Grundausbildung durchaus für den Aufgabenbereich eignet. In den ersten drei Monaten war Lotta fast durchgehend krank. Zunächst hatte sie eine Pilzerkrankung, danach bekam sie einen Infekt mit Husten und Fieber. Nach dem einen Jahr der Grundausbildung unter dem Sattel und an der Longe war die Stute schon äußerlich nicht mehr wiederzuerkennen. Die zu Anfang kompakt und grob wirkende Lotta hatte durch den Muskelaufbau eine sportliche Figur bekommen. Das Pferd wirkt inzwischen harmonischer und in sich geschlossener und zeigt sich mit weichen, dynamischen und gut zu sitzenden Grundgangarten. Nach Abschluss der Grundausbildung arbeiteten wir die Stute einige Trainingseinheiten an der Doppellonge, bevor die Arbeit am Langzügel begonnen wurde. Die Assistentin am Kopf des Pferdes konnte sich schnell zurückziehen, da Lotta aufmerksam für die Signale der Fachkraft am Langzügel war. Lotta fiel es zunächst leichter, auf dem Hufschlag geradeaus zu gehen. Ohne Anlehnung an die Bande schwankte sie zunächst noch. Außerdem versuchte sie sich beim Einsatz der Stimme nach hinten umzudrehen, um zu sehen, wer mit ihr sprach. So blieben wir bei den ersten Einheiten auf dem Hufschlag und dosierten den Stimmeinsatz stark. Nach ca. 15 Minuten beendeten wir die ersten Trainingseinheiten mit einem guten Ergebnis. Gerade bei neugierigen Pferden ist es wichtig, die Einheiten zu beenden, bevor die Konzentration und Motivation nachlassen. In den nächsten Wochen bauten wir ein- bis zweimal die Woche die Langzügelarbeit mit ein. Da dieses Training keine ausreichende Bewegung für Lotta darstellte, bot es sich an, das Training an der Longe oder unter dem Sattel etwas zu verkürzen und die Langzügelarbeit mit 15 Minuten anzuschließen. Für das Lernverhalten von Pferden sind Wiederholungen gut. Nachdem sich die Hilfengebung eingespielt hatte, konnten wir vermehrt den Hufschlag verlassen und Lotta durch treibende Hilfen geraderichten und die Anlehnung stabilisieren. Lotta neigte dazu, hinter die Senkrechte zu kommen und mit dem Kopf kräftig hoch- und runterzunicken. Nach drei Monaten mit wöchentlich ca. zwei Einheiten á 15-20 Minuten war Lotta in der Lage, auf geraden und gebogenen Linien überwiegend geradegerichtet zu gehen, das Tempo gleichmäßig zu halten, Tempounterschiede auf Aufforderung und die Übergänge fließend zu zeigen.

Eine erfahrene Reiterin wurde eingesetzt, um eine Rückmeldung zu erhalten, wie Lotta sich von oben anfühlt. Es stellte sich heraus, dass Lotta das Gelernte auch unter diesen Bedingungen gut abrufen konnte. Schwierigkeiten hatte Lotta, als eine Fachkraft in Höhe des Gurtes mitging. Lotta zeigte sich nach wie vor am Menschen interessiert und hatte die Tendenz, sich an den seitlichen Begleiter anzulehnen, das Tempo zurückzunehmen, um auf seine Höhe zu kommen. Bis sich diese Tendenz kaum noch zeigte, waren ca. acht weitere Trainingseinheiten und ein klarer Einsatz der treibenden Hilfen notwendig. Nun begannen wir mögliche Symptome der Klienten einzubauen. Lotta, die mittlerweile gut auf die treibenden Hilfen reagierte, glich die Schwankungen gut aus und blieb stehen, wenn die Bewegungen sie stark aus dem Gleichgewicht brachten. Auf Klemmen mit den Beinen reagierte sie wenig, kam der Probeklient deutlich hinter die Senkrechte, verlangsamte sie das Tempo oder blieb stehen.

Das Aufsteigen über eine Treppe kannte Lotta schon durch das Training unter dem Sattel, da wir immer über eine Aufstiegshilfe aufsitzen. Den Lifter lernte sie kennen, als wir sie parallel zu den Hippotherapie-Einheiten am Kopf und später am Langzügel führten und sie so den erfahrenen Pferden bei dieser Aufgabe zuschauen konnte. Das Einparken am Lifter und an der großen Rampe haben wir erst eingeübt, als Lotta alle Hilfen am Langzügel verlässlich annahm. Diese Übungseinheiten wurden immer von Lottas fester Bezugsperson begleitet. In jeder Übungseinheit bauten wir dieses Training dann mit ein. Zunächst ein kurzes Anhalten ohne Korrektur des Haltepunktes, dann ein längeres Anhalten und als nächsten Schritt kleine Korrekturen des Haltepunktes mit anschließendem Stehenbleiben. Bevor sie unter Klienten eingesetzt wurde, erhielt der Assistent, der die Langzügelarbeit übernehmen sollte, die Gelegenheit, sich gut mit dem Pferd abzustimmen, indem er in das Training einbezogen wurde. In den ersten drei Monaten achteten wir darauf, dass Lotta nur bei einer Fachkraft und nur mit Klienten eingesetzt wurde, die schon länger an der Maßnahme teilnehmen. Heute geht Lotta mit allen Zielgruppen in allen Settings verlässlich als Allroundpferd.

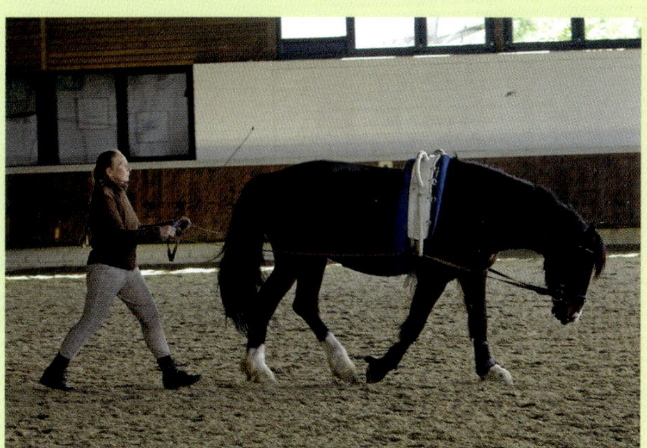

Zu Beginn des Trainings am Langzügel zeigte Lotta deutliche Schwierigkeiten in der Anlehnung. Mittlerweile zahlt sich das Training aus. Lotta gelingt es immer besser, sich selbst zu tragen und von hinten gut unterzutreten.

9.2.6 Gelassenheitstraining

Durch das Gelassenheitstraining werden die Kommunikation und das Vertrauen zwischen Mensch und Pferd verbessert, sodass auch bei äußeren Einflüssen die Orientierung am Menschen erhalten bleibt und das Pferd gelassen und gehorsam reagiert. Damit dieses Ziel erreicht wird, braucht es keine spektakulären Situationen. Die Herausforderungen werden in kleinen Schritten gesteigert und die Fachkraft achtet darauf, dass der Kontakt und der Gehorsam erhalten bleiben, bevor sie die Anforderungen steigert. Um einen Trainingseffekt zu erreichen, reicht es oftmals schon aus, zehn Minuten vor der Arbeit unter dem Sattel Alltagssituationen (Jacke auf der Bande) zu nutzen, eine Plane in der Halle auszubreiten oder einen Luftballon in die Halle zu legen. Insbesondere durch klare und ruhige Reaktionen in Alltagssituationen erlebt das Pferd die Fachkraft als berechenbar und verlässlich. Auch wenn das Pferd im Rahmen des Gelassenheitstrainings eine hohe Toleranz entwickelt hat, ist sich die Fachkraft darüber im Klaren, dass dies nicht bedeutet, dass es generell das Fluchtverhalten verlernt hat und in allen Alltagssituationen die Gelassenheit ohne Ausnahme abrufen wird.

Um eine Unter- oder Überforderung feststellen zu können, ordnet die Fachkraft die Rückmeldungen des Pferdes ein. Wirkt das Pferd abgelenkt, schaut es sich nach anderen Dingen um und konzentriert sich nicht auf die Aufgabe, ist es nicht mit dem Lernprozess und der Auseinandersetzung mit der Herausforderung beschäftigt. Verspannt das Pferd die Backenmuskulatur oder zieht es sich im Rücken zusammen, wird der Blick starr oder reagiert das Pferd mit deutlichem Fluchtverhalten, besteht eine Überforderung, die in Panik übergehen kann. In beiden Fällen tritt der gewünschte Lerneffekt nicht ein. Lernen ist daran zu erkennen, dass das Pferd konzentriert, neugierig, aber auch mit einer gewissen Anspannung hinschaut und austestet, wie es die gestellte Aufgabe im Kontakt mit der Fachkraft bewältigen kann. Pferde machen sich mit neuen Gegenständen vertraut, indem sie daran riechen und mit den Hufen scharren. Dies unterbindet die Fachkraft auf keinen Fall, da sonst das Interesse des Pferdes abnimmt oder es aufgrund der fehlenden Orientierungsmöglichkeiten unsicher wird. Geräusche wie das Bimmeln von Kuhglocken oder das Rappeln von Dosen, die mit Steinen gefüllt sind, tolerieren Pferde eher, wenn sie sich bewegen dürfen und zunächst weiter entfernt von der Geräuschquelle geführt werden. Oftmals entwickeln sie dann aus einer sicheren Position heraus Neugier-Verhalten und nähern sich ohne Aufforderung der Geräuschquelle an. Für junge und unerfahrene Pferde ist es immer ein großer Vorteil, wenn ein erfahrenes Pferd die Übungen „vormacht". Stellt sich der Erfolg in der Trainingseinheit nicht wie gewünscht ein, greift die Fachkraft auf eine Übung zurück, die das Pferd gut bewältigen kann. Die Wiederholung der nicht bewältigten Übung an einem anderen Tag erhöht den Lernerfolg eher als langes Üben mit einem unkonzentrierten oder zunehmend verunsicherten Pferd.

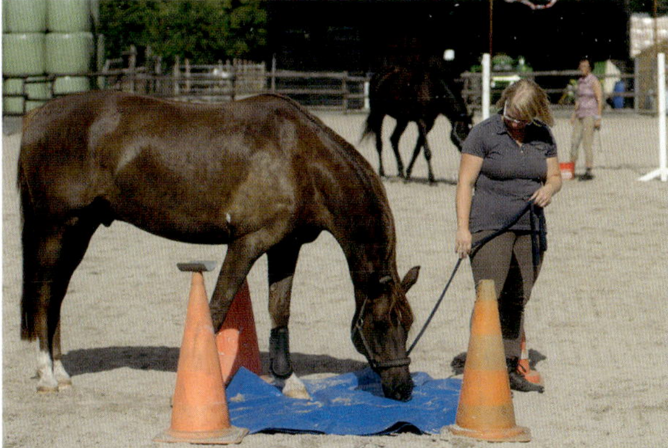

In regelmäßigen Abständen werden mit den Pferden des Zentrums für Therapeutisches Reiten Köln e.V. kurze Einheiten im Gelassenheitstraining durchgeführt.

Phase I:
Eingewöhnungsphase im Stall

Folgende Trainingserfolge kennzeichnen den Abschluss dieser Phase:

- Die Fachkraft bewegt sich mit dem Pferd über die gesamte Anlage, nimmt alle Gegenstände in Augenschein und lässt das Pferd hinschauen (z.B. Holzpferd, Trampolin, Rampe, Waschbox etc.).
- Sie nutzt bewusst Alltagssituationen, z.B. das Bellen von Hunden am Zaun, klappernde Fahrräder, verschiedene Geräusche, Kinderrennen, Traktoren etc.

Phase II:
Abfragen der Gelassenheit im geführten Setting

Folgende Trainingserfolge kennzeichnen den Abschluss dieser Phase:

- Das Pferd wird zunächst mit am Boden liegenden Gegenständen im geführten Setting am langen Strick konfrontiert. Bleibt das Pferd gelassen, werden Gegenstände in Buggelenkshöhe und anschließend in Höhe des Kopfes bzw. darüber angeboten.
- Zuerst werden optische und dann akustische Reize eingeübt. Ist das Pferd in diesen Übungen sicher, kann es während der Einheiten im Therapeutischen Reiten in der Halle geführt werden. So lernt es Kindergruppen oder den Lifter kennen.

Phase III:
Abfragen der Gelassenheit im Setting des Reitens

Folgende Trainingserfolge kennzeichnen den Abschluss dieser Phase:

- Es sollten nur Übungen unter dem Reiter absolviert werden, die das Pferd gelassen im geführten Setting bewältigt hat.
- Die Fachkraft ahnt die Reaktionen des Pferdes voraus und wird nicht unsicher, wenn das Pferd die Aufgabe durch schnelles Überwinden oder Überspringen löst.
- Wie in Phase II werden die Aufgaben zunächst mit am Boden liegenden Gegenständen durchgeführt und sich dann in die höheren Regionen vorgearbeitet (z.B. Durchreiten eines Tores mit Flatterband).
- Die optischen Reize werden vor den akustischen Reizen eingeübt.

Charles absolviert das Gelassenheitstraining unter dem Sattel souverän.

Fallbeispiel: **Charles**

Im Rahmen einer internen Fortbildung bei einem ehemaligen Leiter der Polizeireiterstaffel nahmen wir mit dem damals sechsjährigen Charles teil. Charles reagierte sensibel auf Geräusche, erschreckte sich immer mal wieder vor Gegenständen und hatte Probleme, aufmerksam mitzuarbeiten. Da wir die Reaktionen des sensiblen Pferdes auf das Training nicht einschätzen konnten, sprachen wir mit dem Leiter der Fortbildung ab, dass wir das Training abbrechen würden, wenn Charles deutliche Überforderungsanzeichen zeigte. Begonnen wurde das Training mit einer Gewebeplane, die in der Breite vierfach gefaltet auf dem Boden lag. Wie es für alle Pferde typisch ist, wurde die Plane von Charles berochen und mit den Hufen erkundet. Nachdem er den Gegenstand gründlich untersucht hatte, wurde er von der Fachkraft deutlich aufgefordert, hinüberzuschreiten. Mit einem großen Schritt überwand er das Hindernis. Die Plane auf halber Breite erforderte, dass er einen Fuß aufsetzen musste. Auch das gelang ihm nach erneutem Untersuchen der Plane sicher. Ganz ausgebreitet schritt er, nachdem er die Plane wieder untersucht hatte, gelassen, aber aufmerksam darüber hinweg. Als nächste Aufgabe folgte eine ca. 20 cm hohe Matratze, die er zunächst quer überwinden sollte. Auch mit dem weichen Untergrund hatte er keine Probleme, und es war sogar möglich, ihn auf der Matratze anzuhalten. Auf eine von einer Assistentin gezogenen Plastikplane, die er verfolgen sollte, reagierte er mit Neugier. Mit lang nach unten gestrecktem Hals lief er der Plane nach, schaffte es, sie einzuholen und mit dem Huf daraufzutreten. Die Assistentin hatte die Anweisung, sofort stehen zu bleiben, wenn er die Plane berührt, damit er sie erneut untersuchen kann. Bei der Wiederholung trabte er aufmerksam hinter der Plane her, um sie einzuholen.

Um Charles an eine Fahne zu gewöhnen, stellten wir uns mit mehreren Pferden nebeneinander auf und der Lehrgangsleiter wedelte mit der Fahne zunächst langsam und aus der nötigen Distanz. Solange die Pferde ruhig stehenblieben und aufmerksam guckten, kam er Schritt für Schritt näher. Als Charles auch dies nicht aus der Ruhe brachte, nahm die Fachkraft die Fahne selber in die Hand und führte das Pferd damit durch die Halle. Durch die dosierten Anforderungen und das Zulassen der Orientierung konnte Charles alle Aufgaben ohne Anspannung oder Angst bewältigen. Er entwickelte sichtlich Spaß am Training.

In der nächsten Trainingseinheit wiederholten wir die bereits eingeübten Aufgaben, bevor wir ihn mit den Geräuschen einer mit Steinen gefüllten Dose konfrontierten. Er wirkte deutlich skeptischer, konnte sich aber durch das Führen im Schritt, weit entfernt von der Geräuschquelle gut beruhigen. Um ihn nicht zu überfordern, beendeten wir das Training. Insgesamt waren wir erstaunt über den schnellen Fortschritt dieses Pferdes. In den folgenden Wochen konnte Charles sich durch die regelmäßig durchgeführten Gelassenheitsübungen in den anderen Arbeitssettings und im Einsatz deutlich besser orientieren und konzentrieren. Heute kann man einen Kanister mit Steinen gefüllt rappelnd unter Charles hindurchziehen, ohne dass ein Anzeichen von Gespanntheit auftritt. Alle Aufgaben, die er sicher an der Hand ausführt, sind auch unter dem Sattel problemlos möglich. Er lässt sich mit Fahne oder Regenschirm reiten, geht über leere Einwegverpackungen und Luftnoppenfolie. Er ist mit der Holzwippe vertraut und meistert auch schwierige Aufgaben mit großem Interesse und Nervenstärke. Im Gelände geht er seitdem ruhig und gelassen an der Spitze und es gibt kaum etwas, an dem er zögerlich vorbeigeht.

Alle Pferde aus der Einrichtung zeigten sich gelassen in der Arbeit mit optischen Materialien. Bei akustischen Materialien kamen sie deutlich schneller unter Spannung. So bauten wir in unterschiedlichen Abständen bei allen Pferden akustische Reize in die Trainingsarbeit mit ein.

10 Die Einsatzplanung des Pferdes

Bei der individuellen Planung des Einsatzes beachtet die Fachkraft das Alter des Pferdes, den Ausbildungsstand, die Passung von Veranlagung und Einsatzgebiet sowie die im Einsatz entstehenden Belastungen. Je abwechslungsreicher der Arbeitsalltag des Pferdes aussieht, desto motivierter arbeiten die Pferde mit und desto länger bleiben ihre Qualitäten erhalten. Werden die Pferde im Einsatz weder über- noch unterfordert, benötigen sie in der Regel keinen hohen Aufwand in der Ausgleichs- und insbesondere in der Korrekturarbeit. Obwohl die Einsatzplanung immer individuell vorgenommen werden muss, dienen einige in unserer Praxis erprobten Richtwerte zur Orientierung:

- Generell kann davon ausgegangen werden, dass ein gut ausgebildetes Pferd zwei Einsatzzeiten pro Tag und eine Stunde Ausgleichs- und Korrekturarbeit leisten kann.
- Das Pferd sollte im Setting des Voltigierens maximal zwei Einsätze pro Woche haben, insbesondere dann, wenn es noch in anderen Settings eingesetzt wird. In Ausnahmefällen, wenn z.B. ein Pferd krankheitsbedingt ausfällt, sind auch drei Einsätze für eine Dauer von ca. sechs Monaten möglich. Eine höhere Anzahl an Einsätzen pro Woche in diesem Setting hat Auswirkungen auf die Aufmerksamkeit und Motivation des Pferdes. Die Pferde stumpfen ab und spiegeln den Klienten immer weniger ihr Verhalten.
- Im Setting am Langzügel ist es optimal, wenn die Pferde maximal zwei Einheiten á 30 Minuten plus Vor- und Nachbereitungszeit hintereinander eingesetzt werden. Die Pferde können in dieser Form fünfmal die Woche eingesetzt werden, ohne dass die Qualität ihrer Mitarbeit abnimmt. Zu beachten ist dabei, dass Klienten mit einem hohen Gewicht oder deutlichen Schwierigkeiten in der Balance das Pferd stärker fordern als leichte und motorisch geschickte Klienten. Sinnvoll ist es daher, dem Pferd nicht zwei schwere oder stark beeinträchtigte Klienten hintereinander zuzuteilen.
- Im Setting unter dem Sattel kann das Pferd ebenfalls fünfmal pro Woche eingesetzt werden. Dabei ist es wichtig, dass nicht nur Anfänger das Pferd reiten, sondern ein Wechsel zwischen Anfängern und fortgeschrittenen Klienten im Reiten erfolgt. Der im Reiten bereits fortge-

schrittene Klient gibt dem Pferd Führung und sorgt dadurch, dass er schon durcheinander reiten kann, dafür, dass das Pferd nicht an den anderen Pferden klebt oder vermehrt Widersetzlichkeiten beim Vorwärts und Wenden zeigt.

- Wird das Pferd im geführten Setting oder in der Freiarbeit eingesetzt, gilt hier ebenfalls, dass ein Einsatz pro Tag in dieser Form angemessen ist, um das Pferd wach und aufmerksam zu halten.
- Zusätzliche Einsätze als Streichelobjekt sollten nach Möglichkeit nicht erfolgen. Wird das Pferd zur Kontaktanbahnung vom Boden aus eingesetzt, muss dieser Einsatz im Gesamtplan berücksichtigt werden und darf dauerhaft nicht als Zusatzleistung dazukommen.

10.1 Exemplarische Einsatzpläne

Muss die Fachkraft viele Pferde im Blick behalten, hat sich die schriftliche Fixierung der Einsatzpläne bewährt. Dabei arbeitet die Fachkraft auch die Zeiten der Ausgleichsarbeit und der Freizeit des Pferdes auf der Koppel oder dem Auslauf ein. So kann sie leichter eine Über- oder Unterforderung des Pferdes wahrnehmen und dem entgegenwirken. Da es im Sommer mehr Möglichkeiten gibt, das Pferd draußen zu arbeiten und auf die Koppel zu stellen, wird zwischen Sommer- und Winterplänen entschieden.

Rodin – ein älteres Verlasspferd (Winterplan)

Rodin	Montag	Dienstag	Mittwoch	Donnerstag	Freitag	Wochenende
7.00	Freilauf in Kleingruppen					
8.00						
9.00					HPV	
10.00		Einzel-förderung	Einzel-förderung			
11.00						
12.00				Ausgleich Reiten		
13.00	Ausgleich Reiten					
14.00						
15.00			Hippo	Hippo	HPR	
16.00	HPR	HPR				
17.00						
18.00						
19.00	Hippo					
20.00						
21.00						

Rodin wird vor allem mit jüngeren Kindern eingesetzt. Aufgrund seines Exterieurs fällt ihm das Galoppieren über einen längeren Zeitraum schwer. Für den Einsatz im HPV mit Kindern aus dem Elementarbereich (ca. 70 Minuten mit Vor- und Nachbereitung) reicht sein Vermögen, sich im

Rodin erledigt seine Aufgaben gelassen und aufmerksam. Für den Erhalt der Motivation im Galopp muss er ausgleichend gearbeitet werden.

Galopp zu tragen, für zwei bis drei Runden durchaus aus. In der Hippotherapie wird er mit Kindern oder mit leichten erwachsenen Patienten eingesetzt. Beim HPR besticht er durch seine Zuverlässigkeit bei schwachen Kindern im Anfängerbereich und durch seine Motivation, dem Vorderpferd (beim Abteilungsreiten) zu folgen. Damit er beim Abteilungsreiten aufmerksam bleibt, wird er von einer Fachkraft ausgleichend unter dem Sattel gearbeitet oder freitags von einer fortgeschrittenen Jugendlichen im HPR geritten. Rodin könnte dieses Arbeitspensum mit schweren Klienten oder deutlich mehr Galopparbeit in den Voltigier- und Reitstunden nicht leisten. Bei einem Alter von 16 Jahren muss darauf geachtet werden, ob sich Überlastungs- oder Ermüdungserscheinungen einstellen.

Heinzel – ein Leistungspferd in der Umorientierung (Winterplan)

Heinzel	Montag	Dienstag	Mittwoch	Donnerstag	Freitag	Wochenende
7.00	Freilauf in Kleingruppen					
8.00						
9.00	Training Reiten	geplant HPV				
10.00						
11.00						
12.00					Training Reiten	
13.00						
14.00						
15.00		geplant HPR		HPV ruhige Gruppe	HPR Anfänger	
16.00	HPR Anfänger					
17.00						
18.00		Training Voltigieren	HPR Fortgeschr.			
19.00				HPR Fortgeschr.		
20.00						
21.00						

Heinzel wird noch nicht im vollen Umfang eingesetzt. Wie für alle anderen Pferde des Zentrums ist am Montag früh das Training unter dem Sattel vorgesehen. Am Dienstag steht für ihn das Training im Voltigieren mit Leistungsvoltigieren an, damit er sich langsam an die Anforderungen und insbesondere an das Balancieren der Voltigierer auf seinem Rücken gewöhnen kann. Sobald dieses Training nicht mehr erforderlich ist, wird er dienstags früh einen HPV- und am Nachmittag einen HPR-Einsatz haben. Um einen reibungslosen Einsatz am Freitag im Anfängerbereich zu ermöglichen, wird er von der Fachkraft vorher insbesondere im Winter ausgleichend gearbeitet.

Heinzel hat nach wenigen Wochen verstanden, dass nicht mehr das Springen, sondern das entspannte und aufmerksame Mitarbeiten im Vordergrund steht.

Earl Grey – der dosierte Einsatz eines jungen Pferdes (Sommerplan)

Earl Grey	Montag	Dienstag	Mittwoch	Donnerstag	Freitag	Wochenende
7.00	Weidegang					
8.00						
9.00			Training Reit. o. Longieren			
10.00						
11.00	Training Reiten					
12.00					Training Reiten	
13.00						
14.00		HPV				
15.00				geplant Hippo	geplant HPR	
16.00						
17.00						
18.00	Training Langzügel parallel zur Hippo		Reiten als Sport			
19.00				HPR		
20.00						
21.00						

Nachdem Earl Grey in den letzten eineinhalb Jahren die Grundausbildung durchlaufen hat, kann er dosiert eingesetzt werden. Aufgrund seiner noch immer vorhandenen Probleme in der Anlehnung benötigt er weiterhin viel Trainingszeiten und einen Ausgleich zur Belastung im Einsatz. In der Hippotherapie wird er noch nicht eingesetzt, da sich die Anlehnung am Langzügel noch nicht ausreichend stabilisiert hat und er noch mit dem Setting vertraut gemacht werden muss. In absehbarer Zeit wird er auch in der Hippotherapie an mehreren Tagen eingesetzt werden.

Die Anlehnungsprobleme tauchen für kurze Momente noch immer auf. Dies ist ein deutlicher Hinweis darauf, dass das Pferd weiterhin intensives Training benötigt und im Einsatz nicht maximal eingeplant werden darf.

Die Pferde des Zentrums sind im Sommer von Montag bis Freitag am Vormittag ca. sechs Stunden gemeinsam auf der Koppel. An den Wochenenden bleiben sie den gesamten Tag draußen. Sollte es sehr heiß sein, gehen sie nachts raus. Die Pferde, die im Vormittagsbereich ihren Einsatz haben, werden einzeln von der Koppel geholt und nach ihrem Einsatz wieder zurück in die Herde entlassen. Ab Mittag werden dann alle Pferde reingeholt, damit der Nachmittagsbetrieb ruhig ablaufen kann. Sie erhalten dann gegebenenfalls am Nachmittag nochmals Freilaufzeiten in Kleingruppen auf dem Auslauf. Im Winter werden die Pferde in Kleingruppen eingeteilt und kommen sowohl morgens als auch nachmittags für ca. ein bis zwei Stunden auf den Außenplatz (25 x 65 m). Bei der Zusammenstellung der Kleingruppen wird aufgrund des begrenzten Platzes darauf geachtet, dass die Pferde miteinander spielen, aber auch zur Ruhe kommen. Pferde, die immer wieder miteinander die Rangordnung klären und so in ständiger Unruhe sind, sollten in den Wintermonaten nicht zusammen rausgestellt werden.

Neben den aufgeführten Einsatzzeiten in der Woche gehen die Pferde maximal an acht Wochenenden bei Kursen und Lehrgängen mit. Kümmern sich Reitbeteiligungen um die Pferde, ist es sinnvoll, dass an den Wochenenden Ausgleichsangebote wie z.B. Ausritte für die Pferde eingebunden werden. Da in den Sommerferien viele Klienten im Urlaub sind, hat es sich bewährt, den regulären Betrieb einzustellen, in den ersten beiden Wochen eine Ferienfreizeit anzubieten und dann drei Wochen Betriebsferien zur Erholung der Pferde anzuschließen. In der Ferienfreizeit wird mit den Klienten ausschließlich im Gelände geritten, sodass die Pferde einen ganz anderen Alltag haben als im normalen Betriebsablauf. In der anschließenden Erholungszeit gehen die Pferde jeden Tag auf die Koppel und werden in keiner Weise gearbeitet. In der letzten Ferienwoche werden alle Pferde wieder geritten. Die Erholung der Pferde ist deutlich spürbar und sie brauchen wenig Zeit, bis sie wieder an ihr Leistungsvermögen anknüpfen können. Eine Ausnahme besteht für die Pferde, die sich noch nicht im Einsatz befinden. Die jungen und neuen Pferde können in den Ferien in Ruhe gearbeitet werden und erhalten ihre Auszeit von maximal zwei Wochen zu einem Zeitpunkt, wenn der Betrieb normal läuft. In den Weihnachts- und Osterferien findet ebenfalls eine Woche lang kein Einsatz statt. In dieser Zeit werden die Pferde ausschließlich von den Fachkräften gearbeitet oder in Trainerlehrgängen eingesetzt.

Um die Zeit auf der Weide im Herbst zu verlängern, bekommen die Pferde ein Teil des Raufutters auf die abgeweideten Flächen verteilt.

11 Das Training des ausgebildeten Pferdes

Hat das Pferd seine Ausbildung abgeschlossen und seine Aufgaben im Therapeutischen Reiten übernommen, wird es im Rahmen der Ausgleichsarbeit von der Fachkraft weiterhin gearbeitet, damit sein Leistungs- und Gesundheitszustand erhalten bleiben. Treten während oder nach dem Einsatz größere Probleme auf, reicht die normale Ausgleichsarbeit nicht aus. Die konsequente und zielgerichtete Korrekturarbeit erfolgt dann zeitnah, damit das Pferd die unerwünschten Verhaltensweisen nicht beibehält.

11.1 Ausgleichsarbeit

Oftmals wird die Ausgleichsarbeit nicht fest in den Wochenplan integriert und findet nur statt, wenn sich gerade ein Zeitfenster ergibt. Aber auch sehr gut ausgebildete Pferde verlieren deutlich an Qualität, wenn sie ausschließlich im Einsatz gearbeitet und nur hin und wieder von der Fachkraft geritten werden. Haben sich bereits Mängel in der Rittigkeit entwickelt, ist die Durchlässigkeit verringert und sind die Motivation und Kooperationsbereitschaft verloren gegangen, ist es schwierig, diese Eigenschaften im laufenden Betrieb wiederherzustellen. Bei dem beschriebenen Einsatzvolumen kommt ein gut ausgebildetes Pferd mit ein bis zwei Einheiten ausgleichender Arbeit in der Woche aus. Kommen dann über das Jahr verteilte Auszeiten (z.B. über Weihnachten, Ostern und eine Woche in den Sommerferien) hinzu, in denen das Pferd ausschließlich von der Fachkraft gearbeitet wird, erhält sich seine Qualität über viele Jahre.
Im Zentrum für Therapeutisches Reiten hat es sich bewährt, am Montagvormittag feste Zeiten für die Ausgleichsarbeit für alle Pferde einzuplanen. Die Pferde erholen und regenerieren sich am Wochenende auf der Koppel oder dem Auslauf in der freien Bewegung im Herdenverband sowohl körperlich als auch psychisch von ihren Einsätzen in der Woche, ohne Einwirkung des Menschen. Leichte Verspannungen lösen sich oftmals schon durch viel freie Bewegung. Für die

Durchführung der Ausgleichsarbeit am Montagvormittag spricht zudem, dass insbesondere junge und sehr bewegungsfreudige Pferde vor dem ersten Einsatz nach dem Wochenende bereits gearbeitet sein sollten, damit sie überschüssige Energie nicht unter dem Klienten abbauen. Traten beim Pferd keine nennenswerten Schwierigkeiten im Verlauf der Woche auf, reicht nach einer angemessenen Schrittphase ein Ausgleichstraining von 30 bis 40 Minuten aus, sofern das Pferd regelmäßig von der Fachkraft gearbeitet wird. Pferde, die an den Einsatz herangeführt werden oder ihren Ausbildungsstand unter den Belastungen des Einsatzes nicht gut halten können, benötigen mehr als zwei Stunden ausgleichende Arbeit pro Woche. Wird das Pferd nicht regelmäßig oder vorwiegend in Settings im Schritt eingesetzt, bedarf es zum Aufbau von Kondition und Muskulatur eines vermehrten Trainings. Darüber hinaus gibt es Pferde, die aufgrund ihres Interieurs oder Exterieurs einen erhöhten Trainingsbedarf auch nach Abschluss der Ausbildung haben.

11.1.1 Formen der Ausgleichsarbeit

Der überwiegende Teil der Ausgleichsarbeit findet unter dem Sattel statt. Die Fachkraft erhält in diesem Setting über den engen Körperkontakt und die kurzen Wege der Hilfengebung eine unmittelbare Rückmeldung vom Pferd und kann so die Punkte der Skala der Ausbildung gut überprüfen. Geht das Pferd im Einsatz zudem häufig an der Longe oder am Langzügel, braucht es zum Ausgleich ein flexibleres Trainingsangebot. Es sollte in der Ausgleichsarbeit dann nicht zusätzlich longiert oder in einem geführten Setting gearbeitet werden. Die Arbeit unter dem Sattel lässt sich durch kein anderes Setting ersetzen, wohl aber sinnvoll ergänzen. So kann beispielsweise die Arbeit an der Doppellonge für Pferde, die viel im Reiten eingesetzt werden oder größere Verspannungen im Rücken aufgebaut haben, ein sinnvolles Ausgleichsprogramm darstellen. Generell ist es bedeutsam, dass das Pferd in der Ausgleichsarbeit körperlich in allen drei Gangarten gefordert wird, da nur dann die Gesunderhaltung, der Muskelaufbau und die Rittigkeit (siehe Kapitel 8) erhalten bleiben. Wird das Pferd im Einsatz wenig körperlich gefordert, ergibt sich ein erhöhter Trainingsbedarf und es sollte mindestens alle drei Tage am Aufbau der Muskulatur und Erhalt der Kondition und Rittigkeit gearbeitet werden. Hier bewährt sich zur Entlastung der Fachkraft der Einsatz von gut reitenden Reitbeteiligungen und insbesondere im Winter die Arbeit an der Longe als zusätzliches Bewegungsangebot.

Der Schwerpunkt der Ausgleichsarbeit liegt in der dressurmäßigen Arbeit, da das Pferd so am effektivsten gymnastiziert und gefordert wird. Dabei kann die Arbeit unter dem Sattel sehr abwechslungsreich gestaltet werden. Das Einbauen von Stangenarbeit, kleinen Bodenricks, Gymnastiksprüngen, Galopptraining auf der Ovalbahn und das Reiten im Gelände sorgen für den Erhalt der Motivation und Konzentration. Insbesondere das Reiten im Gelände bietet die Möglichkeit, das Pferd auf unterschiedlichen Böden sowie bergauf und bergab zu arbeiten und gleichzeitig den Erhalt der Gelassenheit zu trainieren.

Fallbeispiel: **Rodin – wach werden im Gelände**

Unser stets gelassener und gemütlicher Fjordwallach Rodin ist im Gelände kaum wiederzuerkennen. Der kleine Kerl lässt sich von seinen großen Kollegen in keiner Weise abhängen. Einen der hinteren Plätze nimmt er ungerne ein und sein Eifer kennt keine Grenze mehr, wenn er die Gruppe anführen kann. Seine Motivation hält er vor allem in den Reiteinheiten über mehrere Tage aufrecht.

Die Motivation von Pferden lässt sich vor allem in der Gruppe im Gelände steigern. Um den Anschluss an die Gruppe zu halten, werden die meisten Pferde wieder wach und motiviert. Dabei achtet die Fachkraft darauf, dass das Pferd sich gut regulieren lässt und sein Grundtempo hält.

11.1.2 Ziele der Ausgleichsarbeit

Unabhängig von der gewählten Form der Ausgleichsarbeit achtet die Fachkraft darauf, dass das Pferd anhand der Punkte der Skala der Ausbildung gearbeitet wird und nicht einfach nur unsystematisch bewegt wird. Generell hat die Ausgleichsarbeit zum Ziel:

- Erhalt und Verfeinerung des Ausbildungsstandes (Skala der Ausbildung)
- physischer und psychischer Ausgleich zur Arbeit mit der Klientel
- Lösen muskulärer Verspannungen, Aufbau von Muskulatur, Vorbeugen von Verschleißerscheinungen
- Erhalt von Kraft, Ausdauer, Elastizität und Rittigkeit (siehe Kapitel 8)
- Einstellen des Pferdes auf eine korrekte Hilfengebung
- Erhalt der Motivation
- Reduktion der Anspannung und Aufbau von Aufmerksamkeit und Gehorsam

■ Takt

Die Taktsicherheit des Pferdes wird, wie bereits beschrieben, durch die Einwirkung der Klienten in den unterschiedlichen Settings erheblich beeinflusst und nicht selten auch deutlich gestört. Daher unterstützt die Fachkraft das Pferd zunächst darin, seinen natürlichen Bewegungsablauf zu entfalten und vorwärtszugehen. Dafür wirkt sie klar und dosiert mit den Hilfen ein und achtet auf das Grundtempo, das auf geraden und großen gebogenen Linien eingefordert wird. Erst wenn das Pferd seinen Rhythmus gefunden hat und ein gutes Grundtempo anbietet, reduziert sie ihre Einwirkung wieder und fördert so die Eigenständigkeit und das selbstständige Vorwärtsgehen des Pferdes. Pferde, die von Natur aus wenig Bewegungsmotivation mitbringen, werden in kurzen Schritt-, Trab- und Galoppintervallen geritten. Pferde, die über eine hohe Bewegungsmotivation verfügen, können hingegen über längere Reprisen in den einzelnen Gangarten geritten werden.

Der Takt des Pferdes kann im therapeutischen Einsatz durch viele Faktoren beeinträchtigt werden. In der Arbeit an der Longe oder am Langzügel hat die Fachkraft noch großen Einfluss auf die Einwirkung der treibenden Hilfen. Probleme der Klienten, die Balance zu halten, und die Unfähigkeit vieler Klienten, mitzuschwingen, sind störende Einflüsse, die zu Taktstörungen führen können. Im freien Reiten kommen die oft fehlenden oder falschen treibenden Hilfen erschwerend hinzu. Viele Reitschüler sind nicht in der Lage, ihre Pferde über einen längeren Zeitraum angemessen vorwärtszutreiben oder treiben permanent und stumpfen somit die Pferde ab. Andere fühlen nicht, wann sie treiben müssen, und geben den Impuls nicht, wenn das Pferd kurz vor dem Abfußen ist, sondern treiben in der freien Schwebe, in der das Pferd anatomisch bedingt gar nicht dazu in der Lage ist, zu reagieren. Viele Reitschüler sind vor allem am Anfang damit überfordert, ihre Pferde adäquat vorwärtszutreiben. Für Pferd und Reiter ist es dann einfacher, sie über das Abteilungsreiten zu lösen und den Takt zu erhalten.

Losgelassenheit

Für die Lösungsphase lässt sich die Fachkraft viel Zeit, damit sich Verspannungen in der Muskulatur, insbesondere im Rückenbereich, lösen können. Während des Einsatzes wird die Rumpfmuskulatur des Pferdes in der Regel den größten Belastungen ausgesetzt, wobei die Muskulatur in der Hinterhand eher wenig aktiviert wird. Über das Leichttraben und den leichten Sitz im Galopp entlastet sie den Rücken des Pferdes so lange, bis das Pferd eine Losgelassenheit im Rücken und in der gesamten Muskelkette anbietet. Dabei führt der Weg zur Losgelassenheit nur über eine aktive Hinterhand, die durch ein aktives Nach-vorne-Reiten mobilisiert wird. Ein zu frühes Aussitzen führt eher zu einer vermehrten Anspannung und lädt das Pferd nicht in die Kooperation ein. Das Pferd lernt dann nicht, die Losgelassenheit zu suchen, sondern Auswege, um sich der Anforderung zu entziehen. Das Reiten von Übergängen ist eine gute Möglichkeit, die Losgelassenheit zu fördern. Allerdings sollten zu Beginn nur Übergänge von einer Gangart in die nächsthöhere oder niedrigere erfolgen. Für Übergänge vom Schritt in den Galopp und wieder vom Galopp in den Schritt muss das Pferd bereits losgelassen gehen und auch Versammlungsbereitschaft anbieten. Ein häufiger Handwechsel trägt bei vielen Pferden dazu bei, dass sie sich schneller loslassen. Besonders Pferde, die sich auf einer Hand schlechter stellen und biegen lassen (Zwangseite), profitieren davon. Bei diesen Pferden ist es wichtig, immer wieder auf die scheinbar bessere Seite (Hohlseite) zu wechseln und erst nach und nach die Arbeit auf der schwächeren Seite zu intensivieren. Beginnt die Fachkraft gleich damit, die schlechtere Seite zu bearbeiten, treten vermehrt muskuläre Verkrampfungen auf, sodass sich das Pferd immer weniger biegen und stellen lässt.

Viele Pferde werden durch die fehlende oder überschießende Initiative, unklare nonverbale Botschaften oder das Grenzen verletzende Verhalten der Klienten psychisch stärker belastet als körperlich. Daher wird auch auf die psychische Losgelassenheit des Pferdes geachtet. Es versteht sich von selbst, dass auch das bereits fertig ausgebildete Pferd in einer ruhigen Atmosphäre gearbeitet wird, sich die Fachkraft auf die Bedürfnisse des Pferdes einstellt und sich auf den Kontakt konzentriert. Manchmal reichen Kleinigkeiten aus, um das Pferd wieder in die Gelassenheit und Wachheit einzuladen. Das kräftige Bürsten an einer Lieblingsstelle vor Beginn der Arbeit oder der Beginn mit einer dem Pferd angenehmen Bewegungsform (z.B. Galoppieren im leichten Sitz) und das Vermeiden von „schwierigen" Situationen zu Beginn der Arbeit gehören zu einfach umzusetzenden Maßnahmen. Pausen am hingegebenen Zügel und das Einbinden eines Lobs helfen dem Pferd ebenfalls, innerlich zur Ruhe zu kommen. Gerade Pferde, die leicht ihre Gelassenheit verlieren, brauchen in der Ausgleichsarbeit eine Bezugsperson, die konstant mit ihnen arbeitet, sodass sie Vertrauen aufbauen können. Pferde, die aufgrund des Einsatzes unter Klienten an Gelassenheit verlieren, sollten mit einem gezielten Gelassenheitstraining erst konfrontiert werden, wenn die Fachkraft beim Reiten in einer ruhigen Atmosphäre die innere Losgelassenheit sicher aufbauen kann. Vernachlässigt die Fachkraft diese Punkte im Umgang und beim Reiten, führt das Gelassenheitstraining eher dazu, dass das Pferd erneut überfordert wird.

Es kann durchaus vorkommen, dass die Fachkraft mit dem Pferd nicht über die Lösungsphase hinauskommt und das Training bereits beenden muss, wenn Takt, Losgelassenheit und Anlehnung erreicht wurden. Kommt dies häufiger vor, liegt ein deutliches Zeichen vor, dass das Pferd den Belastungen nicht gewachsen ist, es eine längere Auszeit braucht oder in seiner Ausbildung noch Lücken vorhanden sind.

■ Anlehnung

Die Anlehnung kann in der Ausgleichsarbeit in der Regel leicht abgerufen werden. An der Longe und dem Langzügel stellt die Fachkraft die Anlehnung selber sicher und die Klienten nehmen hierauf keinen direkten Einfluss. Sorgt die Fachkraft beim Reiten dafür, dass die Klienten die Pferde nicht in Anlehnung, sondern lediglich mit einem lockeren Kontakt zwischen Hand und Pferdemaul reiten, treten zu harte oder grobe Einwirkungen mit der Hand nur selten auf. Das Pferd kennt dann kein Ziehen der Hand und wehrt sich nicht gegen die korrekte Anlehnung unter der Fachkraft. Das Abrufen der Anlehnung hängt eher davon ab, ob der Takt und die Losgelassenheit erhalten bleiben. Im Bereich des Reitens als Sport für Menschen mit Behinderungen können in diesem Punkt vermehrt Schwierigkeiten auftreten, da hier auch unter der Reiterin mit einer Behinderung die korrekte Anlehnung angestrebt wird. Aufgrund der Beeinträchtigung ist eine weiche Einwirkung mit der Hand oder ein gezieltes Treiben nicht immer möglich, sodass hier in der Ausgleichsarbeit intensiv am Erhalt der Anlehnung gearbeitet werden muss. Neben dem Beritt des Pferdes kann die Reiterin dies selbst gegebenenfalls über das Longieren unterstützen.

■ Schwung, Geraderichtung, Versammlung

Wenn die drei Punkte Takt, Losgelassenheit und Anlehnung durch die Ausgleichsarbeit stabilisiert wurden, sind die Grundlagen für ein qualitativ wertvolles Pferd im Therapeutischen Reiten gelegt. Die weiteren Punkte der Skala der Ausbildung, Schwung, Geraderichten und Versammlung, basieren auf den ersten drei Punkten und runden die Ausgleichsarbeit ab. Der Schwung, die Geraderichtung und die Versammlung werden im Einsatz unter den Klienten (außer im Bereich des Reitens für Menschen mit Behinderungen, fortgeschrittene Reiterinnen) nicht aufgebaut und somit ausschließlich von der Fachkraft trainiert. In der Ausgleichsarbeit kommt hier das Reiten von Lektionen zum Tragen. Übergänge, auch vom Schritt in den Galopp und zurück, Tempoverstärkungen, Wendungen auf Voltengröße, Seitengänge, Kurzkehrtwendungen und das Abfragen des Außengalopps gehören zu den wichtigsten Übungen. Hierdurch bleiben die Kondition, Tragkraft und Bewegungskoordination des Pferdes erhalten. Verliert die Fachkraft diese Punkte der Skala der Ausbildung aus den Augen und gibt sich mit dem Erhalt von Takt, Losgelassenheit und Anlehnung zufrieden, erhöht sich die Gefahr eines schnellen Verschleißes. Das Pferd verfügt dann zum Beispiel nicht mehr für die im Voltigieren notwendige Tragkraft oder geht dauerhaft schief und überlastet dadurch die Muskulatur und das Skelett. Darunter leiden dann auch seine Qualitäten in der Beziehungsgestaltung.

Fallbeispiel: **Avantes**

Avantes hat wie jedes Pferd am Morgen, bevor der Betrieb beginnt, Auslauf in der Gruppe. Er geht im HPR sowohl unter Anfängern im Abteilungsreiten als auch bei Fortgeschrittenen im Durcheinanderreiten. Seine beiden HPV-Gruppen bestehen aus Kindern mit Auffälligkeiten im Sozialverhalten und mit motorischen Einschränkungen. Einige Kinder sind deutlich übergewichtig. Er ist in diesen Stunden großer Unruhe und einer erheblichen Belastung im Rücken ausgesetzt.

In der Ausgleichsarbeit von Avantes ist es wichtig, sich beim Putzen und Satteln viel Zeit und Ruhe zu nehmen. Er erfährt im Kontakt mit den Klienten oft nicht die Vorsicht und Aufmerksamkeit, die er benötigt. Das Putzen an seinen Lieblingsstellen, Hals und Schulter, lädt ihn in den Kontakt, die Entspannung und Aufmerksamkeit ein. Es dauert nicht lange und er spannt die Oberlippe an und streckt sich genüsslich im Hals. Anschließend steht er entspannt und genießt sichtlich alles weitere Tun um ihn herum. Er beobachtet die Schritte und Wege der Fachkraft und dreht sich in die Richtung, in die sie geht.

Beim Auftrensen durch die Klienten hat er sich angewöhnt, genau in dem Moment den Kopf zu heben, wenn das Trensengebiss ins Maul

Avantes genießt das Putzen sichtlich und wird über diesen Weg wieder in die Kontaktaufnahme eingeladen. Beim Auftrensen achtet die Fachkraft darauf, dass Avantes sich nicht entzieht.

geschoben werden soll. Bei einer Größe von 172 cm ist er mit diesem Vermeidungsverhalten sehr erfolgreich. Wird er von der Fachkraft aufgetrenst, zeigt er das Verhalten nicht. Dennoch übt die Fachkraft mit ihm, dass er bei einem leichten Druck auf das Genick den Kopf absenkt und auch dort bleibt, wenn sie ihn auftrenst.

Beim Aufsitzen über die Aufstiegstreppe bleibt er willig stehen und wartet geduldig, bis die Fachkraft ihm signalisiert, loszugehen. Nach einer Schrittphase von ca. zehn Minuten beginnt die lösende Arbeit mit vielen Übergängen. In der Regel lässt sich die Anlehnung bei Avantes leicht abrufen. Beim Aufnehmen der Zügel lässt er sich willig durch das Genick stellen. Bei ihm steht der Erhalt der Motivation und des Grundtempos im Vordergrund. Das Pferd fühlt sich zu Beginn klemmig an und zeigt wenige Bewegungsmotivation. Um nicht ständig treiben zu müssen und ihn so abzustumpfen, ist es sinnvoll, ihn zu Beginn durch das Touchieren mit der Gerte zum Vorwärtsgehen aufzufordern. Auf großen gebogenen Linien und durch viele Handwechsel kommt er am leichtesten wieder zur Losgelassenheit und Durchlässigkeit. Bei einer Größe von 172 cm und einem im Rechteck stehenden Pferd leidet im Einsatz besonders die Durchlässigkeit auf gebogenen Linien. Auf der linken Hand (Zwangseite) zeigt er mehr Probleme als auf der rechten Hand (Hohlseite). Schlangenlinien und im verkürzten Tempo durch die Ecken zu reiten helfen hier am besten weiter. Er wird zunächst vermehrt auf der Seite gearbeitet, die ihm leichter fällt. Je mehr er sich loslässt, desto mehr wird die andere Seite mit hinzugenommen. Da er sich über den Galopp sehr gut lösen kann, wird dieser relativ früh im leichten Sitz mit in die Arbeit integriert. Nach ca. 30 Minuten, wenn er sich wieder mit wenig Einsatz der Hilfen vorwärtsreiten lässt und im Rücken mitschwingt, kann man über das Zügel-aus-der-Hand-kauen-Lassen überprüfen, ob die Lösungsphase abgeschlossen werden kann. Erst jetzt wird er vermehrt ausgesessen und es werden Lektionen eingebunden. Für seinen Einsatz ist es wichtig, den Galopp wieder harmonisch und ruhig abrufen zu können. Nur so kann er im HPR und HPV sein Gleichgewicht nicht über Tempo, sondern über die Tragkraft herstellen. Längere Reprisen Galopparbeit, in denen er bei aktivem Hinterbein nach und nach im Tempo zurückgenommen wird, fördern den Erhalt dieser Qualität. Außerdem werden Übergänge aus dem Schritt in den Galopp und umgekehrt geübt, da er diese Aufgabe beim Voltigieren beherrschen muss. Zwischen den Galoppsequenzen werden im Trab Tempounterschiede geritten und Pausen am hingegebenen Zügel eingebunden. In dieser Form wird er ca. 15 Minuten gearbeitet. Geht er am Ende der Ausgleichsarbeit ohne große treibende Einwirkung fleißig vorwärts, wippen die Ohren entspannt mit, war die Arbeit erfolgreich und er ist für die Woche gut vorbereitet. Geht er täglich auf die Koppel, wirkt sich dies deutlich auf den Erhalt des Trainingszustandes, sowohl körperlich wie auch psychisch, aus, sodass die zweite Ausgleichseinheit nicht immer notwendig ist. Im Winter wird er regelmäßig ein zweites Mal in der Woche von einer Fachkraft geritten, um die Auswirkungen des Einsatzes zu überprüfen und frühzeitig auf negative Entwicklungen Einfluss nehmen zu können.

Für den Erhalt seiner Motivation ist das lange Galoppieren im Gelände oder auf der Galoppbahn besonders wertvoll. Dabei wird viel Wert darauf gelegt, dass die Arbeit in Ruhe in einem frischen, aber stets kontrollierten Tempo stattfindet. In den Ausgleichswochen, in denen keine Klienten kommen, bleibt er alleine in der Hand seiner Fachkraft. Sie trainiert dann Lektionen, die im Alltag weniger im Vordergrund stehen, wie beispielsweise fliegende Galoppwechsel oder das Angaloppieren nach einem Kurzkehrt.
Treten beim Aussitzen nach der Lösungsphase erneut Spannungen auf, zeigt er dies am Ohrenspiel und er gerät in der Anlehnung hinter die Senkrechte. Über eine erneute Lösungsarbeit muss dann zunächst wieder am Takt, an der Losgelassenheit und der Anlehnung gearbeitet werden. Vor allem vor der großen Sommerpause gibt es Phasen, in denen wir ihm das Jahrespensum anmerken. In der Ausgleichsarbeit kommen wir dann immer häufiger nicht über die Lösungsphase hinaus. Körperlich wenig belastbar ist er auch in den Zeiten des Fellwechsels, sodass auch hier das Trainingsprogramm angepasst werden muss.

Ausgleichsarbeit für Avantes (Winterplan)

Avantes	Montag	Dienstag	Mittwoch	Donnerstag	Freitag	Wochenende
7.00	Freilauf in Kleingruppen					
8.00						
9.00						
10.00	Korrektur Reiten				HPV	
11.00		HPV	Korrektur Reiten			
12.00						
13.00	Freilauf					
14.00						
15.00		HPR Fortgeschr.			HPR Fortgeschr.	
16.00	HPR Anfänger		HPR Anfänger	HPR Anfänger		
17.00						
18.00						
19.00				HPR Fortgeschr.		
20.00						
21.00						

11.2 Korrekturarbeit des Pferdes

Treten bei einem gut ausgebildeten Pferd während des Einsatzes Probleme auf, reicht die einfache Ausgleichsarbeit nicht aus. Ist schon im Vorfeld zu erwarten, dass das Pferd mit dem Einsatz überfordert ist oder in der Stunde die nicht gewünschten Verhaltensweisen zeigen wird, sollte das Pferd erst gar nicht eingesetzt werden. Während einer Einheit kann die Fachkraft größere Probleme im Verhalten des Pferdes oder in der Bewegungsqualität nicht bearbeiten oder abstellen, ohne eine Gefährdung oder Irritation der Klienten herbeizuführen. Läuft die Stunde bereits, hat sie nur die Möglichkeit, das Auftreten des Problems zu vermeiden, indem sie das Leistungsniveau senkt (z.B. kein Galopp im freien Reiten), oder die Stunde abzubrechen.
Einige Probleme lassen sich jedoch auch durch eine ausgiebige Korrekturarbeit nicht beheben, da sie eher durch das Verhalten der Fachkraft oder eine zu hohe Belastung im Einsatz ausgelöst werden. Dann ist die Fachkraft in der Verantwortung, ihr Verhalten, die Einsatzplanung und die Auswirkungen zu analysieren und an einer Veränderung zu arbeiten. Manchmal sind es wirklich nur Kleinigkeiten, die große Auswirkungen nach sich ziehen und die aus einem gut geeigneten Pferd ein „Problempferd" machen.

11.2.1 Korrekturbedürftige Verhaltensweisen des Pferdes in allen Settings

Eine der häufigsten Störungen in der Vorbereitung des Pferdes auf eine Einheit zeigt sich in einem zunehmend abwehrenden Verhalten beim Putzen und Satteln. Auch das Nachgurten stellt für einige Pferde eine stressauslösende Situation dar, die sie zu vermeiden versuchen und in der sie ihren Unmut deutlich zeigen. Sind diese Schwierigkeiten erst mal entstanden, lassen sie sich nur schwer wieder abstellen. Als Gegenmaßnahme hat sich bewährt:

- Vorsorge ist der wichtigste Schritt zur Problemlösung. Die Fachkraft achtet beim Putzen, Satteln, Gurten und Nachgurten sehr genau auf erste Anzeichen des Widerwillens. Treten Anzeichen auf, reduziert sie die Übernahme dieser Aufgaben durch die Klienten sofort und übernimmt dieses Aufgaben teilweise oder ganz selber.
- Stressreduzierend können Übungen aus der Osteopathie oder der Tellington-Jones-Arbeit eingesetzt werden, um das Pferd zu unterstützen, sich zu entspannen (z.B. Aufwölben des Rückens durch Entlangstreichen unter dem Bauch).
- Beim Satteln, Gurten und Nachgurten sorgt sie dafür, dass keine weiteren Personen am Kopf des Pferdes stehen. Einige Pferde entlasten sich, indem sie in die Luft beißen oder mit dem Kopf schlagen. Diese Verhaltensweisen werden nicht unterbunden. Einige Pferde lassen sich beim Satteln und Gurten durch das Füttern einer Möhre gut ablenken und beruhigen sich. Die Möhre wird jedoch nur dann vom Klienten gefüttert, wenn dieser sich ruhig verhält und die zeitliche Abstimmung mit der Fachkraft so umsetzen kann, dass das Pferd die Möhre nicht als Lob für sein nicht erwünschtes Verhalten versteht. (Die Möhre muss ganz kurz vor Beginn des Sattelns und nicht erst, wenn die Handlung schon begonnen hat, angeboten werden.)
- Das Satteln, Gurten und Nachgurten wird nie in einer Situation durchgeführt, die eine zusätzliche Anforderung an das Pferd stellt. So sollte das Nachgurten z.B. niemals an der Aufstiegshilfe oder Rampe erfolgen, da dadurch zwei anstrengende Aufgaben miteinander verbunden werden und gegebenenfalls eine Konditionierung zweier unangenehmer Situationen erfolgt.

Smolja zeigt beim Satteln durch die Klientin deutliches Abwehrverhalten. Damit sich dieses Verhalten nicht verstärkt, übernimmt die Fachkraft in Zukunft das Satteln selber.

Eine weitere häufig auftretende Störung entsteht beim Aufsitzen, Hochhelfen beim Voltigieren oder beim Transfer an der Rampe oder dem Lifter. Dem Pferd fällt es schwer, ruhig stehen zu bleiben. Es versucht zur Seite auszuweichen oder sich durch das Vorwärtsgehen zu entziehen. In der Ausbildung konnte das Pferd durch die intensive Unterstützung beim Einüben dieser Aufgaben ruhig und gelassen stehen bleiben. Im Einsatz stehen in der Regel nicht mehr so viele Helfer zur Verfügung, um eine enge Begleitung des Pferdes bei der Erfüllung der Aufgabe sicherzustellen. Dadurch erfährt das Pferd weniger Orientierung und beginnt sich aufgrund der zunehmenden Unsicherheit zu entziehen. Als Gegenmaßnahme hat sich bewährt:

- Die Fachkraft überprüft, ob beim Aufsitzen oder Transfer z.B. aufgrund des Gewichts des Klienten oder eines langen Hängens an der Seite des Pferdes Überlastungssituationen für das Pferd entstehen.
- Im Setting des Voltigierens hilft sie den Klienten selber hoch und lässt schwerere Klienten über eine kleine mobile Treppe aufsteigen. Helfen die Klienten sich gegenseitig hoch, führt dies häufig dazu, dass mehrere Anläufe notwendig sind oder der Klient lange an der Seite des Pferdes hängt. Dadurch entsteht sowohl eine hohe psychische wie auch eine hohe Belastung für den Rücken des Pferdes. Das Pferd meldet dann zu Recht zurück, dass die Anforderungen an seine Gelassenheit und Kooperationsbereitschaft zu hoch sind.
- Steht eine mobile Aufstiegshilfe zur Verfügung, wird das Pferd nicht direkt an der Aufstiegshilfe angehalten und in die korrekte Position gebracht. Die Fachkraft bringt das Pferd in der Nähe der Aufstiegshilfe zum Stehen und zieht diese dann mit der Hand an die richtige Position. Je seltener am Pferd „herumgezogen und geschoben" wird, um korrekt „einzuparken", desto weniger Unruhe und Widerstand baut das Pferd beim Aufsteigen auf. Diese Form des Aufsitzens wird insbesondere von den Klienten im Setting des Reitens eingeübt.
- Bei fest installierten Rampen oder dem Lifter kann dem Pferd durch das Aufstellen von Hütchen parallel zur Rampe (Gasse) eine Orientierung zum Einparken angeboten werden. Gelingt das Einparken nicht beim ersten Mal und führt die Aufforderung zu kleinen Korrekturschritten nach vorne oder zur Seite nicht zum gewünschten Erfolg, ist es sinnvoller, noch mal loszugehen und von vorne zu beginnen.
- Das Pferd wird beim Aufsitzen erneut über eine längere Zeit am Kopf begleitet, ohne dabei festgehalten zu werden. In der Regel reicht es aus, wenn eine vertraute Person in Höhe des Kopfes steht, um dem Pferd eine Orientierung zu geben. Das zusätzliche Festhalten würde zwar kurzfristig schneller zum Erfolg führen, langfristig jedoch das Problem verstärken, da das Pferd dann nicht nur das ruhige Stehen, sondern auch das Festgehalten-Werden vermeiden will. Wird die Hilfe abgebaut, stellt sich dann das alte Problem schnell wieder ein.
- Bei Klienten mit einer komplexen Behinderung wird das Pferd beim Aufsteigen durch eine Person am Kopf dauerhaft unterstützt. Der Langzügel wird erst nach hinten genommen, wenn der Transfer abgeschlossen ist.

11.2.2 Korrekturbedürftige Verhaltensweisen des Pferdes in der Arbeit am Langzügel

Ist die Rittigkeit des Pferdes unter dem Sattel vorhanden, kann es dennoch sein, dass das Pferd dazu neigt, am Langzügel eilig zu gehen oder sich auf den Zügel zu legen. Hier kann in der Regel Abhilfe geschaffen werden, indem das Pferd vor dem Einsatz nicht nur aufgewärmt wird, sondern ein ausgiebiges Bewegungsangebot unter dem Sattel oder an der Longe erhält, um sein Bewegungsbedürfnis zu befriedigen, um anschließend gelassener und ruhiger mitzuarbeiten. Außerdem überprüft die Fachkraft, ob die Pferdeführerin zu stark mit der Hand einwirkt, sodass das Pferd aufgrund der Impulsintensität aus der Kooperation aussteigt und die Gelassenheit verliert.

Zeigt das Pferd am Langzügel eine deutlich geringere Motivation zur Mitarbeit als bei der Arbeit unter dem Sattel und geht nicht vorwärts, muss überprüft werden, ob durch die Einwirkung des Klienten (z.B. bei einem hohen Gewicht oder einer starken Asymmetrie) oder durch die Häufigkeit des Einsatzes in diesem Setting die Belastung des Pferdes zu hoch ist. Als Ursache ist auch in Betracht zu ziehen, dass die Pferdeführerin zu wenig Dynamik im Führen des Pferdes entwickelt und das Pferd somit keine klare Orientierung findet.

Pferde, die am Langzügel zu tief gehen, benötigen in der Regel einen stärkeren Einsatz der treibenden Hilfen. Bis die Fachkraft durch ein zusätzliches Training am Langzügel ohne Klienten das Problem bearbeitet hat, kann das Pferd übergangsweise während des Einsatzes durch einen seitlich eingeschnallten Hilfszügel in der Kopf-Hals-Haltung unterstützt werden.

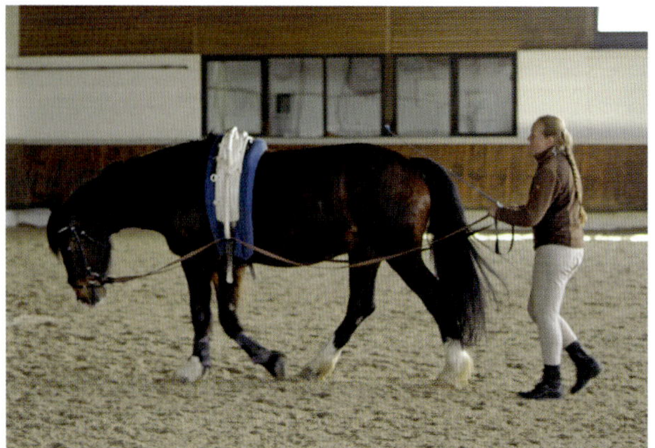

Lotta fällt es aufgrund ihres Exterieurs und der noch nicht ganz gefestigten Grundausbildung phasenweise schwer, sich selber zu tragen und nicht zu tief zu kommen. In den letzten Monaten zeigt sie im Training vermehrt Phasen, in denen sie sich aufrichtet und fleißiger von hinten untertritt.

11.2.3 Korrekturbedürftige Verhaltensweisen an der Longe

Verfügt das Pferd über eine gute Grundausbildung, kann es dennoch vorkommen, dass es im Setting an der Longe den Zirkel verkleinert und versucht, zur Fachkraft in die Mitte zu drängen. Dies geschieht in der Regel insbesondere dann, wenn im Setting des Voltigierens mit mehreren Klienten gearbeitet wird, die rund um das Pferd viel Unruhe verbreiten. Das Pferd versucht

dann über den Kontakt zur Fachkraft die entstehende Anspannung zu reduzieren. Die Fachkraft ist in der Hilfengebung für das Pferd trotz einer guten Longiertechnik häufig nicht mehr aufmerksam genug, da sie viele Gruppenprozesse beobachten und regulieren muss. Es hat sich als sinnvoll herausgestellt, wenn die Fachkraft für sich und das Pferd die Anforderungen herunterschraubt und zunächst mit Klienten, die weniger Unruhe erzeugen, arbeitet. Außerdem übt sie intensiv, ihre Hilfengebung auch dann aufrechtzuerhalten, wenn sie abgelenkt ist. Oftmals baut sich dieses Problem von alleine ab, wenn sowohl die Fachkraft als auch das Pferd über mehr Routine verfügen. Zusätzlich longiert sie das Pferd regelmäßig ohne Klienten und achtet dabei insbesondere auf die Schulung des Gleichgewichts, eine sichere Anlehnung und eine aktive Hinterhand. Um dies sicherzustellen, wechselt sie häufig die Hand und bindet Übergänge in die Arbeit ein.
Zieht das Pferd nach außen und hängt sich in die Longe, liegt dies in der Regel an einer mangelhaften Durchlässigkeit und einer fehlenden Geraderichtung. Diese Lücken in der Ausbildung lassen sich in der Arbeit unter dem Sattel schließen. Ergeben sich diese Probleme im Laufe der Zeit, kann es erforderlich sein, das Pferd aus dem Einsatz herauszunehmen, bis die Schwierigkeiten wieder behoben sind. Longiert die Fachkraft das Pferd ohne Klienten, achtet sie darauf, dass sie in einer treibenden Position auf der Höhe der Hinterhand steht und nicht mit ihrer Körperposition auf die Vorhand des Pferdes ausgerichtet ist, da dann der treibende Impuls fehlt. Mit der Hand muss sie trotz des Zuges des Pferdes zum Nachgeben kommen. Ein Dagegen-Ziehen, das Verschnallen der Longe über das Genick oder über den äußeren Trensenring laden nicht in die Kooperation, sondern ausschließlich in den Machtkampf ein (siehe Kapitel 7). Gewinnt die Fachkraft diesen Machtkampf im Training an der Longe, wird sie schnell feststellen, dass der Erfolg nicht trägt, sobald ihre Aufmerksamkeit wieder von den Klienten absorbiert wird.

Anlehnungsprobleme an der Longe erfordern eine genau angepasste Verschnallung der Hilfszügel. Zudem müssen die Anlehnungsprobleme in der Ausgleichsarbeit unter dem Sattel bearbeitet werden. Generell lässt sich sagen, dass die Aufmerksamkeit auf das Longieren maximal 10 % der Gesamtaufmerksamkeit der Fachkraft einnehmen sollte. Nur so kann die nötige Aufmerksamkeit auf die Klientel gerichtet werden. Was unter dem Sattel an Geraderichtung und Versammlung nicht erarbeitet wurde, kann an der Longe nicht gezeigt und abverlangt werden.

Fallbeispiel: **Balou – denkt mit und handelt eigenständig**

Unser zwölfjähriger Wallach Balou hat sich mit den Jahren, die er bei uns ist, eine besondere Eigenschaft angeeignet. Er unterscheidet genau die schwächeren von den leistungsstarken Klienten im HPV. Bei den stärkeren Klienten nimmt er die treibenden Hilfen willig an und galoppiert seine Runden gelassen durch. Bei den schwächeren merkt er genau, dass die Fachkraft mit den treibenden Hilfen verhaltender umgeht, um die Kinder nicht zu überfordern. Dann nimmt er sich schon einmal heraus, von selber durchzuparieren. Dieses Problem lässt sich über ein vermehrtes Durchtreiben nicht wirklich lösen, da die Kinder das entstehende vermehrte Vorwärtsgehen nicht umsetzen könnten und Angst bekämen. Achtet die Fachkraft in der Lösungsphase darauf, dass Balou die treibenden Hilfen gut annimmt, minimiert sich das Problem. Pariert er mehrfach ohne Aufforderung durch, lässt die Fachkraft ihn ohne Kind einige Runden galoppieren und stellt so sicher, dass er wieder auf die treibenden Hilfen reagiert.

11.2.4 Korrekturbedürftige Verhaltensweisen beim Reiten

Da die Fachkraft im freien Reiten keinen direkten Einfluss auf das Pferd hat, stellen sich hier häufig die größten Schwierigkeiten ein, die auch in der Korrektur anspruchsvoll sind. Hier machen sich Ausbildungslücken oder eine fehlende Ausgleichsarbeit am stärksten bemerkbar.
Im Anfängerbereich ist es eine große Ressource, wenn das Pferd willig hinter dem Vorderpferd in der Abteilung herläuft und die Klienten ohne wirkliche Einwirkung erst mal in einen Bewegungsfluss kommen. Im Durcheinanderreiten bringt es jedoch Probleme mit sich, wenn das Pferd stark an anderen Pferden „klebt". Gibt der Klient keine klaren Hilfen oder bemüht sich nicht, ist es hilfreich, wenn das Pferd sich einem anderen Pferd einfach anschließt und so deutlich macht, dass Impulse fehlen. Wirkt der Klient jedoch angemessen und energisch ein und das Pferd widersetzt sich weiterhin und lässt sich nicht abwenden, entsteht ein unerwünschtes Problem. Schon nach kurzer Zeit überträgt das Pferd sein Verhalten auf andere Klienten, bis hin zur völligen Verweigerung des Gehens ohne Vorderpferd. Taucht dieses Problem bereits im Ansatz auf, muss die Fachkraft sofort gegensteuern, da eine Korrektur äußerst schwierig ist, wenn das Problem häufiger auftritt. Auch hier ist Prophylaxe angesagt:

- Die Fachkraft arbeitet das Pferd im Training, wenn mehrere Pferde in der Bahn sind. Sie lässt das Pferd abwechselnd hinter einem anderen Pferd herlaufen und wendet dann wieder ab, um ohne Führpferd weiterzureiten.
- Sie reitet das Pferd selber in der Reiteinheit z.B. im HPR mit und übt in diesem Setting die oben beschriebene Aufgabe.
- Sie setzt das Pferd zunächst nur unter fortgeschrittenen Klienten, die durcheinanderreiten ein. Das Abteilungsreiten bleibt so für das Pferd die Ausnahme. Ein fortgeschrittener Klient kann dann die oben beschriebene Aufgabe im Rahmen der Stunde gestellt bekommen.
- Im Anfängerunterricht pariert die Gruppe generell von hinten nach vorne durch. Auch diese Aufgabe wird im Training mit dem Pferd vorab unter der Fachkraft eingeübt (siehe Kapitel 9). Der Vorteil ist, dass die Pferde nicht anfangen eilig zu werden, um das Vorderpferd einzuholen, es weniger gefährliche Situationen durch zu dichtes Aufreiten insbesondere beim Durchparieren gibt und dem Klienten schon eine erste Einflussnahme auf das Pferd möglich wird. Diese Form des Parierens ist insbesondere in den Ferienfreizeiten, wenn wir mit den Klienten ins Gelände gehen, von unschätzbarem Wert für die Kontrolle in der Gruppe.

Einige Pferde lassen sich nur schwer abwenden oder tendieren dazu, auf die Seite, die ihnen leichter fällt, umzudrehen. Dies geschieht vor allem dann, wenn die Klienten nur am inneren Zügel ziehen und die korrekte Hilfengebung am äußeren Zügel unter Einsatz der treibenden und verwahrenden Schenkelhilfen noch nicht möglich ist. Hier hilft nur ausgleichende Arbeit mit viel Stellung und Biegung unter dem Sattel und ein dosierter Einsatz im Anfängerbereich.

Damit die Pferde auch bei schwächeren Klienten richtig oder überhaupt angaloppieren, haben sich folgende Maßnahmen als sinnvoll erwiesen:

- Im Rahmen der Ausbildung des Pferdes werden die Hilfen beim Angaloppieren so „verringert", dass das Pferd bereits angaloppiert, wenn nur der innere Schenkel einen Impuls (drücken) setzt. Das Pferd benötigt auch unter der Fachkraft nicht mehr die vollständige und korrekte Hilfengebung, um anzugaloppieren. Die Klienten sind oftmals nicht in der Lage, den äußeren Schenkel überhaupt einzusetzen, da sie dann die Balance verlieren und das Pferd eher irritieren als unterstützen.
- Das Angaloppieren unter dem Klienten wird in der Ecke oder zur geschlossenen Seite des Zirkels angelegt und die Fachkraft kann unterstützend ihren Körper durch die Positionierung zum Pferd als Impuls zum Angaloppieren einsetzen. Durch das Angaloppieren in der Ecke oder auf dem Zirkel finden die Pferde bei der Entwicklung des Galopps in der Regel automatisch den richtigen Handgalopp.
- Vielen Klienten ist es möglich, die Gerte als treibendes Signal an die innere Schulter des Pferdes anzulegen. Auch diese Form der Hilfengebung wird mit dem Pferd im Training eingeübt. Diese Form des Einsatzes der Gerte hat sich auch in anderen Gangarten bewährt, da die Klienten den treibenden Impuls mit den Beinen (z.B. im Schritt wechselseitig) nicht umsetzen können.

Fallbeispiel: **Smolja – ein sensibles Pferd reagiert auf kleine Veränderungen**

Smoljas Grundausbildung verlief ohne Probleme, sodass er sechsjährig schonend, zuerst im HPR und später auch im HPV eingesetzt wurde. Aufgrund seines dynamischen Bewegungsablaufs und der hohen Bewegungsmotivation wurde er in beiden Settings zunächst nur mit fortgeschrittenen Klienten eingesetzt. Achtjährig ging er dann auch ruhig und gelassen im Anfängerbereich und am Langzügel. Nach etwa eineinhalb Jahren im vollen Einsatz zeigt er erste Auffälligkeiten in der Arbeit. Als erstes Anzeichen stellte sich Unruhe beim Satteln bis hin zu einem Schnappen nach dem Sattel ein. Daraufhin wurde das Satteln von der Fachkraft selber übernommen. Mit sehr unruhigen oder unsicheren Klienten, die sich wenig auf ihn einlassen konnten, kam er vermehrt unter Anspannung und tolerierte das Putzen immer weniger. Blieb die Fachkraft begleitend in seiner Nähe, zeigte er dieses Verhalten auch in Gruppen nicht. Dennoch reduzieren wir die Zeit für das Putzen mit den Klienten stark, indem wir ihn vorab überputzen.

Eine Fachkraft mit noch wenig Routine setzte Smolja in einer HPV-Gruppe und in einer Einzelförderung ein. Sie kam mit Smolja gut zurecht und arbeitete gerne mit ihm. Das Pferd fand jedoch in der noch unerfahrenen Kollegin nicht ausreichend Orientierung und Sicherheit. Er spannte sich zunehmend an, beim Reiten knirschte er mit den Zähnen und er zeigte deutlichen Unmut, wenn andere Pferde hinter ihm her gingen. An dieser Stelle habe ich als Anleiterin versäumt, die Situation zu analysieren und entsprechend entgegenzuwirken. Als Smolja in einer HPR-Stunde im Durcheinanderreiten von einem entgegenkommenden Pferd an die Bande gedrängt wurde, konnte er seine Gelassenheit nicht mehr aufrechthalten. Er zeigte ab diesem Zeitpunkt durchgehend Unruhe, wurde schnell hektisch und geriet in Panik, wenn andere Pferde ihm begegneten. Wir haben das Pferd sofort aus dem Betrieb genommen. Er wurde in den folgenden Wochen ausschließlich von einer erfahrenen Fachkraft ausgleichend gearbeitet und Situationen, die ihn unter Stress setzten, wurden konsequent vermieden. Nach vier Wochen trat die Unruhe kaum noch auf. Smolja erhielt danach eine lange Sommerpause von zwölf Wochen, in der er nur mit den anderen Pferden auf die Weide ging und nicht gearbeitet wurde. Nach der Pause haben wir ihn wieder dosiert eingesetzt, müssen jedoch bis heute Einschränkungen hinnehmen. Er wird nur noch von erfahrenen Fachkräften eingesetzt und ausgleichend überwiegend von einer festen Bezugsperson geritten. Im HPV achten wir darauf, dass die Kinder nicht zu unruhig im Verhalten sind, damit er in der Putzsituation und beim Gurten nicht unter Stress gerät. Im HPR wird er nur noch mit fortgeschrittenen Reitern eingesetzt, die ruhig und besonnen mit ihm umgehen, was er im ruhigen Verhalten widerspiegelt. Ansonsten geht er weiterhin in Einzelförderungen am Langzügel oder an der Longe. In einem so großen Betrieb wie dem Zentrum für Therapeutisches Reiten hat ein Pferd wie Smolja die Chance, eine Nische auszufüllen, sodass beim Einsatz auf seine Besonderheiten Rücksicht genommen werden kann. In kleineren Einrichtungen kann es durchaus sein, dass man sich von so einem Pferd trennen muss.

Smolja kommt beim Korrekturreiten schnell wieder in das Gleichgewicht und findet zur Gelassenheit zurück.

Es kommt selbst bei einer sorgfältigen Auswahl und Ausbildung vor, dass sich herausstellt, dass das Pferd dem Einsatz nicht gewachsen ist, und es besser ist, sich von dem Pferd zu trennen:

- Das Pferd ist mit den vielen wechselnden Personen im Kontakt überfordert und steigt aus der Kooperation aus.
- Die Rittigkeit des Pferdes leidet unter den Belastungen des Einsatzes so stark, dass der Aufwand der Ausgleichsarbeit dauerhaft zu hoch ist.
- Das Pferd ist im Einsatz trotz einer angemessenen Einsatzplanung ständig unter- oder überfordert und verliert so die Motivation zur Mitarbeit.
- Das Pferd hat herausgefunden, dass es unter dem Klienten nicht gewünschte Verhaltensweisen zeigen kann, ohne dass eine Korrektur erfolgt (z.B. Buckeln, plötzliches ruckartiges Umdrehen, Dahinschleichen).

Fallbeispiel: **World Vision – ein nicht geeignetes Pferd**

World Vision erwarben wir achtjährig von einer Privatperson. Er war im Springen und in der Dressur auf L-Niveau geritten worden. Der großrahmige Wallach sollte im HPV und HPR eingesetzt werden. Mit einer Größe von 172 cm kam er für die Langzügelarbeit nicht infrage. Er zeigte sich beim Probereiten ruhig und gelassen und ließ sich durch nichts aus der Ruhe bringen, obwohl die Reithalle an diesem Tag gut besucht war. Die Durchlässigkeit konnten wir binnen mehrerer Wochen deutlich verbessern und auch im Voltigieren zeigte er sich gelassen und willig.

Nach einigen Monaten setzten wir ihn mit fortgeschrittenen Klienten im HPR ein und dann nach und nach auch mit schwächeren Klienten. Nach einem Jahr zeigte er erste Widersetzlichkeiten unter dem Sattel. So trat er in einer HPR-Stunde beim Angaloppieren gegen die Bande und wenig später zeigte er ansatzweise die Tendenz, das Angaloppieren zu verweigern. Wir versuchten dieser negativen Entwicklung durch eine Erhöhung des Ausgleichstrainings zu begegnen. Ausschlaggebend für unsere Entscheidung war dann, dass er in einer HPR-Stunde nach einer halben Stunde Arbeit, in der er auch schon mehrmals galoppiert wurde, beim erneuten Angaloppieren anfing zu bocken. Als er die Klientin damit nicht beeindrucken konnte und diese erneut trieb, buckelte er heftiger und setzte dann bei der nächsten treibenden Hilfe die Klientin in den Sand. Sein Verhalten zeigte deutlich, dass er aus der Kooperation ausstieg, wenn er keine Lust mehr hatte weiterzuarbeiten. Eine tierärztliche Untersuchung ergab keinen Befund, der sein Verhalten erklären würde. World Vision hatte mit der Zeit gelernt, die Schwäche des Klienten zu erkennen und nutzte diese aus. Wir haben das Pferd sofort aus dem Betrieb genommen und wenige Zeit später verkauft. Heute geht er zuverlässig in einem Voltigierverein und wird dort nur von erfahrenen Reitern geritten. Er zeigte dort zu Beginn sowohl im Voltigieren als auch im Reiten nur kurz Widersetzlichkeiten, da die erfahrenen Voltigierer und Reiter sich wenig beeindrucken ließen und korrigierend intervenieren konnten.

11.3 Sicherstellung der Ausgleichs- und Korrekturarbeit im Team

Im Idealfall leistet die Fachkraft die Ausgleichs- und Korrekturarbeit selber. Sie kann so den Kontakt zum Pferd stabilisieren, erlebt das Pferd ohne Klienten und kann ihre Eindrücke aus dem Einsatz direkt in die Arbeit des Pferdes einfließen lassen. Dadurch ist sie immer nahe an den Bedürfnissen und dem Leistungsstand des Pferdes und kann negativen Entwicklungen zeitnah entgegenwirken.

Im Zentrum hat sich bewährt, dass die Pferde einer festen Fachkraft zugeordnet sind, die auch die Ausgleichsarbeit übernimmt.

Wird die Ausgleichs- und Korrekturarbeit von einer Reitbeteiligung oder von einer professionellen Trainerin durchgeführt, überprüft die Fachkraft, ob die reiterlichen Fähigkeiten ausreichen, um die Anforderungen an eine ausgleichende, leistungserhaltende und korrigierende Arbeit des Pferdes zu erfüllen. Die einbezogenen Personen müssen eine hohe Bereitschaft mitbringen, eigene Interessen und leistungsorientierten Ehrgeiz zurückzustellen und das Ziel unterstützen, das Pferd so zu arbeiten, dass es seinen Aufgaben weiterhin gerecht wird. Dies ist nicht immer einfach zu vermitteln, insbesondere dann, wenn die Reitbeteiligung für ihre Reitzeiten einen finanziellen Beitrag leisten muss. Die einbezogenen Personen müssen nachvollziehen können, welche Anforderungen im Einsatz an das Pferd gestellt werden und welche Schwachpunkte beim

Reiten des Pferdes besondere Berücksichtigung finden sollten. Ergibt sich neben der Ausgleichsarbeit ein deutlicher Korrekturbedarf, muss die Fachkraft erneut überprüfen, ob die einbezogenen Personen, insbesondere die Reitbeteiligungen, den Aufgaben gewachsen sind oder ob das Pferd die unerwünschten Verhaltensweisen in der Ausgleichs- und Korrekturarbeit eher zusätzlich trainiert und festigt. Um eine gute Zusammenarbeit sicherzustellen, bedarf es eines kontinuierlichen Austausches zwischen den beteiligten Personen und der Fachkraft. Damit die Fachkraft sich von Zeit zu Zeit selber ein Bild von der Bewegungsqualität, der Kooperationsbereitschaft und der Rittigkeit machen kann, ist es sinnvoll, wenn sie das Pferd ergänzend regelmäßig selber reitet.

12 Das Pferd im Leistungssport für Menschen mit Behinderungen

Das Reiten und Voltigieren als Breiten- und Leistungssport für Menschen mit Behinderungen wird als ein eigenständiger Bereich unter dem Oberbegriff des Therapeutischen Reitens geführt. Auch wenn jeder Sport Einfluss auf die Persönlichkeitsentwicklung und die Körperbefindlichkeit hat, suchen die Sportler weder eine therapeutische noch eine pädagogische Unterstützung. Sie wollen in erster Linie ihr Hobby ausüben. Die Trainer müssen jedoch für die Unterrichtserteilung auf Wissen über die unterschiedlichen Behinderungen und ihre Auswirkungen zurückgreifen. Auch die Pferde müssen besondere Anforderungen erfüllen.

Dr. Angelika Trabert, eine der weltweit erfolgreichsten Dressurreiterinnen mit Handicap (Grade II)

Insbesondere im Leistungssport für Menschen mit Behinderungen werden die Pferde nicht dafür ausgewählt und ausgebildet, ihre Aufgaben in einem therapeutischen oder pädagogischen Setting zu erfüllen. Sie sollen alle Qualitäten mitbringen, die ein Pferd im Leistungssport auszeichnet, und nicht nur über eine gute Grundausbildung verfügen, sondern auch Lektionen sicher abrufen können. Zu Beginn der Entwicklung des Reitens für Menschen mit Behinderungen wurden vor allem brave Schulpferde eingesetzt, die einfache Aufgaben umsetzen konnten, jedoch nicht über die Qualitäten eines Pferdes aus dem Spitzensport verfügten. Heute hat sich dies im Leistungssport grundlegend geändert. So verfügen die Kaderreiter der Paralympics über Pferde, die leistungsbereit und auf einem hohen Niveau ausgebildet sind. Diese Pferde unterscheiden sich nicht mehr grundsätzlich von den Pferden, die von Menschen ohne Behinderungen auf Turnieren vorgestellt werden. Gleichzeitig benötigen die Reiter aufgrund ihrer Einschränkungen Pferde, die genau die in diesem Buch beschriebenen Eigenschaften mitbringen: Sie müssen dem Reiter ein auf Vertrauen und Gehorsam basierendes Beziehungsangebot machen, sie sollten kooperativ mitarbeiten, sie müssen gelernt haben, ihren Fluchtinstinkt zu unterdrücken, und sie sollten über ein einladendes Bewegungsangebot verfügen.

Wir bewegen uns in unserem Alltag nicht im Leistungssport und können daher die Gemeinsamkeiten und Unterschiede in der Ausbildung der Pferde für diese Aufgaben nicht ausreichend beschreiben. Dennoch ist es uns wichtig, diesen Bereich einzubinden. Einige Reiterinnen des Kaders, Britta Näpel, Kathrin Huber, Stefanie Groll, und die Landestrainerin Uta Gräf standen uns für Fragen im April 2014 zur Verfügung.

Claudia Pauel:
„Wie wichtig ist es Ihnen, die Pferde möglichst artgerecht zu halten?"

Stefanie Groll:
„Mir ist diese Haltungsform sehr wichtig. Meine Pferde kommen im Sommer täglich mit ca. sechs anderen Pferden auf die Koppel und im Winter in einer Kleingruppe auf den Auslauf. Leider ist diese Haltungsform im Leistungssport noch immer rückläufig, obwohl sie für das Wohlergehen der Pferde so wichtig ist."

Britta Näpel:
„Bei uns sind die Pferde den halben Tag in kleinen Gruppen, die sich gut verstehen, draußen. Würden unsere Rahmenbedingungen es zulassen, könnte ich mir gut eine Offenstallhaltung vorstellen. Aus meiner Sicht darf die Psyche des Pferdes nicht leiden, nur weil ich Leistungssport betreiben will."

Katrin Huber:
„Das ist für mich eines der wichtigsten Themen und ich bin froh, dass wir mit Uta Gräf auch solch ein Vorbild bekommen haben. Mein Pferd steht tagsüber maximal vier Stunden am Stück in der Box und ist sonst auf der Koppel oder auf dem Paddock."

Claudia Pauel:
„Oftmals wird als Argument vorgebracht, dass das Verletzungsrisiko bei der Haltung im Herdenverband bei den oft recht teuren Pferden zu hoch ist?"

Stefanie Groll:
„Wir nehmen den Pferden im Sommer hinten die Eisen ab. Und damit kurz vor einem wichtigen Turnier nichts passiert, hole ich mein Pferd eine Woche vor dem Start aus der Herde heraus und stelle es alleine auf die Nachbarkoppel."

Britta Näpel:
„Ich lege Gamaschen und Springglocken zum Schutz vor Verletzungen an. Wenn die Pferde sich in ihrer Gruppe wohlfühlen, ist das Verletzungsrisiko gering. Ich denke, dass es eher umgekehrt ist. Die Bewegung und die Sozialkontakte halten die Pferde wach, gelassen und gesund. Auf Turnieren fehlt ihnen dieser Teil und wir versuchen es über das Grasen an der Hand auszugleichen."

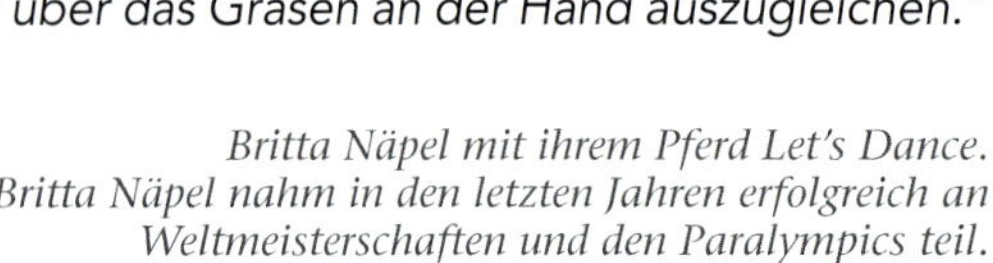

Britta Näpel mit ihrem Pferd Let's Dance. Britta Näpel nahm in den letzten Jahren erfolgreich an Weltmeisterschaften und den Paralympics teil.

Claudia Pauel:
„Können Sie als Trainerin einen Unterschied hinsichtlich der Gelassenheit beobachten, wenn das Pferd viel freie Bewegung im Herdenverband hat?"

Uta Gräf:
„Leistungssport und artgerechte Haltung schließen sich nicht aus, im Gegenteil. Die Pferde sind viel motivierter, wenn sie ihren Bedürfnissen vor dem Training nachkommen durften. Ich stelle hinsichtlich der Losgelassenheit und Gelassenheit sowohl als Reiterin als auch als Trainerin einen großen Unterschied fest. Da die Reiterinnen mit einer Behinderung sehr darauf angewiesen sind, dass das Pferd entspannt mitarbeitet, ist die Bedeutung der Haltung hier auch unter dem Aspekt der Sicherheit entscheidend."

Claudia Pauel:
„Nach welchen Kriterien wählen Sie Ihre Pferde aus?"

Britta Näpel:
„Ich brauche ein Pferd mit einem Grundschwung, das mich in der Bewegung mitnimmt, sich leicht sitzen lässt und eher schmal ist. Ein breites Pferd kann ich beispielsweise nicht reiten. Das Pferd sollte leichtrittig und gelassen sein und eine hohe Bereitschaft zur Mitarbeit mitbringen. Außerdem brauche ich ein bewegungs- und ausdrucksstarkes Pferd, einen Eyecatcher, wenn ich international starten will. Eigentlich sollte das Hauptkriterium bei der Auswahl sein, welches Pferd hinsichtlich meiner Behinderung für mich geeignet ist. Im Leistungssport orientiert sich die Auswahl jedoch zunehmend daran, was die Richter sehen wollen. Das Pferd braucht einen sehr guten Schritt, einen Trab mit viel Bewegung aus der Hinterhand und gute Voraussetzun-

gen für eine leichte Anlehnung. Hinzu kommt, dass das Pferd dann auch noch bezahlbar sein muss. Diese Kriterien schränken die Auswahl doch sehr ein und gestalten die Suche nicht immer einfach."

Katrin Huber:
„Mir ist der Charakter wichtig. Die Pferde müssen mitarbeiten und sich bewegen wollen und trotzdem gut zu kontrollieren sein. Mein heute achtjähriges Pferd sollte für den Grand Prix ausgebildet werden, und dafür war auch ein gewisses Maß an Druck notwendig. Als klar war, dass er die Anforderungen nicht erfüllt, wurde er verkauft. Ich bin heute immer noch damit konfrontiert, dass ich die Anforderungen an ihn genau abstimmen muss. Will ich zu viel von ihm, macht er im Kopf nicht mehr mit und steigt aus der Zusammenarbeit aus."

Claudia Pauel:
„Stehen für Sie die Interieureigenschaften oder das Exterieur und die Bewegungsqualitäten im Vordergrund?"

Stefanie Groll:
„Im Leistungssport müssen beide Kriterien erfüllt sein. Mein erstes Pferd war brav und dennoch hatte ich Probleme, da er sich nur schwer durch das Genick reiten ließ. Im Leistungssport konnten wir nicht bestehen und ich habe das Pferd an eine beinamputierte Freizeitreiterin abgegeben. Das zweite Pferd hatte gute Bewegungen und bot sich in der Rittigkeit an. Es war jedoch sehr guckig und gelegentlich schreckhaft, sodass ich mit ihm trotz guter Leistung ebenfalls im Sport nicht gut bestehen konnte. Beim dritten Pferd habe ich neben einem guten Exterieur stark auf die Gelassenheit geachtet."

Britta Näpel:
„Aufgrund meiner Erfahrungen beim Anreiten von jungen Pferden aus der Zeit, als ich noch keine Einschränkungen hatte, habe ich wenig Angst, da ich die Reaktionen des Pferdes gut einschätzen kann. Dennoch schätze ich ein gelassenes und berechenbares Pferd sehr. Heute setze ich mich auch nicht mehr auf jedes Pferd, das schreckhaft ist."

Claudia Pauel:
„Gibt es bestimmte Aufgaben oder Fähigkeiten, die Sie beim Ausprobieren des Pferdes abfragen?"

Britta Näpel:
„Ich lasse mir die Pferde immer vorreiten, um zu sehen, ob sie korrekt geritten oder manipuliert sind. Mit einigen Schwierigkeiten kann man leben, mit anderen nicht. Wichtig ist, immer darauf zu achten, ob das Pferd für mich mit meinen Einschränkungen geeignet ist. Wie die Pferde auf Turnieren reagieren, kann man nicht wissen. Da hilft nur der konsequente Vertrauensaufbau."

Uta Gräf:
„Auf einige Punkte muss man schon besonders achten. Es gibt zum Beispiel Pferde, die unter einem Reiter ohne Behinderung fleißig sind, die aber, wenn der treibende Impuls nicht vom Bein, sondern von der Gerte kommt, nicht reagieren oder sogar langsamer werden. Gerade die Reaktion auf die Gerte muss man überprüfen. Man muss immer schauen, dass das, was das Pferd an Unterstützung durch den Reiter braucht, nicht gerade das ist, was der Reiter aufgrund seiner Behinderung nicht leisten kann. Es kommt dabei nicht darauf an, ob der Reiter ein starker Reiter ist oder nicht, sondern eher darauf, was er kompensieren muss und wie sich das Pferd darauf einstellt.

Stefanie Groll:
„Von einem bereits ausgebildeten Pferd erwarte ich den Leistungsstand der Klasse A. Ich überprüfe das Rückwärtsrichten, die Bereitschaft, Seitengänge zu zeigen und die Grundgangarten, wobei meine Tochter die Galopparbeit übernimmt, da mir dies aufgrund meiner Erkrankung nicht möglich ist. Ich mache das Pferd selber fertig, um zu sehen, wie es sich im Umgang verhält. Wenn es möglich ist, reite ich mit einem anderen Reiter eine Runde um den Platz oder die Halle, um zu sehen, wie es sich im Gelände verhält. Sehr hilfreich ist für mich, dass uns die Heim- und Landestrainer und der Bundestrainer bei der Auswahl zur Seite stehen und uns intensiv beraten."

Stefanie Groll mit Avalon

Claudia Pauel:
„Wie viel Herzblut steckt in der Auswahl und Ausbildung?"

Britta Näpel:
„Für mich steht die Beziehung zum Pferd absolut im Mittelpunkt. So ziehe ich mich vor Prüfungen zum Beispiel mit dem Pferd zurück, gehe noch mal mit ihm grasen und schaffe so auch Verbundenheit. Dadurch, dass ich mir Zeit nehme und Vertrauen aufbaue, ist das Pferd viel gelassener und zeigt meinen Einschränkungen gegenüber eine höhere Toleranz und Leistungsbereitschaft."

Claudia Pauel:
„Sollte das Pferd schon eine Grundausbildung haben oder ist es für Sie einfacher, die Ausbildung von Beginn an gemeinsam mit dem Pferd zu gestalten?"

Britta Näpel:

„Sicherlich wäre es schön, ein junges Pferd von Beginn an auszubilden. Aufgrund meiner Behinderung kann ich nicht leichttraben und müsste von Beginn an aussitzen. Ein junges, untrainiertes Pferd wäre hinsichtlich der noch fehlenden Tragkraft überfordert. Ich empfände es als egoistisch und unfair, dem Pferd dies zuzumuten. Meiner Meinung nach muss ich immer abwägen, ob das Pferd aufgrund meiner Einschränkungen überfordert wird. Ein Pferd mit einer guten Grundausbildung kann meine Einschränkungen besser kompensieren und sich schneller auf mich einstellen. Bei einigen Behinderungen ist es gar nicht möglich, auf eine Grundausbildung zu verzichten, wie zum Beispiel bei einer Reiterin mit einer Beinamputation. Die Frage ist eher, ob das Pferd solide ausgebildet wurde oder ob es viele Korrekturen der Grundausbildung braucht."

Katrin Huber:

„Ich traue mir die Ausbildung eines sehr jungen Pferdes nicht zu. Für mich braucht das Pferd eine gute und reelle Grundausbildung. Bei einem jungen Pferd ist der Weg sehr lang und ich weiß nie, ob das Pferd sich wirklich eignet, da ich viele Dinge beim Ausprobieren nicht testen kann. Bei einem älteren Pferd ist die Einschätzung, welche Qualität es mitbringt, leichter."

Claudia Pauel:

„Früher wurden brave Schulpferde eingesetzt, heute sehen wir Sie auf den Turnieren nicht mehr auf Leihpferden, sondern auf leistungsbereiten, bewegungsstarken Pferden. Was hat sich für Sie dadurch verändert?"

Britta Näpel:

„Gut ausgebildete Schulpferde, die früher die Anforderungen erfüllt haben, können im Leistungssport heute aufgrund der geringen Bewegungsqualität nicht mehr eingesetzt werden, auch wenn sie rittig sind und alle Lektionen beherrschen. Eigentlich sollten diese Pferde von den Richtern bei einer guten Leistung die gleichen Grundnoten erhalten wie ein bewegungs- und ausdrucksstarkes Pferd. Hier fehlt es oftmals an der objektiven Bewertung der Leistung. Viele geeignete Pferde werden im Leistungssport ausgeschlossen und dies schadet der Entwicklung unserer Sportart. Nachwuchsreiter auf Schulpferden haben kaum eine Chance, internationale Erfolge zu erzielen und gefördert zu werden, genau wie im Sport für nicht behinderte Reiter. Daher haben wir insgesamt ein Problem in der Nachwuchsförderung. Der Leistungssport steht nicht mehr jedem talentierten Reiter offen. Den Kader mit guten Reitern zu besetzen wird aufgrund des Anspruchs an die Qualität der Pferde schwieriger. Die finanziellen Mittel und nicht ein korrekt ausgebildetes Pferd bilden dann den Zugang zum Kader und internationalen Turnieren."

Stefanie Groll:

„Auf nationaler Ebene haben Pferde mit weniger Bewegungspotenzial noch eine gute Chance auf Erfolg, wenn sie eine gute und korrekte Vorstellung zeigen. Im internationalen Vergleich mit England, den Niederlanden und Dänemark kommen Pferde ohne außergewöhnliche Bewegungsqualität nicht mehr mit und die großen Erfolge bleiben trotz einer guten Leistung aus."

Claudia Pauel:
„Gibt es Reiter, die sich der Herausforderung des Leistungssports jetzt nicht mehr stellen können oder wollen, da die leistungsbereiten Pferde auch zu einer größeren Herausforderung geworden sind?

Stefanie Groll:
„Gerade für Reiterinnen mit neurologischen Erkrankungen, bei denen sich Lähmungen oder Spastiken zeigen, stellen sich bei bewegungsstarken Pferden Probleme ein. Die Auswirkungen der Erkrankungen schwanken und der Körper kann sich nicht so gut an die Bewegung anpassen. Diese Reiterinnen stoßen dann an Grenzen und hätten es auf Pferden mit weniger Bewegungspotenzial viel leichter. Die Auswahl an Pferden wird durch den Preis und die Frage, ob sie sich mit ihrem Schwung sitzen lassen, eingeschränkt. Oft muss man sehr lange suchen, bis man ein bezahlbares und für den Parasport geeignetes Pferd gefunden hat."

Claudia Pauel:
„Werden viele gut geeignete Pferde aufgrund ihrer fehlenden Bewegungsqualität ausgeschlossen und müsste dem entgegengewirkt werden? Gibt es hier Lösungsansätze?"

Britta Näpel:
„Leider geht die Entwicklung eher in eine andere Richtung und wird dem Leistungssport der Menschen ohne Behinderungen immer ähnlicher. International wurde vielen Nationen durch die Abschaffung des Leihpferdemodus der Zugang zu Championaten oder den Paralympics verstellt, sodass nur noch wenige Nationen mithalten können. Die zunehmende Forderung nach „modernen" Pferden grenzt viele Nationen aus. Auch in den führenden Nationen werden nur Reiterinnen nominiert, die ein gutes Pferd mitbringen und Medallienchancen haben. In Athen hatte ich Lover Boy mit, der eine solide Ausbildung, aber keine überragenden Grundgangarten hatte. Heute bräuchte ich mit dem Pferd nicht mehr anzutreten. Auch der DOSB unterstützt nur, wenn Chancen auf eine vordere Platzierung bestehen, und fördert so diese aus meiner Sicht problematische Entwicklung."

Claudia Pauel:
„Hat die Annäherung an den Leistungssport für Menschen ohne Behinderungen auch Vorteile?"

Britta Näpel:
„Die ersten gemeinsamen Weltreiterspiele in Kentucky haben einen riesigen Schritt in Richtung Austausch und Interesse aneinander bedeutet. Viele nicht behinderte Reiter haben bei unseren Prüfungen zugesehen und es wurde deutlich, dass wir nicht geführtes therapeutisches Reiten, sondern Sport auf einem hohen Niveau zeigen. Uns wird Respekt und Anerkennung entgegengebracht und es gibt einen herzlichen Austausch. Wir sind Kollegen und werden nicht als Behinderte wahrgenommen. Viele Reiter sind neugierig und fragen nach, wie man das Reiten mit nur einem Arm oder über die Zügelführung mit den Füßen macht. Ich empfinde diesen Austausch und auch die Neugier als durchaus positiv. So wird auch hinterfragt, ob die Einteilung in die Grads gerecht ist, und es werden auch kritische Fragen gestellt."

Uta Gräf:
„Die Medien haben viel dazu beigetragen, dass der Leistungssport der Reiter mit einer Behinderung in der Öffentlichkeit stärker wahrgenommen wird. Dadurch sind die Akzeptanz und die Anerkennung der Leistung gestiegen."

Uta Gräf, rheinland-pfälzische Landestrainerin der Reiter mit Behinderung beim Kadertraining in Wohnsheim

Stefanie Groll:
„Es hat sicherlich einen Schub gegeben und es werden vermehrt Landeskader aufgebaut, die dann auch den Austausch möglich machen. Ich beobachte jedoch auch eine Entwicklung, die ich kritisch sehe. Von uns wird immer stärker erwartet, dass wir die gleiche Reitweise an den Tag legen wie Reiter ohne Behinderung. Für behinderte Menschen ist das oftmals aus rein anatomischen oder physiologischen Gründen nicht möglich. Geht diese Entwicklung so weiter, werden viele behinderte Reiter ausgegrenzt und es gibt kaum einen Unterschied mehr zu den nicht behinderten Reitern. Eigentlich lebt unser Sport aber davon, dass jeder Reiter trotz seiner Behinderung einen individuellen Weg des Sitzes und der Einwirkung findet."

Claudia Pauel:
„Wäre für Sie ein gemeinsames Training denkbar?

Britta Näpel:
„In den ersten drei Punkten der Skala der Ausbildung Takt, Losgelassenheit, Anlehnung auf jeden Fall. Hier gibt es keine Unterschiede, da die gleichen Grundlagen erarbeitet werden müssen. Beim weitergehenden Training gehen dann jedoch die Qualität der Pferde und unsere Möglichkeiten weit auseinander. Ich würde da schon ins Träumen geraten. Mein Pferd kann keinen fliegenden Wechsel, und dann den hoch ausgebildeten Pferden bei den Wechseln á Tempi zuzusehen löst schon den Wunsch aus, auch einmal ein solches Pferd reiten zu dürfen. Bereichernd wäre ein gemeinsames Training aber auf jeden Fall, da es viele Gemeinsamkeiten gibt."

Claudia Pauel:
„Wer ist in das Training mit dem Pferd einbezogen?"

Britta Näpel:
„Ich trainiere mein Pferd weitestgehend alleine. Wenn ich einen Reiter hätte, der sich auf meine Art des Reitens einstellt, würde ich die Unterstützung schon nutzen. Besonders auf Turnieren wäre es beim Abreiten manchmal hilfreich, wenn das Pferd Spannungen aufbaut. (Anmerkung: In Grad I und II darf ein Fremdreiter das Pferd vor der Prüfung 20 Minuten abreiten.) Viele Reiter haben diese Möglichkeit nicht und müssen ohne zurechtkommen. Ich kann mein Pferd alleine longieren und arbeiten und brauche nur beim Aufsteigen Hilfe. Für mich ist es wichtig, möglichst alles selber zu machen, auch auf Turnieren, weil ich dann immer nah dran bin und erlebe, wie es dem Pferd geht. Das Team muss eingespielt sein, mit dem Pferd in gleicher Weise umgehen, und ich muss Vertrauen haben. Hilfreich ist für mich der kurze Weg zu Uta Gräf und das von ihr angebotene Training."

Stefanie Groll:
„Meine Tochter und ein Bereiter unterstützen mich sehr und bereiten mit dem Pferd neue Lektionen vor. Sie übernehmen zum Beispiel die wichtige Galopparbeit, die ich nicht leisten kann. Das junge Pferd reite ich nicht mehr als zweimal pro Woche, damit es in seiner Ausbildung durch meine Einschränkungen nicht übermäßig irritiert wird und es sich langsam auf mich einstellen kann. Auf Turnieren kann ich das Abreiten nicht leisten, da mir die Kraft fehlt, so lange zu reiten und dann noch in der Prüfung durchhalten zu können. Die Entscheidungen treffe ich, ich lenke das Team und entscheide zum Beispiel, ob ein Turnierstart möglich ist. Beobachte ich eine Überforderung des Pferdes, stoppe ich das Training für ein Turnier und sorge dafür, dass erst wieder Ruhe und Gelassenheit einkehren."

Uta Gräf:
„Wenn ich vor Ort bin, stehe ich gerne auf dem Turnier zur Verfügung, wenn Hilfe benötigt wird. Generell haben die Reiterinnen jedoch ein gut funktionierendes Team dabei und ich kann mir die Prüfungen in Ruhe anschauen. Im Anschluss nutzen wir dann die Gelegenheit zum Austausch über die erbrachte Leistung und stimmen das weitere Training auch mit dem Heimtrainer ab."

Katrin Huber:
„Da mein neues Pferd auf fremde Situationen mit Aufregung reagiert und fast panisch wird, wird meine erfahrene Trainerin ihn zum ersten Mal auf einem Turnier vorstellen. Dann kann ich schauen, wie er reagiert und ob ich das mit ihm bewältigen kann. Das Problem wird sich legen, wenn wir noch mehr am Aufbau des Vertrauens arbeiten. Er muss erst seine negativen Erfahrungen „verlernen". Mir ist es wichtig, die Gefahren gut einschätzen zu können, und wenn ich an Grenzen stoße, organisiere ich mir Unterstützung."

Katrin Huber mit Brasil

Britta Näpel:
„Vergessen darf man nicht, dass das „Rund-um-Betreuungsteam" von Tierarzt, Osteopath, Sattler und Schmied einen großen Einfluss auf das Training hat."

Claudia Pauel:
„Braucht es für das Training der Pferde besondere Rahmenbedingungen?"

Uta Gräf:
„Für mich steht der Sicherheitsaspekt noch mal stärker im Vordergrund als bei Reitern ohne Behinderung. Bei Schreckreaktionen des Pferdes können die Reiter mit Einschränkungen oft nicht ausreichend Einfluss nehmen, um die Situation gefahrenfrei zu bewältigen. Daher ist eine ruhige Arbeitsatmosphäre schon sehr wichtig."

Katrin Huber:
„Ich habe gerne ein wenig Trubel um mich herum, Kinder und andere Reiter. Dann kann ich mit meinem Pferd gut daran arbeiten, Gelassenheit aufzubauen."

Britta Näpel:
„Wir achten sehr auf eine ruhige Atmosphäre im Training und auch auf Sicherheitsaspekte. Wir dulden keine Reiter, die Probleme aus der Unruhe heraus lösen und die Pferde stressen. Beim gemeinsamen Nutzen der Halle braucht es klare Regeln. Oft unterstützen wir uns und geben uns Rückmeldung über die Ausführung einer Lektion."

Claudia Pauel:
„Welche Trainingselemente werden neben der Arbeit unter dem Sattel eingebunden?"

Britta Näpel:
„Das Pferd sollte möglichst jeden zweiten Tag Abwechslung haben, um mental fit zu bleiben. Da ich nicht leichttraben kann und mein Gewicht das Pferd beim Reiten belastet, reite ich mein Pferd schon aus diesem Grund nicht jeden Tag. Ich binde viel Arbeit an der Longe oder am Boden mit ein. Insgesamt steht immer der Beziehungsaufbau im Vordergrund. Die Bodenarbeit und das Gelassenheitstraining finden in den letzten Jahren mehr Beachtung und werden von mir intensiv genutzt. Eigentlich erstaunlich, dass man dies nicht viel früher eingebunden hat."

Katrin Huber:
„Mir ist eine enge Bindung zum Pferd sehr wichtig. Ich fühle mich in das Pferd ein, um frühzeitig zu spüren, wann ich das Pferd überfordere. Im Training achte ich sehr darauf, dass das Pferd mich als Chef akzeptiert und mir folgt, ohne dass ich Druck ausüben muss. Daher binde ich Bodenarbeit und Gelassenheitstraining ein. Gerade mit meinem jetzigen Pferd war es am Anfang schwierig, da er in Panik geriet und deutlichen Widerstand zeigte, der für mich auch gefährlich war. Durch die Boden- und Gelassenheitsarbeit hat sich dieses Problem deutlich verringert."

Britta Näpel:
„Diese ergänzenden Ausbildungselemente sind wichtig, weil viele nicht mehr mit Pferden aufgewachsen sind und die natürliche Umgangsweise von klein auf gelernt haben. Diese Reiter müssen ihre Körpersprache schulen. Gerade für behinderte Reiter ist Körpersprache immens wichtig. Ich habe eine Kollegin, die im Rollstuhl sitzt und eine beeindruckende Arbeit nach Parelli zeigt. Früher hätte ich dies belächelt, heute weiß ich den Wert und die Leistung zu schätzen."

Claudia Pauel:
„Haben Sie einen Trainingsplan für Ihr Pferd?"

Katrin Huber:
„Einen genauen Trainingsplan habe ich nicht. Ich achte darauf, wie er sich anfühlt, und stimme dann meine Trainingseinheit darauf ab. Ist er angespannt, reite ich ihn eher locker, ist er losgelassen und aufmerksam, arbeiten wir an den Lektionen."

Stefanie Groll:
„Ein Training nach Schema F gibt es nicht, es ist immer eine sehr individuelle Entscheidung. Wir wechseln täglich zwischen Dressurarbeit, Longieren, Langzügel, Bodenarbeit und entspannten Ausritten ab. Mein Pferd, das jetzt deutliche Überforderungsanzeichen gezeigt hat, hatte über den Winter beispielsweise kein gezieltes Training, sondern nur Pause und Ausgleichsarbeit."

Claudia Pauel:
„Stellen sich aufgrund Ihrer Behinderung Schwierigkeiten wie zum Beispiel eine Schiefe des Pferdes ein? Wie gehen Sie damit um?"

Katrin Huber:
„Ich sitze aufgrund meiner Einschränkung oft schief und mein Pferd weicht dann nach links aus. Meinen Sitz muss ich ständig kontrollieren, dann kann ich die Schiefe des Pferdes selber bearbeiten. Mir hilft dabei die Sitzschulung sehr, meine Bewegungen zu koordinieren. Reiterinnen mit einer symmetrischen Behinderung stören das Pferd weniger."

Britta Näpel:
„Ich trainiere mit dem Pferd auch Dinge, die ich für die Prüfung nicht brauche, wie zum Beispiel den Galopp, oder gehe auch ins Gelände. Viele Schwierigkeiten lassen sich durch ein abwechslungsreiches Training gut kompensieren. Kann ich beispielsweise beim Reiten nicht lange galoppieren, fördere ich das Pferd in dieser Gangart an der Longe. Insbesondere an der Doppellonge lassen sich viele Trainingsziele gut erarbeiten. Wichtig ist, dass ich Probleme früh erkenne, die Ursachen reflektiere und mir dann Unterstützung hole. Dinge, die ich nicht kann, lasse ich von anderen machen."

Stefanie Groll:
„Bei mir stellen sich schon Schwierigkeiten ein, weil mein Pferd von sich aus noch recht schief ist. Da brauche ich die Unterstützung durch einen erfahrenen, ausbalanciert sitzenden Reiter und manchmal muss ich auch unkonventionelle Lösungen entwickeln und mit leichter Außenstellung durch die Wendung reiten."

Claudia Pauel:
„Wie unterscheidet sich das Training von Reiterinnen mit Behinderungen von den Trainingseinheiten für Reiterinnen ohne Behinderung für Sie?"

Uta Gräf:

„Eigentlich unterscheidet es sich kaum. Die Reiterinnen trainieren zu Hause mit ihrem Heimtrainer und sehen mich ca. sechsmal im Jahr auf den Lehrgängen. Dort schauen wir, was sich verbessert hat und welche Lernziele sich anbieten. Ein Unterschied ist sicherlich, dass wir bei Schwierigkeiten oft sehr individuelle Lösungen entwickeln müssen, teilweise eben auch auf Umwegen. Interessant ist für mich immer wieder, dass am Ende das Gleiche herauskommt wie im Sport für Menschen ohne Behinderung. Die Pferde bringen ihre Leistung, obwohl die Reiterinnen aufgrund ihrer Einschränkungen nur wenig Einfluss ausüben können. Ich frage mich dann, ob wir Reiterinnen ohne Behinderung davon nicht lernen können, unsere Einwirkung stärker zu begrenzen."

Claudia Pauel:

„Die Pferde werden durch die Einschränkung der Reiterin ja auch gestört. Wie gehen die Pferde aus Ihrer Sicht damit um? Sie zeigen zum Beispiel trotz einer unruhigen Handeinwirkung eine sichere Anlehnung. Für mich ist es faszinierend zu sehen, wie die Pferde kompensieren können."

Uta Gräf:

„Ja, das stimmt, die Pferde kompensieren viel. Es ist erstaunlich, dass es nicht immer auf die ganz korrekte Form ankommt, sondern darauf, das Pferd zu motivieren und ihm verständlich zu machen, was man von ihm erwartet. Jeder kann seinen Weg finden und weit kommen, auch wenn es Einschränkungen gibt, unter der Voraussetzung, dass beide locker und gelassen sind."

12.1 Tipps zur Pferdeauswahl

von Dr. Susi Fieger

1. Für Anfänger eignen sich gut ausgebildete Schulpferde oder Pferde, die im Therapeutischen Reiten eingesetzt werden. Auch eine Reitbeteiligung auf einem Privatpferd ist ein guter Weg, erste Erfahrungen zu sammeln.

2. Beim Anschaffen des ersten eigenen Pferdes ist es ratsam, ein gesundes, älteres Pferd zwischen zwölf und 17 Jahren, das gut ausgebildet ist, aber nicht überfordert wurde, zu kaufen. Ältere Pferde sind in ihrer Ausbildung gefestigt und tolerieren eine verwirrende Hilfengebung eher.

3. Jüngere Pferde bringen für den Reiter mit Behinderung auch bei einer guten Grundausbildung häufig Probleme mit sich:
   a) Sie sind übermütiger und schreckhafter und können somit die Sicherheit beeinträchtigen.
   b) Gelerntes ist noch nicht automatisiert abrufbar und kann bei einer unsicheren Einwirkung wieder verloren gehen.
   c) Das junge Pferd ist schneller körperlich und psychisch überfordert, verliert dann an Rittigkeit und zeigt eher Widersetzlichkeiten als ein erfahrenes, gut ausgebildetes Pferd.
   d) Gesunde, solide ausgebildete sechs- bis neunjährige Pferde sind häufig sehr teuer.

4. Das Einbinden einer Reitbeteiligung ist oftmals ein großer Vorteil, insbesondere wenn die Reiterin aufgrund der Behinderung asymmetrisch einwirkt oder bestimmte Trainingselemente (Galoppieren, Reiten im Gelände, Longieren) nicht leisten kann. Das Pferd wird durch den anders sitzenden Reiter so regelmäßig korrigiert und hat mehr Abwechslung im Training.

5. Für Menschen mit einer geistigen Behinderung, einer Lernbehinderung oder ängstlichen, körperbehinderten Reiterinnen eignen sich Pferde von Robustpferderassen (Haflinger, Schwarzwälder etc.), die eine gute Grunderziehung haben und auf geringe Einwirkung reagieren. Die Pferde dürfen keine Angst vor der Gerte haben, da diese Zielgruppe in der Regel nicht mit Sporen treiben kann.

6. Reiterinnen mit einer Armproblematik (Amputation, Schwäche, Verkürzung) brauchen Pferde mit einer natürlichen Aufrichtung (Friesen, Andalusier, höher ausgebildete Warmblüter, Welsh-Cobs für Freizeitreiter) und ausreichender Ganaschenfreiheit. Das Pferd muss vertrauensvoll in die Hand ziehen und sollte im Maul nicht zu empfindlich sein. Sonst führt die Einschränkung im Nachgeben oder die unruhige Zügelführung dazu, dass das Pferd sich verwirft, gegen den Zügel geht oder sich einrollt.
7. Führt die behinderte Reiterin die Zügel über die Fixierung am Steigbügel, braucht sie ein Bergaufpferd mit gut untertretender Hinterhand. Durch die tiefe Zügelführung

kommt es sonst leicht auf die Vorhand. Durch die veränderte Zügelführung ist es außerdem wichtig, dass das Pferd bei Irritationen stehen bleibt und nicht dazu neigt, plötzlich nach vorne loszustürmen. Da die Schenkellage beim Angaloppieren nicht verändert werden darf, muss das Pferd sich leicht nur mit Gewichtshilfen angaloppieren lassen.

8. Reiterinnen mit einer Beinproblematik (Amputation, Schwäche, Deformierung, Lähmung) brauchen Pferde, die verlässlich auf den Einsatz der Gerte reagieren. Bei Irritationen darf das Pferd nicht zur Seite wegspringen, da die Reiterin diese Bewegung nicht ausgleichen kann. Ein leichtes Eilen nach vorne oder das Stehenbleiben können die Reiterinnen gut bewältigen. Da viele Reiterinnen mit einer solchen Problematik nicht leichttraben können und wenig Knieschluss haben, muss sich das Pferd weich und leicht sitzen lassen. Für diese Reiterinnen braucht es Spezialsättel, die an ihre Bedürfnisse angepasst werden. Daher ist es wichtig, dass das Pferd eine gute Sattellage hat, damit die Anpassung des Sattels möglich ist und das Pferd keine Rückenproblematik entwickelt.

9. Reiterinnen mit einer asymmetrischen Behinderung (Halbseitenlähmung, einseitige Amputation) brauchen Pferde, die schon von Natur aus eine gute Geraderichtung mitbringen. Außerdem müssen diese Pferde, auch Freizeitpferde, regelmäßig von einem ausbalancierten Mitreiter korrigiert werden.

10. Blinde Reiterinnen benötigen ein Pferd, das wenig auf optische Reize reagiert. Pferde, die geräuschempfindlich sind, kann die Reiterin eher kontrollieren, da sie die Geräusche selber wahrnimmt. Das Pferd muss immer aufmerksam bei der Reiterin bleiben und darf nicht wegspringen, zumal die Reiterin nicht sehen kann, wohin das Pferd springt. Ein Pferd, das die Lektionen und die Viereckumrandung kennt, das sich leicht biegen und stellen lässt und geradegerichtet ist, setzt die Impulse der Reiterin verlässlich um und denkt mit. Pferde mit einem verlässlichen Grundtempo eignen sich besser als triebige oder eilige Pferde. Muss die Reiterin nicht so viel treibend oder parierend einwirken, spürt sie an den Reaktionen des Pferdes eher, ob beispielsweise eine Ecke kommt.

11. Reiterinnen mit einer Hörbehinderung stellen bis auf eine geringe Geräuschempfindlichkeit keine speziellen Anforderungen an das Pferd.

12. Hat das Pferd gelernt, die „Schwächen" der Reiterin auszunutzen, ist es oft kaum möglich, dies zu korrigieren. Beispielsweise gehen viele Pferde bei armamputierten Reiterinnen in der ersten Zeit in guter Anlehnung. Trotz guten Korrekturberitts findet das Pferd jedoch heraus, dass es sich bei der Reiterin mit Behinderung entziehen kann. Leider „hilft" hier dann oftmals nur eine schärfere Zäumung, was wenig wünschenswert ist. Eine scharfe Zäumung wie z.B. auf Kandare sollte nur von Reiterinnen eingesetzt werden, die den Ausbildungsstand für diese Zäumungsart erreicht haben. Der Einsatz eines Martingals kann die Freizeitreiterin und Reitanfängerin darin unterstützen, mehr Einwirkung auf das Pferd zu erreichen.

13 Die Altersruhe des Pferdes

Das Pferd kann im Alter nicht einfach wie ein Gegenstand entsorgt und ohne umfangreiche Vorbereitungen ersetzt werden. Die Versorgung des alten Pferdes muss frühzeitig bedacht werden, sofern nicht die Entscheidung getroffen wurde, das Pferd einschläfern zu lassen. Bei der Planung der Altersruhe spielen sowohl im institutionellen wie auch im freiberuflichen Rahmen finanzielle Aspekte eine Rolle. So kommt es vor, dass alte Pferde trotz deutlicher Ermüdungsanzeichen oder Erkrankungen weiterhin eingesetzt werden, da noch kein Nachwuchspferd angeschafft werden kann. Oder aber das junge Pferd wird zu früh und zu häufig eingesetzt, damit es die Rentenkosten für das alte Pferd erwirtschaftet. Diese Form der Einsatzplanung wirft ethische Fragen auf und führt mittelfristig dazu, dass weder das alte noch das junge Pferd die erforderliche Leistung erbringen. Dies wird sich auf die Qualität des Angebots und nicht zuletzt auch auf Sicherheitsaspekte auswirken.

13.1 Anhaltspunkte für den Beginn der Altersruhe

Damit die Fachkraft die Altersruhe rechtzeitig planen kann, braucht sie Anhaltspunkte, die darauf hinweisen, dass das Pferd den Belastungen mittelfristig nicht mehr voll gewachsen ist:

- das Nachlassen der Kondition und der Elastizität sind häufig erste Anzeichen (insbesondere beim Halten des Galopps und in den Übergängen)
- körperliche Erkrankungen, die tierärztlich abgesichert sind (z.B. Arthrose, Veränderungen an der Wirbelsäule, Lahmheiten)
- Abbau der Muskulatur, Schwierigkeiten beim Erhalt des Trainingszustandes

Einschränkungen in der Kondition oder Elastizität treten bei einem mangelhaften Training schon bei jüngeren Pferden auf. Körperliche Erkrankungen führen unter Umständen im Einsatz zu gefährlichen Situationen. So können Pferde aufgrund von Rückenproblemen oder Arthrosen stolpern und Gleichgewichtsprobleme entwickeln. Oder sie wehren den Kontakt zum Menschen eindeutig und in gefährlicher Form ab, weil sie Schmerzen haben. Die Fachkraft kann durch eine Haltungsform mit viel Bewegungsmöglichkeiten und einem angepassten Training des Pferdes jedoch auch Einfluss auf den Alterungs- und Erkrankungsprozess nehmen. So können beispielsweise Pferde mit leichten Arthrosen einen Teil ihre Arbeit weiterhin gut erledigen, wenn sie viel bewegt werden (z.B. Offenstall, Weide, Korrekturarbeit) und vor dem Einsatz Zeit haben, sich langsam aufzuwärmen.

Um die Belastungen im Alter heruntersetzen zu können, benötigt die Fachkraft Wissen darüber, welches Setting welche Belastung mit sich bringt. In der Regel stellen das Voltigieren und der Fortgeschrittenen-Reitunterricht die größten Anforderungen an das Pferd. Ältere Pferde bringen am Langzügel mit leichten Klienten, in der Frühförderung, im Voltigieren mit leichten, motorisch wenig belastbaren Klienten und im Anfängerunterricht im Reiten noch lange gute Leistungen. Sie verfügen nicht mehr über eine hohe körperliche Belastbarkeit, wohl aber über Routine und Gelassenheit. Diese Leistung rufen sie jedoch in einem höheren Alter nur ab, wenn sie durch gute Ausgleichsarbeit im Erhalt ihrer Kondition, Elastizität und Motivation unterstützt werden.

Einsatz- und Trainingsplan Kasimir im Alter von 24 Jahren

Kasimir	Montag	Dienstag	Mittwoch	Donnerstag	Freitag	Wochenende
7.00	Offenstall oder Koppel					
8.00						
9.00						
10.00	Ausgleich Reiten					
11.00			HPV			
12.00						
13.00						
14.00					Einzelförder.	
15.00		HPR				
16.00	HPR			HPR		
17.00						
18.00						
19.00						
20.00						
21.00						

13.2 Modelle der Altersruhe

Für die verantwortliche Versorgung alter Pferde gibt es unterschiedliche Modelle, die sowohl Vor- als auch Nachteile mit sich bringen. Bevor die Fachkraft ein Modell konkret plant, stellt sie Vorüberlegungen an:

- Alte Pferde brauchen möglichst viel freie Auslaufzeit im Herdenverband (z.B. Offenstallhaltung), damit sie durch das Bewegungsangebot und die Sozialkontakte möglichst lange wach und mobil bleiben.
- Bleibt das Pferd nach Beendigung seines aktiven Einsatzes weiterhin im eigenen Besitz, fallen Kosten für die Boxenpacht an, die während der aktiven Phase des Pferdes in Form einer Rücklage einkalkuliert wurden.
- Der Zeitpunkt der Altersruhe wird festgelegt, um ein junges Pferd einarbeiten zu können. Bei Stuten, die anschließend in die Zucht gehen sollen, ist es ratsam, den Einsatz spätestens mit 16 Jahren zu beenden.
- Der Gesundheitszustand des Pferdes wird realistisch eingeordnet. Die Entscheidung, ob ein Pferd seine Rentenzeit frei von chronischen Schmerzen verbringen kann oder besser eingeschläfert werden sollte, kann die Fachkraft gemeinsam mit einem Tierarzt besprechen.

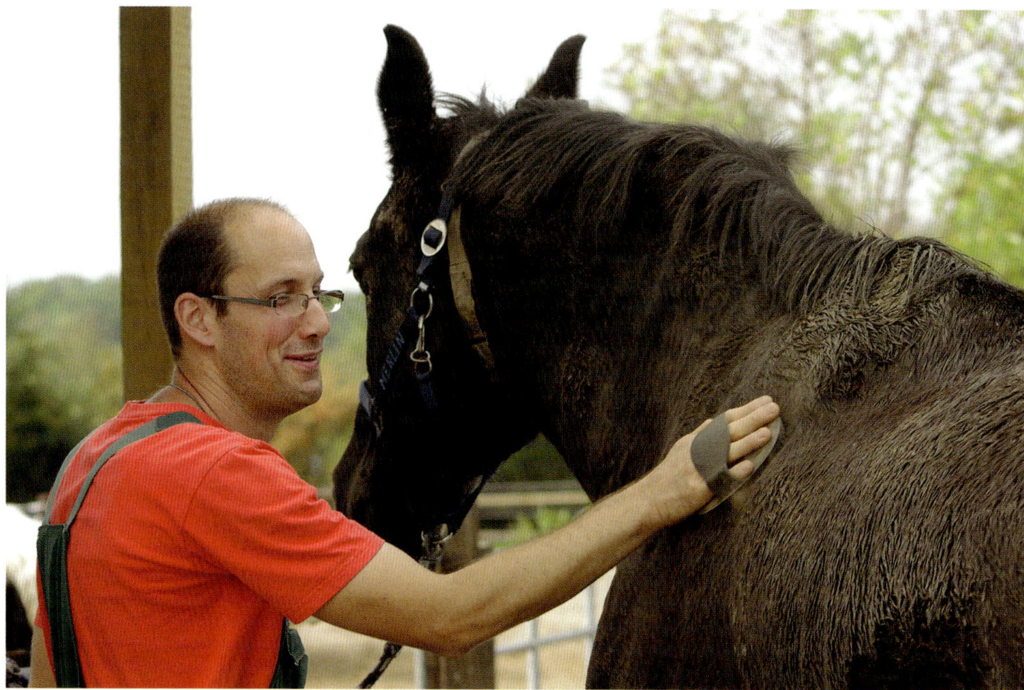

Klienten üben das Putzen und Versorgen der Pferde mit den „Rentnern" der Einrichtung ein.

13.2.1 Altersruhe am Ort der Arbeit im Offenstall

Verbleibt das Pferd am Einsatzort, ist ein langsames Ausschleichen aus der Arbeit möglich. Sein Einsatz wird zurückgefahren und das junge Pferd kann schrittweise Aufgaben übernehmen. Darüber hinaus ist das Abschiednehmen vom Pferd in das Geschehen eingebettet und bietet auch den Klienten die Gelegenheit, den Prozess des Alterns und Sterbens aktiv mitzuerleben.

Die Fachkraft hat ein hohes Maß an Kontrolle bezüglich des Gesundheitszustandes des Pferdes und kann bei negativen Entwicklungen Einfluss nehmen. Im Offenstall bewegen und beschäftigen sich die Pferde in der Gruppe, sodass das Pferd kein großes zusätzliches Bewegungsangebot benötigt. Nachteilig wirkt sich aus, dass eine große, befestigte Fläche der Offenstallhaltung vorbehalten sein muss. Die Personalkosten für die Versorgung der Pferde sowie Futter-, Tierarzt- und Schmiedekosten sind langfristige Budgetbelastungen, die bei mehreren Pferden schnell einige Tausend Euro pro Jahr ausmachen.

13.2.2 Abgabe des Pferdes mit Schutzvertrag

Das Pferd sollte zwischen dem 15. und 17. Lebensjahr abgegeben werden, sodass es für Anfänger oder Reiter, die spazieren reiten möchten, noch einige Jahre zur Verfügung stehen kann. Insbesondere im Anfängerbereich des Reitens als Sport für Menschen mit Behinderungen eignen sich diese Pferde für den Einstieg in den Sport. Befindet sich das Pferd nicht in einem ausreichend belastbaren Gesundheitszustand, kommt diese Versorgungsform nicht infrage. Da das Pferd zu einem fixen Zeitpunkt abgebeben wird, sind ein Ausschleichen aus der Arbeit und eine schrittweise Übergabe der Aufgaben an das neue Pferd nicht möglich. Den geringen Kosten steht gegenüber, dass die Fachkraft wenig Einfluss auf Entscheidungen nehmen kann. Bei einem Verkauf des Pferdes ist für sie kaum nachprüfbar, was wirklich mit dem Pferd geschieht. Verbleibt das Pferd in ihrem Besitz und wird von dem neuen Reiter an einem anderen Ort versorgt, muss sie Zeit einplanen, um nach dem Pferd zu sehen.

Literaturempfehlung:
Jung 2008

Vordruck für die Analyse des IST-Zustandes und das Erstellen einer Trainingsplanung

(Der IST-Zustand und der Trainingsplan sollten alle 3 bis 6 Monate überprüft und aktualisiert werden.)

	IST-Zustand	Zwischenschritte im Training	Langfristiges Ziel (6 Monate)
Gesundheitszustand		1 2 3	
Interieur			
Exterieur			
Trainingszustand		1 2 3	
Eingewöhnung in den Stall		1 2 3	
Integration in die Herde		1 2 3	
Verhalten im Umgang		1 2 3	
Führen		1 2 3	
Verhalten beim Satteln/Gurten		1 2 3	
Langzügelarbeit		1 2 3	
Arbeit unter dem Sattel		1 2 3	
Arbeit an der Longe		1 2 3	
Bodenarbeit		1 2 3	
Gelassenheitstraining		1 2 3	

Steckbriefe der Pferde

Name:	**Earl Grey**
Geboren:	01.05.2006
Stockmaß:	160 cm
Rasse:	Haflinger-Friesen-Mix
Einsatzgebiet vor dem Ankauf:	Freizeitpferd, wenig geritten, Grundausbildung war lückenhaft
Alter beim Ankauf:	5 Jahre
Exterieur:	kompakter, kräftiger Wallach im Rechteckformat, korrektes Fundament
Interieur:	freundlicher, kooperativer und lernbereiter Wallach, aufmerksam und neugierig
Einsatzgebiet:	Allrounder

Name:	**Charles**
Geboren:	10.06.2006
Stockmaß:	155 cm
Rasse:	Deutsches Reitpony
Einsatzgebiet vor dem Ankauf:	vom Züchter, kam angeritten zu uns
Alter beim Ankauf:	4 Jahre
Exterieur:	Pferd weist keine Mängel im Exterieur auf, ansprechendes Erscheinungsbild
Interieur:	hellwacher und interessierter Wallach, gut zu regelndes Temperament
Einsatzgebiete:	Allrounder

Name:	**Avantes**
Geboren:	03.06.2003
Stockmaß:	172 cm
Rasse:	Warmblut, Hannoveraner
Einsatzgebiet vor dem Ankauf:	Springsport
Alter bei Ankauf:	7 Jahre
Exterieur:	großrahmiger Wallach mit korrektem Fundament und korrekter Oberlinie
Interieur:	freundlicher, kooperativer Wallach, der durch seine Zuverlässigkeit und Unerschrockenheit besticht
Einsatzgebiete:	alle Bereiche; aufgrund seiner Größe kein Einsatz in der Hippotherapie

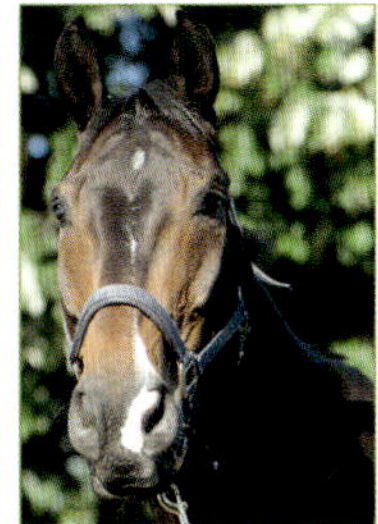

Name:	**Rubbedidupp**
Geboren:	02.05 2009
Stockmaß:	162 cm
Rasse:	Warmblut
Einsatzgebiet vor dem Ankauf:	kam vom Züchter anlongiert und angeritten zu uns
Exterieur:	Pferd weist keine Mängel in Gebäude und Fundament auf, wirkt harmonisch im Gesamtbild.
Interieur:	verspielter und neugieriger Wallach, sehr leichtrittig und unerschrocken, Kondition durch „Kinderkrankheiten" noch im Aufbau
Einsatzgebiet:	befindet sich in Ausbildung

Name:	**Rodin**
Geboren:	22.04.1998
Stockmaß:	138 cm
Rasse:	Fjordpferd
Einsatzgebiet vor dem Ankauf:	Therapiepferd
Alter beim Ankauf:	8 Jahre
Exterieur:	korrekt gebautes Fjordpferd
Interieur:	ruhiger, freundlicher Wallach, besticht durch seine Zuverlässigkeit und Leistungsbereitschaft
Einsatzgebiet:	Allrounder

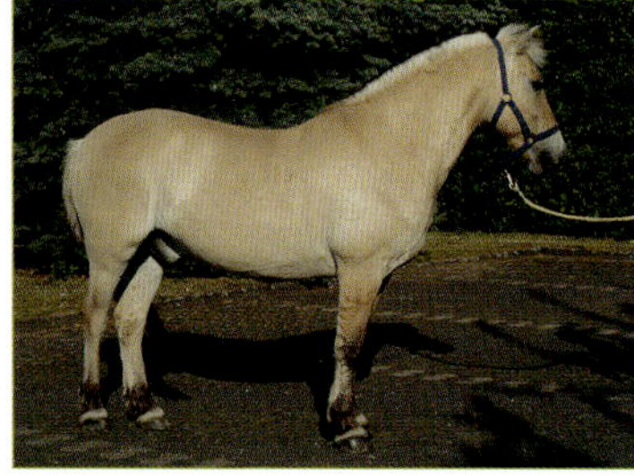

Name:	**Cimba**
Geboren:	10.04.2002
Stockmaß:	174 cm
Rasse:	Warmblut
Einsatzgebiet vor dem Ankauf:	kam anlongiert und angeritten vom Züchter
Alter beim Ankauf:	5 Jahre
Exterieur:	kompakte, kräftige Stute im Rechteckformat, trotz ungünstiger Oberlinie gute Eignung als Voltigierpferd
Interieur:	sensible freundliche Stute, die beim Putzen berührungsempfindlich sein kann, gelassen, einsatzfreudig und arbeitswillig
Einsatzgebiet:	alle Bereiche; aufgrund ihrer Größe kein Einsatz in der Hippotherapie

Name:	**Heinzel**
Geboren:	20.03.2003
Stockmaß:	172 cm
Rasse:	Warmblut
Einsatzgebiet vor dem Ankauf:	Springsport
Alter bei Ankauf:	8 Jahre
Exterieur:	korrekt gebauter Wallach im Rechteckformat
Interieur:	zuverlässiger und arbeitsbereiter Wallach, mit einem ausgeglichenen Temperament
Einsatzgebiete:	alle Bereiche; aufgrund seiner Größe kein Einsatz in der Hippotherapie

Name:	**Lotta**
Geboren:	2003
Stockmaß:	160 cm
Rasse:	Welsh-Cob-Mix
Einsatzgebiet vor dem Ankauf:	unklar
Alter bei Ankauf:	7 Jahre
Exterieur:	kräftige Stute mit ansprechendem Äußeren, verkörpert den Ponytyp
Interieur:	hellwache Stute, die den Kontakt mit dem Menschen genießt, freundlich und arbeitswillig
Einsatzgebiete:	Allrounder

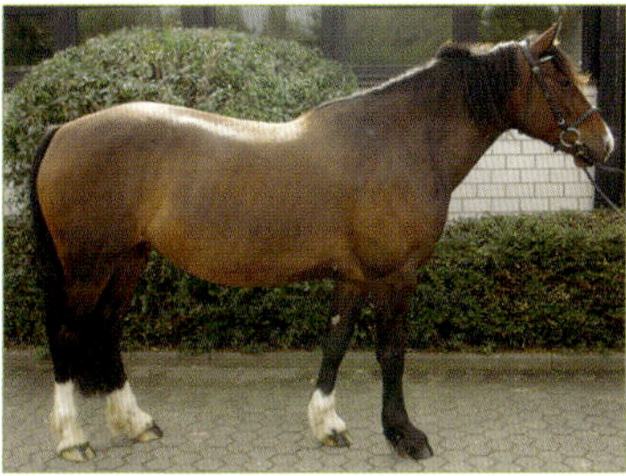

Name:	**Smolja**
Geboren:	15.02.1999
Stockmaß:	154 cm
Rasse:	Reitpony
Einsatzgebiet vor dem Ankauf:	kam vom Züchter, gerade 4 Wochen angeritten
Alter bei Ankauf:	4 Jahre
Exterieur:	typvolles Pony, mit besonderer Ausstrahlung
Interieur:	sensibler Wallach, arbeitswillig und leistungsbereit
Einsatzgebiete:	schonend eingesetzt in allen Bereichen

Name:	**Dornröschen**	
Geboren:	03.09.2009	
Stockmaß:	151 cm	
Rasse:	Deutsches Reitpony	
Einsatzgebiet vor dem Ankauf:	vom Züchter	
Alter bei Ankauf:	3 Jahre	
Exterieur:	ansprechende Stute mit harmonischem Exterieur noch im Wachstum	
Interieur:	hellwache, dem Menschen zugewandte Stute, mit gut regulierbarem Temperament	
Einsatzgebiete:	Ausbildung	

Name:	**Finja**	 
Geboren:	20.04.1999	
Stockmaß:	163 cm	
Rasse:	Warmblut, Rheinländer	
Einsatzgebiet vor dem Ankauf:	Freizeitpferd	
Alter beim Ankauf:	6 Jahre	
Exterieur:	typvolle Stute mit gutem Fundament und weichen Bewegungen	
Interieur:	sensible wache Stute, leistungsbereit und arbeitswillig. Bleibt auch in schwierigen Situationen ruhig und gelassen, spiegelt unruhiges Verhalten gut wider, ohne die Gelassenheit zu verlieren	
Einsatzgebiete:	alle Bereiche; in der Hippotherapie aufgrund ihres fleißigen raumgreifenden Schrittes nicht geeignet	

Name:	**Klaus** 
Geboren:	14.04.2006
Stockmaß:	173 cm
Rasse:	Warmblut, Oldenburger
Einsatzgebiet vor dem Ankauf:	Springsport
Alter bei Ankauf:	7 Jahre
Exterieur:	ansprechender harmonisch gebauter Wallach mit kurzer Oberlinie, trotzdem gute Eignung zum Voltigieren
Interieur:	verspielter, freundlicher Wallach, der den Kontakt in der großen Herde genießt
Einsatzgebiete:	im Reiten, in der Ausbildung zum Voltigieren; aufgrund seiner Größe kein Einsatz in der Hippotherapie

Literaturverzeichnis

AYRES, ANNA JEAN (2013): Bausteine einer kindlichen Entwicklung: sensorische Integration verstehen und behandeln. 5. Auflage, Springer Verlag, Berlin, Heidelberg

BEKOFF, MARC (2008): Das Gefühlsleben der Tiere. Animal Learn Verlag, Bernau

BEKOFF, MARC; PIERCE, JESSICA (2011): Vom Mitgefühl der Tiere: Verliebte Eisbären, gerechte Wölfe und trauernde Elefanten. KOSMOS Verlag, Stuttgart

BLEY, MARTINA (2002): Wie fühlt es sich an, ein Pferd zu sein? Zur Frage des Bewusstseins von Pferden: Sinnesleistungen, Emotionen, Motivation, Kognition. In: Sabine Hanneder (Hrsg.): Mensch und Pferd – Neue Aspekte einer alten Beziehung. Förderverein Mensch und Tier e.V., Berlin

BRÜCKNER, SASCHA; RAHN, ANTJE (2010): Pferdekauf heute. 3. Auflage, **FN***verlag*, Warendorf

CARLSON, SIMONE; ORTERER, CHRISTINE (2007): Im Sinne des Pferdes: Bodenarbeit. Wuwei Verlag, Schondorf am Ammersee

DEUTSCHE REITERLICHE VEREINIGUNG E.V. (HRSG.) (2014A): Grundausbildung für Reiter und Pferd. Richtlinien für Reiten und Fahren, Band 1. 30. überarbeitete Auflage, **FN***verlag*, Warendorf

DEUTSCHE REITERLICHE VEREINIGUNG E.V. (HRSG.) (2014B): Pferde verstehen – Umgang und Bodenarbeit. 1. Auflage, **FN***verlag*, Warendorf

DEUTSCHE REITERLICHE VEREINIGUNG E.V. (HRSG.) (2013A): Voltigieren. Richtlinien Reiten und Fahren, Band 3. 5. Auflage, **FN***verlag*, Warendorf

DEUTSCHE REITERLICHE VEREINIGUNG E.V. (HRSG.) (2013B): Haltung, Fütterung, Gesundheit und Zucht. Richtlinien für Reiten und Fahren Band 4. 16. Auflage, **FN***verlag*, Warendorf

DEUTSCHE REITERLICHE VEREINIGUNG E.V. (HRSG.) (2009A): Pferdebeurteilung/Horse Evaluation. DVD-ROM Deutsch/Englisch, **FN***verlag*, Warendorf

DEUTSCHE REITERLICHE VEREINIGUNG E.V. (HRSG.) (2009B): Gelassenheitsprüfung für Sport- und Freizeitpferde (GHP). Projekt der Deutschen Reiterlichen Vereinigung e.V. (FN) und Cavallo, Warendorf

DEUTSCHE REITERLICHE VEREINIGUNG E.V. (HRSG.) (2001): Ausbildung für Fortgeschrittene. Richtlinien für Reiten und Fahren, Band 2. 13. Auflage, **FN***verlag*, Warendorf

DEUTSCHE REITERLICHE VEREINIGUNG E.V. (HRSG.) (1999): Longieren. Richtlinien Reiten und Fahren, Band 6. 7. Auflage, **FN***verlag*, Warendorf

DEUTSCHES KURATORIUM FÜR THERAPEUTISCHES REITEN (HRSG.) DKTHR (HRSG.) (2014): Heilpädagogisches Voltigieren und Reiten – Spezielle Aufgabenfelder – aktualisiert und erweitert. 2. Auflage, DKThR, Warendorf

DKTHR (HRSG.) (2011): Meilensteine – Projekte in der Heilpädagogischen Förderung mit dem Pferd. Abschlussarbeiten der Absolventinnen des Aufbaubildungsgangs zur staatlich anerkannten Fachkraft in der Heilpädagogischen Förderung mit dem Pferd, Dortmund

DKTHR (HRSG.) (2010): Meilensteine – Projekte in der Heilpädagogischen Förderung mit dem Pferd. Abschlussarbeiten der Absolventinnen des Aufbaubildungsgangs zur staatlich geprüften Fachkraft in der Heilpädagogischen Förderung mit dem Pferd, Bielefeld

DKTHR (2009): Mit Pferden lernen. DVD, Dreyer-Rendelsmann, Bergheim

DKTHR (HRSG.) (2005A): Heilpädagogisches Voltigieren und Reiten – Grundlagen. 3. Auflage, Sonderhefte DKThR, Warendorf

DKTHR (HRSG.) (2005B): Heilpädagogisches Voltigieren und Reiten – Spezielle Aufgabenfelder. Sonderheft DKThR, Warendorf

DKThR (Hrsg.) (2005c): Die Arbeit mit dem Pferd in Psychiatrie und Psychotherapie. 3. Aufl., Sonderheft DKThR, Warendorf

DKThR (2005d): Vom Abenteuer des Getragen-Werdens. DVD, Jutta Rossbach, Video-TV Hamburg

DKThR (2004): Hippotherapie. 2. Auflage, Sonderheft DKThR, Warendorf

DKThR (1998): Sonderheft Reiten als Sport für Behinderte. Sonderheft DKThR, Warendorf

Eickmeyer, Gabriele (2009a): Dabei sein ist alles – Special Olympics und der Pferdesport Teil 1. In: mensch und pferd international (2/2009), Ernst Reinhardt Verlag, München

Eickmeyer, Gabriele (2009b): Dabei sein ist alles – Special Olympics und der Pferdesport Teil 2. In: mensch und pferd international (3/2009), Ernst Reinhardt Verlag, München

Eickmeyer, Gabriele (2009c): Dabei sein ist alles – Special Olympics und der Pferdesport Teil 3. In: mensch und pferd international (4/2009), Ernst Reinhardt Verlag, München

Engels, Eve-Marie (2001): Orientierung an der Natur? Zur Ethik der Mensch-Tier-Beziehung, S. 68-87. In: Schneider, Manuel (Hrsg.) (2001): Den Tieren gerecht werden. Universität Gesamthochschule Kassel

FAPP (Fachgruppe Arbeit mit dem Pferd in Psychotherapie und Psychatrie)/DKThR (Hrsg.) (2005): Psychotherapie mit dem Pferd. **FN***verlag*/DKThR, Warendorf

Fink, Georg. W. (2007): Gelassenheit im Pferdesport. **FN***verlag*, Warendorf

Gäng, Marianne (Hrsg.) (2011): Erlebnispädagogik mit dem Pferd. 3. Auflage, Ernst Reinhardt Verlag München

Gäng, Marianne (Hrsg.) (2010): Heilpädagogisches Reiten und Voltigieren. 6. Auflage, Ernst Reinhardt Verlag, München

Gäng, Marianne (Hrsg.) (2009a): Reittherapie. 4. Auflage, Ernst Reinhardt Verlag, München

Gäng, Marianne (Hrsg.) (2009b): Ausbildung und Praxisfelder im Heilpädagogischen Reiten und Voltigieren. 4. Auflage, Ernst Reinhardt Verlag, München

Gehrmann, Wilfried (2003): Doppellonge. DVD-Video, Deutsch/Englisch, **FN***verlag*, Warendorf

Gehrmann, Wilfried (1998): Doppellonge – eine klassische Ausbildungsmethode. **FN***verlag*, Warendorf

Gräf, Uta; Heidenhof, Friederike (2015): Feines Reiten auf motivierten Pferden. 3. Auflage, **FN***verlag*, Warendorf

Gräf, Uta; Heidenhof, Friederike (2014): Feines Reiten in der Praxis. **FN***verlag*, Warendorf

Gräf, Uta; Heidenhof, Friederike; Schneider, Stefan (2014): Das unerschrockene Dressurpferd. DVD-Video + Geräusch-CD, pferdia tv, Langwedel

Haller, Martin (2011): Pferde richtig beurteilen. Praktisches Wissen für Reiter, Züchter, Käufer. Stocker Verlag, Graz, Stuttgart

Hanneder, Sabine (Hrsg.) (2002): Mensch und Pferd – Neue Aspekte einer alten Beziehung. Förderverein Mensch und Tier e.V., Freie Universität, Berlin „Pferdeprojekt"

Heuschmann, Gerd (2014): Balanceakt. Wie Pferde geritten werden müssen, damit sie gesund bleiben. KOSMOS Verlag, Stuttgart

Hilbt, Rainer (2013): Longieren: Grundlagen, Hilfengebung, Problemlösungen. 2. Auflage, BLV Verlag, München

Hinrichs, Richard (2013): Pferde schulen an der Hand. DVD. KOSMOS Verlag, Stuttgart

Hlauscheck, Christine (2014): Steile Schulter, kurzer Rücken und Co. Ausbildung und Korrektur von Pferden mit Exterieurmängeln. **FN***verlag*, Warendorf

Hof, Tatjana (2014): Das klientenzentrierte Gespräch in der Ergotherapeutischen Behandlung mit dem Pferd. Ansatz zur Gesprächsführung im therapeutischen Alltag. In: Therapeutisches Reiten – Das Magazin des DKThR (3/2014, S. 15 ff.), Warendorf

Hoffmann, Gerlinde/Deutsche Reiterliche Vereinigung (2009): Orientierungshilfen Reitanlagen- und Stallbau. FN*verlag*, Warendorf

Jung, Claudia (2008): Wenn Pferde älter werden. So bleibt der Senior gesund und fit. Cadmos Verlag, Brunsbek

Jung, Kirsten (2009): Rückentraining mit dem Kappzaun. Pferde lösen, ausbilden, gymnastizieren. Kosmos Verlag, Stuttgart

Junker, Jutta (2012): Ergotherapie mit dem Medium Pferd. In: Therapeutisches Reiten – Das Magazin des DKThR (1/2012, S. 8 ff.), Warendorf

Karl, Philippe (2010): Hohe Schule der Doppellonge. Cadmos Verlag, Schwarzenbek

Karl, Philippe (2009): Irrwege der modernen Dressur. Cadmos Verlag, Schwarzenbek

Karl, Philippe (2004): Hilfengebung. DVD. pferdia tv

Kaune, Wilhelm (2006): Das Heilpädagogische Voltigieren und Reiten für Menschen mit geistiger Behinderung. 4. Auflage, FN*verlag*, Warendorf

Klimke, Ingrid (2009): Grundausbildung für Reitpferde. Teil 1-3. DVD-Video-Set. pferdia tv, Langwedel

Koblitz, Reinhart (2012): Reiten gut erklärt, Teil 2: Dehnungshaltung – Vorwärts-abwärts aber wie? DVD-Video, pferdia tv, Langwedel

Koblitz, Reinhart (2010): Reiten gut erklärt, Teil 1: Das Geheimnis einer gelungenen Parade. DVD-Video, pferdia tv, Langwedel

Kröger, Antonius et al (2005): Partnerschaftlich miteinander umgehen. Neuauflage, FN*verlag*, Warendorf

Kröger, Antonius (2005): Menschliche Interaktion in sachorientierter Partnerschaft – Theorie und Praxis. In: Kröger, Antonius et al: Partnerschaftlich miteinander umgehen. Neuauflage, FN*verlag*, Warendorf

Kupper-Heilmann, Susanne (1999): Getragenwerden und Einflussnehmen. 2. Auflage, Psychosozial-Verlag, Gießen

Künzle, Ursula (2000): Hippotherapie auf den Grundlagen der Funktionellen Bewegungslehre. Klein Vogelbach. Springer Verlag, Berlin, Heidelberg

Lehmann, Corinna (2012): Bausteine Dressur Reiten. 2. Auflage, Verlag Müller Rüschlikon, Stuttgart

Leiser, Hannelore (2012): Voltigieren für Einsteiger. Verlag Müller Rüschlikon, Stuttgart

Liechti, Martin (Hrsg.) (2002): Die Würde des Tieres. Harald Fischer Verlag, Erlangen

Meinzer, Madeleine (2009):Therapeutisches Reiten aus Sicht der Pferde. mensch und pferd international (1/2009, S. 27 ff.), Ernst Reinhardt Verlag, München

Meyners, Eckart; Müller, Hannes; Niemann, Kerstin (2014): Das Praxisbuch – Reiten als Dialog. KOSMOS Verlag, Stuttgart

Müller, Johanna (2014): Reiten als Freizeitsport für Menschen mit Behinderung. In: mensch und pferd international (2/2014), Ernst Reinhardt Verlag, München

Opgen-Rhein, Carolin; Kläschen, Marion; Dettling, Michael (2011):Pferdegestützte Therapie bei psychischen Erkrankungen. Schattauer GmbH-Verlag, Stuttgart

Pauel, Claudia (2005): Handlungsorientierung im Heilpädagogischen Reiten. In: Kröger, Antonius et al: Partnerschaftlich miteinander umgehen. Neuauflage, FN*verlag*, Warendorf

Pietrzak, Inge-Marga (2007): Kinder mit Pferden stark machen. Cadmos Verlag, Brunsbek

Pirkelmann, Heinrich; Ahlswede, Lutz; Zeitler-Feicht (2008): Pferdehaltung. Verlag Eugen Ulmer, Stuttgart

Pocai, Marcello (2002): Die leiblich-räumliche Struktur des Verhältnisses von Pferd und Reiter. In: Sabine Hanneder (Hrsg.): Mensch und Pferd – Neue Aspekte einer alten Beziehung. Förderverein Mensch und Tier e.V., Freie Universität, Berlin „Pferdeprojekt"

Putz, Michael (2012): Reiten mit Verstand und Gefühl. 5. Auflage, **FN***verlag*, Warendorf

Reiland, Britta (2014): Bodenarbeit und Führtraining: So bleibt ihr Pferd gesund und fit. Verlag Müller Rüschlikon, Stuttgart

Rieder, Ulrike (2002): Voltigieren vom Anfänger zum Könner. BLV Verlag, München

Rieskamp, Bianca (2011): Ausbildung junger Pferde. 2. Auflage, **FN***verlag*, Warendorf

Ritter, Thomas (2014): Die Arbeit am Langen Zügel. Cadmos Verlag, Schwarzenbek

Rosemann, Hildegard (2013): Kinder und Pferde spielend motivieren. 2. Auflage, **FN***verlag*, Warendorf

Schley, Kurt; Gerster, Silvia; Braxmeier, Hubert (2009): Experientelle Reittherapie: Ein erlebnisorientiertes Lehr- und Arbeitsbuch. Adebar Verlag, Offenburg

Schmidt, Romo (2011): Pferde artgerecht halten: Offenstall - Laufstall - Bewegungsstall. Verlag Müller Rüschlikon, Stuttgart

Schmitz, Friederike (2014): Tierethik. Grundlagentexte. Suhrkamp Verlag, Berlin

Schneider, Manuel (Hrsg.) (2001): Den Tieren gerecht werden. Universität Gesamthochschule Kassel

Schöffmann, Britta (2006): Die Skala der Ausbildung. KOSMOS Verlag, Stuttgart

Schöning, Barbara (2014): Pferdeverhalten, Körpersprache und Kommunikation, Lernstrategien und Pferdeerziehung. KOSMOS Verlag, Stuttgart

Strauch, Silvia Christine (2010): Wie Pferde denken. 3. Auflage, BLV Verlag, München

Strauß, Ingrid (2008): Hippotherapie. Physiotherapie mit und auf dem Pferd. 4. Auflage, Thieme Verlag, Stuttgart

Taubert, Angelika (2009): Reittherapie in Neurologie und Psychotherapie. Lang Verlag, Frankfurt am Main

Tellington-Jones, Linda (2002): TTouch und TTeam für Pferde. Der sanfte Weg zu Gesundheit, Leistung und Wohlbefinden. KOSMOS Verlag, Stuttgart

Tetzner, Stephanie (2011): Hilfsmittel in der Hippotherapie. In: Therapeutisches Reiten – Das Magazin des DKThR, Ausgabe 2/2011, S. 22 ff.

Thiel, Ulrike (Hrsg.) (2012): Equitherpie (SHP). Entwickeln, Fördern, Unterstützen und Heilen mit Hilfe des Pferdes. Wim Knijnenburg Produkties BV, Lochem

Thiel, Ulrike (2007): Die Psyche des Pferdes. Sein Wesen, seine Sinne, sein Verhalten. KOSMOS Verlag, Stuttgart

Tierärztliche Vereinigung für Tierschutz e.V. (TVT) (2012): Nutzung von Tieren im sozialen Einsatz. Bramsche

Urmoneit, Imke (2013): Pferdgestützte systemische Pädagogik. Ernst Reinhard Verlag, München

von Dietze, Gottfried (2005): Kompensatorische Hilfsmittel für Behinderungen von Reitern. DKThR, Warendorf

von Dietze, Gottfried (1978): Das Pferd im therapeutischen Reiten. Richtlinien für Auswahl, Ausbildung, Ausrüstung und Einsatz. DKThR und Deutsche Reiterliche Vereinigung e.V. (FN), **FN***verlag*, Warendorf

von Dietze, Susanne (2010): Balance in der Bewegung. 3. Auflage, **FN***verlag*, Warendorf

von Dietze, Susanne (2006): Balance in der Bewegung 1. DVD-Video, Deutsch/Englisch, **FN***verlag*, Warendorf

von Dietze, Susanne; von Neumann-Cosel, Isabelle (2011): Balance in der Bewegung 2. DVD-Video, Deutsch/Englisch, **FN***verlag*, Warendorf

von Neumann-Cosel, Isabelle (2013): Wenn Pferde sprechen könnten ... sie können! 3. Auflage, **FN***verlag*, Warendorf

Weritz, Linda (2005): Das Lernverhalten der Pferde. Über den intelligenten Umgang mit Pferden. Cadmos Verlag, Brunsbek

Westermann, Katharina (2013): Pferdegestützte Interventionen (PGI) zur Gesundheitsförderung des Menschen. Einsatzvoraussetzungen, Anforderungen, Belastungsmomente, Ausbildung und Leistungsprüfung des Pferdes. Dissertation, Berlin

Wössner, Gaby; Mori, Alexandra (2013): Ergotherapie und Logopädie mit dem Medium Pferd. In: mensch und pferd international (4/2013), Ernst Reinhardt Verlag, München

Wolf, Ursula (Hrsg.) (2008): Texte zur Tierethik. Reclam Verlag, Ditzingen

Zeitler-Feicht, Margit H. (2008): Handbuch Pferdeverhalten. 2. Auflage, Verlag Eugen Ulmer KG, Stuttgart

Zettl, Walter A. (2013): DressurReiten – ohne Druck und Zwang. Problemlösungen in der Dressurausbildung. **FN***verlag*, Warendorf

Zettl, Walter A. (2003): Dressur in Harmonie. **FN***verlag*, Warendorf

Weitere Literaturempfehlungen aus dem **FN***verlag*

Bergmann-Scholvien, Claudia (2011): Naturlich gesund. Pferd, Reiter und Hund. 1. Auflage, **FN***verlag*, Warendorf

Bürger, Udo; Zietzschmann, Otto (2012): Der Reiter formt das Pferd. 4. Auflage (Reprint-Ausgabe von 1939), **FN***verlag*, Warendorf

Dülffer-Schneitzer, Dr. med. vet., Beatrice (2010): Notfall-Ratgeber Pferde und Giftpflanzen. 2. Auflage, **FN***verlag*, Warendorf

Dülffer-Schneitzer, Dr. med.vet., Beatrice (2009): Pferdegesundheitsbuch. 3. Auflage, **FN***verlag*, Warendorf

Kleven, Helle-Katrine (2011): Biomechanik und Physiotherapie für Pferde. 3. Auflage, **FN***verlag*, Warendorf

Kleven, Helle-Katrine (1999): Physiotherapie für Pferde. DVD-Video. **FN***verlag*, Warendorf

Krämer, Monika (2005): Siege werden im Stall errungen. Das Anti-Aging-Programm für Sport- und Freizeitpferde. **FN***verlag*, Warendorf

Lukas, Uwe (2007): Gesunde Hufe – kein Zufall! 1. Auflage, **FN***verlag*, Warendorf

Schnorbach, Regina (2013): Zwischen Himmel und Erde liegt der Rucken der Pferde. 2. Auflage, ConferencePoint Verlag, Hamburg

Willrich, Gine (2004): Angstfrei Reiten. 1. Auflage, F**FN***verlag*, Warendorf

Abkürzungsverzeichnis

FN =	Deutsche Reiterliche Vereinigung e.V.
DKThR =	Deutsches Kuratorium für Therapeutisches Reiten e.V.
HFP =	Heilpädagogische Förderung mit dem Pferd
HPV=	Heilpädagogisches Voltigieren
HPR =	Heilpädagogisches Reiten
TVT =	Tierärztliche Vereinigung für Tierschutz e.V.
Hippo =	Hippotherapie